普通高等教育高职高专园林景观类『十二五』规划教材

园林规划设计

主　编　赵肖丹　宁妍妍

副主编　鄂晓丹　宋　丹　闫晓煜

中国水利水电出版社
www.waterpub.com.cn

内 容 提 要

本教材包括园林规划设计基本知识和园林项目规划设计与实训两部分内容。第1部分属于园林规划设计基本知识的总体理论阐述，主要介绍园林规划设计概论，园林规划设计基本原理，园林构成要素的规划设计，园林规划设计的原则、方法与规划设计程序；第2部分主要阐述了园林规划设计项目规划设计与实训，主要从城市道路绿地规划设计、城市广场规划设计、城市公园规划设计、城市滨水区绿地规划设计、居住区绿地规划设计、单位附属绿地规划设计、屋顶花园的规划设计、农业观光园规划设计、旅游风景区规划设计9个课题进行介绍，结合分析各种项目的优秀规划设计案例，探讨了各种项目的园林规划设计相关知识和规划设计方法，力求完整系统，易于学习参考。

本教材图文并茂，内容详尽实用。可作为高等职业院校园林设计、景观设计、环境艺术和建筑设计及相关类专业统编教材，也可作为相关行业人员学习、研究、参考及培训用书。

图书在版编目（CIP）数据

园林规划设计/赵肖丹，宁妍妍主编．—北京：
中国水利水电出版社，2012.7（2024.7重印）
普通高等教育高职高专园林景观类"十二五"规划教材

ISBN 978-7-5084-9946-8

Ⅰ.①园… Ⅱ.①赵…②宁… Ⅲ.①园林-规划-
高等职业教育-教材②园林设计-高等职业教育-教材
Ⅳ.①TU986

中国版本图书馆CIP数据核字（2012）第147793号

书　　名	普通高等教育高职高专园林景观类"十二五"规划教材 **园林规划设计**
作　　者	主编　赵肖丹　宁妍妍　副主编　鄂晓丹　宋丹　闫晓煜
出版发行	中国水利水电出版社 （北京市海淀区玉渊潭南路1号D座　100038） 网址：www.waterpub.com.cn E-mail：sales@mwr.gov.cn 电话：(010) 68545888（营销中心）
经　　售	北京科水图书销售有限公司 电话：(010) 68545874、63202643 全国各地新华书店和相关出版物销售网点
排　　版	北京时代澄宇科技有限公司
印　　刷	天津嘉恒印务有限公司
规　　格	210mm×285mm　16开本　18印张　564千字
版　　次	2012年7月第1版　2024年7月第6次印刷
印　　数	11001—13000册
定　　价	**58.00**元

前言
Preface

本教材主要具有以下特点：

（1）定位准确、内容新颖、取材全面、图文并茂、语言简练、通俗易懂、理论知识简明、实用，实训部分可操作性强。突出以就业为导向，以能力为本位，应用性、可读性强。

（2）从实战的角度，突出高校学生需要的知识结构和知识要点，深入浅出，最大限度地贴近市场与企业需求，使学生既能掌握较前沿的知识，又能在项目实训中得到实践技能的提高。

（3）引用了大量的优秀规划设计案例，充实课堂教学内容，丰富教学信息，使教材结构更为合理。

本教材的教学建议学时数为 180 学时。

本教材由河南建筑职业技术学院赵肖丹任主编，并编写第 1 部分的课题 1、课题 4，第 2 部分的课题 9；甘肃林业职业技术学院宁妍妍任第二主编，并编写第 2 部分的课题 11、课题 12、课题 13；黑龙江林业职业技术学院鄂晓丹编写第 2 部分的课题 7、课题 8；内蒙古建筑职业技术学院宋丹，编写第 2 部分的课题 5、课题 6；黑龙江农业职业技术学院闫晓煜编写第 1 部分的课题 2、课题 3 和第 2 部分的课题 10。全书由河南建筑职业技术学院赵肖丹统稿并修改。

本教材编写过程中引用了一些国内外的园林规划实例及图片，在此谨向有关的作者、企业和单位（北京土人景观与建筑规划设计研究院、EDSA ORIENT 环境景观设计研究院有限公司、株式会社 TAM 地域环境研究所等）及同行们深表感谢！同时也得到了河南建筑职业技术学院的领导和老师的大力支持和帮助，深表感谢！

由于时间仓促，编者水平有限，书中难免存在疏漏之处，敬请广大读者批评指正。

编者

2012 年 3 月

目录
Contents

第 2 部分　园林规划设计项目规划设计与实训

第1部分 园林规划设计基本知识

课题1　园林规划设计概论

学习目标

通过学习，使读者明确景观设计的相关概念，理解并掌握景观规划设计的特点，了解景观规划设计的发展趋势，以便更好地将理论运用于实际景观工程中。

学习内容

本部分主要讲述园林规划设计的概念；园林规划设计与相关学科的关系；现代园林景观设计的产生与活动领域和园林规划设计发展趋势等内容。

1.1　园林规划设计的概念

1.1.1　园林

园林是指在一定的地块范围内，依据自然地形地貌，利用植物、山石、水体、建筑等主要素材，根据功能要求，遵循科学原理和艺术规律，创造出的可供人们居住、游憩、观赏的境域。这个境域称为园林。

1.1.2　景观

景观是指土地及土地上的空间和物体所构成的综合体，它是复杂的自然过程和人类活动在大地上的烙印；是多种功能（过程）的载体。因而可被理解和表现为以下几点。

风景：视觉审美过程的对象；

栖居地：人类生活其中的空间和环境；

生态系统：一个具有结构和功能、具有内在和外在联系的有机系统；

符号：一种记载人类过去、表达希望和理想、赖以认同和寄托的语言和精神空间。

景观的地学理解：地表现象；综合自然地理区；地理单元。

1.1.3　园林规划设计

"规"者，规则、规矩之意；"划"者，计划、策划之意；"设"者，陈设、设置之意；"计"者，计谋、策略之意。设计：按照任务的目的和要求，预先定出工作方案和计划，绘出图样。

园林规划设计包含园林绿地规划和园林绿地设计两层含义。

园林绿地规划从大的方面讲，是指明对未来园林绿地发展方向的设想安排，其主要任务是按照国民经济发展需要，提出园林绿地发展的战略目标、发展规模、速度和投资等。具体说是为某些使用目的安排最合适的地方和在特定地方安排最恰当的土地利用。

这种规划是由各级园林行政部门制定的。由于这种规划是若干年以后园林绿地发展的设想，因此，常常制定出长期规划、中期规划和近期规划，用以指导园林绿地的建设。这种规划也叫发展规划。

园林绿地设计：就是在一定的地域范围内，运用园林艺术和工程技术的手段，通过改造地形（或进一步筑山、叠石、理水）、种植树木、花草，营造建筑和布置园路等途径创作而建成美的自然环境和生活、游憩境域的过程。园林绿地设计的内容包括地形设计、园林建筑设计、园路设计、种植设计及园林小品等方面的设计。

园林规划设计：就是指对某一个园林绿地（包括已建或拟建的园林绿地）所占用的土地进行安排，利用园林各物质要素（植物、建筑、山石、水体），以一定的科学、技术和艺术规律为指导，充分发挥园林绿地的综合功能，因地、因时地进行合理规划布局，形成有机的城市绿地系统，为人们创造出舒适优美的生产、生活环境。

园林规划设计是园林绿地建设之前的筹划谋略，是实现园林美好理想的创作过程，它受到经济条件的制约和艺术法则的指导。

1.1.4 园林规划设计应注意的问题

园林规划设计是一个非常复杂的学科，它既要求有实用性又要求有艺术性，要由优秀的园林设计师和经验丰富的施工人员共同合作才能完成。一个设计合理的园林景观不但有美学价值，而且具有实用价值。如夏季遮阴，冬季可以取暖采光、挡风遮雪、控制径流，而且植物丰富的色彩和幽香的气味给人带来愉悦的享受。另外，园林绿地规划设计是以室外空间为主，是以园林地形、建筑、山水、植物为材料的一种空间艺术创作。园林绿地的性质和功能规定了园林规划的特殊性，为此，在园林绿地规划设计时要注意以下几方面。

1. 规划之前先确定主题

园林绿地的主题，是园林规划设计的关键，根据不同的主题，就可以设计出不同特色的园林景观来。在园林规划设计前，设计者必须巧运匠心，仔细推敲，确定园林绿地的主题思想。这就要求设计者意在笔先，有一个明确的创作意图和动机，也就是先立意。立意是通过主题思想来表现的。

2. 园林绿地应有自己的个性

所谓园林的个性就是个别化了的特性，是对园林要素如地形、山水、建筑、花木、时穿等具体园林中的特殊组合，从而呈现出不同园林绿地的特色，防止了千园一面的雷同现象。中国园林的风格主要体现在园林意境的创作、园林材料的选择和园林艺术的造成型上。园林的主题不同，时代不同，选用的材料不同，园林风格也不相同。

每一块园林绿地，要有自己的独到之处，有鲜明的创作特色，有鲜明的个性，这就是园林风格。有人认为，园林风格是多种多样的。在统一的民族风格下，有地方风格、时代风格等。园林地方风格的形成，受自然条件和社会条件的影响。园林的时代风格形成，也常受到时代变迁的影响。当今世界，科学技术迅猛发展，世界各国的交流日益频繁，随着新技术的发展，一些新材料、新技术、新工艺、新手法必然在园林中得到广泛的应用，从而改变了园林的原有形式，体现了时代的特征。

3. 要解决好近期和远期，局部和整体的关系，以及考虑到造价及投资的合理应用，服务经营等有关问题

1.2 园林规划设计与相关学科的关系

园林规划设计学科的产生和发展有着相当深厚和宽广的知识底蕴，在艺术和技能方面的发展，一定程度上还得益于美术、建筑、城市规划、园艺以及近年来兴起的环境设计等相关专业。城市规划专业也是在不断的发展中才和建筑专业逐渐分开的。在这里，有必要理清园林规划设计与其他专业所解决的问题之间的差异。

1.2.1 建筑学

建筑活动恐怕是人类最早的改善生存条件的尝试。地球上不同种族的人们，在经历了上百万年的尝试、摸索之后，终于在这种尝试活动中积淀了丰富的经验，为建筑学的诞生和人类的进步做出了巨大的贡献。

建筑作品的主持完成，开始是由工匠或艺术家来负责的。在欧洲，随着城市的发展，这些工匠和艺术家完成了许多具有代表性的建筑和广场，形成了不同风格的建筑流派。那时，由于城市规模较小，城市建设在某种意义上就是完成一定数量的建筑。建筑与城市规划是融合在一起的。工业化以后，由于环境问题的突现以及后来20世纪的第二次世界大战，人们开始对城市建设进行重新的认识，例如出现了霍华德的"花园城市"；法国建筑大师勒·柯布西埃的"阳光城市"。直到建筑与城市规划逐渐相互分离，各自有所侧重，建筑师的主要职责就专注于设计居于特定功能的建筑物，例如住宅、公共建筑、学校和工厂等。

1.2.2　城市规划

城市规划虽然早期是和建筑结合在一起的，但是，无论是欧洲还是亚洲大陆的国家，都有关于城市规划思想的发展。城市规划考虑的是为整个城市或区域的发展制定总体计划，它更偏向社会经济发展的层面。

1.2.3　风景园林学

最早的造园活动可以追溯到 2000 多年前祭祀神灵的场地、供帝王贵族狩猎游乐的园囿和居民为改善居住环境而进行的绿化栽植等。如公元前 2600 年前埃及在高阜上神殿周围栽植圣林；中国古代的"园囿"；这些都是园林的雏形。

无论是为了追求美好的生活环境，还是为皇宫贵族建筑的玩赏场所，景园建筑或造园活动经历了长时间的积累，形成了比较成熟的学科和技术，活动领域和景观设计存在着一定程度和领域的交叉，以至于人们往往将景观设计等同于景园设计。

1.2.4　市政工程学

市政工程主要包括城市给、排水工程，城市电力系统，城市供热系统，城市管线工程等内容。相应的市政工程师则为这些市政功用设施的建设提供科学依据。

1.2.5　园林规划设计

严格意义上讲，其研究领域和实践范围界限不是十分明确，它包括了对土地和户外空间的人文艺术和科学理性的分析、规划设计、管理、保护和恢复。园林规划设计和其他规划职业之间有着显著的差异。就是它要综合建筑设计、城市规划、城市设计、市政工程设计、环境设计等相关知识，并综合运用其创造出具有美学和实用价值的设计方案。

1.3　现代园林景观设计的产生与活动领域

1.3.1　现代园林景观设计的产生与发展

美国在现代景观设计学科的发展和其职业化进程中是走在世界最前列的。在美国，哈佛大学首创了景观规划设计专业。从某种意义上讲，哈佛大学的景观设计专业教育史代表了美国景观设计学科的发展史。从 1860～1900 年，奥姆斯特德等景观设计师在城市公园绿地、广场、校园、居住区及自然保护区等方面所做的规划设计奠定了景观设计学科的基础，之后其活动领域又扩展到了主题公园和高速路系统的景观设计。

在世界范围内，英国的景观设计专业发展也较早。1932 年英国第一个景观设计课程出现在莱丁大学（Reading University），此后相当多的大学于 20 世纪 50～70 年代早期也分别设立了景观设计研究项目。景观设计教育体系相对而言业已成熟，其中，相当一部分学院在国际上享有盛誉。

当今的景观设计专业教育，非常重视多学科的结合，包括生态学、土壤学等自然科学，也包括人类文化学、行为心理学、艺术等人文科学，除此之外还包括了空间设计基本知识的学习。这种综合性进一步推进了学科发展的多元化。

因此，景观设计是大工业、城市化和社会化背景下的产生的，是在现代科学与技术的基础上发展起来的。

1.3.2　园林景观设计的活动领域

景观规划设计是关于景观的分析、规划布局、改造、设计、管理、保护和恢复的科学与艺术，是基于科学和艺术的观点和方法，探究人与自然的关系。景观规划设计包含景观分析、景观规划、景观设计和景观管理四个过程。它的产生和发展都有其深刻的背景，所以，景观规划设计的概念和实践范畴是随着社会的发展不断演变和扩充的，在不同的国家和地区具体的实践领域也有所区别，这和学科本身的发展及当地的经济发展状况有密切的联系。

目前，景观规划与设计不仅取得了很大的进步，在运用新技术方面也取得了一定的进展，包括场地设计、景观生态分析、风景区分析等方面都开始了对 RS、GIS 和 GPS 的运用和远近研究。

同济大学的刘滨谊教授认为，景观规划设计的内容主要包括以下几方面。

（1）国土规划。自然保护区的区划；风景名胜区的保护开发。

（2）场地规划。新城建设；城市再开发；居住区开发；河岸、港口、水域的利用；开放空间与公共绿地规划；旅游游憩地规划设计。

（3）城市设计。城市空间的创造；校园设计；城市设计研究；城市街景广场设计。

（4）场地设计。科技工业园设计；居住区环境设计，校园设计。

（5）场地详细设计。建筑环境设计；园林建筑小品；店面；照明。

1.4　园林规划设计发展趋势

当今社会出现的能源、生态、人口等问题，使人类不得不对环境加以关注。随着城市建设规模的不断扩大和乡村的急剧城市化，目前中国正经历着至今为止全世界规模最大的快速城市化过程，人类的生存环境面临着巨大的挑战，也引发了人与环境一系列的矛盾。城市的大量建设促使园林景观设计行业的高速发展，但也面临着很多问题，如大量的环境景观与周围的土地和人的关系不和谐的问题；在景观设计时人们忽视了人与自然环境的和谐问题等。

人类社会可持续发展研究的核心是将社会文化、生态资源、经济发展三大问题平衡考虑，以全球范围和几代人的兴衰为价值尺度，并以此作为人类发展的基本方针。

进入 21 世纪后，随着科学技术的迅猛发展，文化艺术的不断进步，国际交流及旅游的日益方便，人们的社会生活方式、文化理念、价值观发生着深刻的变化，审美的情趣、品位也越来越高级。他们相互结合，共同构筑了现代景观设计发展的需求，纵观世界园林绿化的发展总趋势，大体有以下几个方面。

（1）可持续发展和生态原则将成为园林景观设计必须考虑的因素。

（2）园林景观设计逐渐走向社区并日趋复杂化。

（3）综合运用各种新技术、新材料、新工艺、新艺术、新手段，对园林进行科学规划、科学施工，创造出丰富多样的新型园林。

（4）园林绿化的生态效益与社会效益、经济效益的相互结合与相互作用将更加紧密，向更高程度发展，在经济发展，物质与精神文明建设中发挥更大、更广的作用。

（5）在园林绿化的科学研究与理论建设上，将园艺学与生态学、美学、建筑学、心理学、社会学、行为学、电子学等多种学科有机结合起来，并不断有新的突破与发展。

（6）园林界世界性的交流越来越多。各国纷纷举办各种性质的园林、园艺博览会、艺术节等活动，极大地促进了园林绿化事业的发展。

（7）在园林规划设计和园容的养护管理上广泛采用先进的技术设备和科学的管理方法，植物的园艺养护、操作一般都实现了机械化，广泛运用计算机进行监控、统计和辅助设计。

（8）在规划布局上以植物造景为主，建筑的比重较小，以追求真实、朴素的自然美，最大限度地让人们在自然的气氛中自由自在地漫步以寻求诗意、重返大自然。

小 结

　　园林规划设计是园林绿地建设之前的筹划谋略，是实现园林美好理想的创作过程，它受到经济条件的制约和艺术法则的指导。现代景观设计是大工业、城市化和社会化背景下的产生的，是在现代科学与技术的基础上发展起来的。当今快速城市化过程促使园林景观设计行业高速发展，坚持可持续性和生态原则将成为园林规划设计发展总趋势。

思 考 与 练 习

（1）简述园林规划设计的含义。

（2）简述现代园林景观设计的活动领域。

（3）简述园林规划设计发展趋势。

课题 2 园林规划设计基本原理

学习目标

了解园林中景的主要含义；掌握园林形式美法则；熟悉园林布局的方法特点；能够合理运用园林造景的各种方法，在实际的设计中正确使用。

学习内容

园林规划设计基本原理主要讲授园林赏景方式、造景手法；园林艺术构图的形式美法则；园林布局形式及特征；园林空间的形式及应用；场所与行为、场所空间应用设计等方面的内容。

2.1 园林赏景与造景

2.1.1 园林赏景

1. 景的含义及主题

园林中的景，是指在园林绿地中，自然的或经人工创造的、以能引起人的美感为特征的一种供作游憩观赏的空间环境。景的主题，是指园林景物主题能集中具体地反映设计内容的思想和功能特质。各类造园材料都可以作为设计的主题，以地形和植物两类较为常用。此外，历史、人物、典故等内容也经常成为园林设计的主题。园林景物主题可分为以下几种。

（1）地形主题。地形是园林景物的基础。自然界的平原、山地、河湖、山体及人工创造的各种地形，能反映出不同的风景主题（见图 2-1）。如变幻多端的溪流等，可贯穿于园林设计中，来创造不同的空间，成为园景的表现主题。

（2）植物主题。植物是园林的主体，是园林自然美的主题，具有显著观赏特点的乔木、灌木、花卉、草本等，以其种类、树形、色彩，花期（见图 2-2）、季相、单体、群体等，成为风景主题。

（3）建筑景物的主题。建筑是园林的"眉目"，在园林中起点缀、控制等作用，利用建筑的风格、布置位置、组合关系可产生园林主题（见图 2-3）。

图 2-1 以地形为风景的主题

图 2-2 以植物花期为风景的主题

图 2-3 以建筑为风景的主题

（4）历史、人物、典故主题。应用历史、人物、典故作园林主题，可以产生纪念意义，通过游园可使游人进行凭吊，同时学习历史知识，达到教育、科普、爱国等宣传目的。

但是这些主题并非单独使用，往往又是综合在一起，使园区的主题形式丰富起来。

2. 赏景

园林赏景是一种以游赏者为审美主体，园林景观为审美客体的审美认识活动，要想设计出理想的园林作品，首先应该懂得如何赏景。

赏景层次可简单概括为观、品、悟三个阶段，它们是一个由被动到主动、从实境至虚境的复杂的心理活动过程。

（1）观。观是赏景的第一层次，主要表现为游赏者对园林中感性存在的整体直觉把握。因此，在这一阶段，园林以其外在形式特性，如园林各构成要素的形状、色彩、线条、质地等起着决定性的作用。但不少游赏者也可能就停止于这一阶段。

（2）品。品是游赏者根据自己的生活体验、文化素质、思想情感等，运用联想、想象、思维等心理活动，去扩充、丰富园林景象，领略、开拓园林意境的过程，它是一种积极的、能动的、再创造性的审美活动。如园林景物中千姿百态的形状、姹紫嫣红的色彩、雄浑的气势和幽深的境界，在一定程度上是作为人的某种品格和精神的象征而吸引游人的。通过想象，体验，移情，使游赏者神游于园林景象中而达到物我同一。

（3）悟。悟是游赏者从游园中醒悟过来，沉入一种回忆，一种探求，在品味、体验的基础上进行哲学思考，以获得对园林意义的深层的理性把握。中国园林，尤其是中国古典园林就是这样小中见大，从而对整个人生、历史、宇宙产生一种富有哲理性的感受和领悟，引导游赏者达到园林艺术所追求的最高境界。

但在具体的赏景活动中，三者的区别并不会这样明显，而是有可能边观、边品、边悟，三者合一的。

2.1.2　园林造景手法

在园林绿地中，园林设计者常以高度的思想性、科学性、艺术性，将园林要素反复推敲，组织成优美的园林。此种美景的设计过程，特称"造景"。人工造景要根据园林绿地的性质、规模因地制宜、因时制宜。现将常用的造景手法介绍如下。

1. 主景

景就距离远近、空间层次而言，有前景、中景、背景之分（也叫近景、中景与远景）。没有层次就没有景深。中国园林无论是建筑围墙，还是花草树木、山石水景、景区空间等，都喜欢用丰富的层次变化来增加景观深度。一般前景、背景都是为了突出中景而言的，中景往往是主景部分（见图2-4）。

主景是能够集中观赏者的视线，成为画面重点的景物。配景起着陪衬主景的作用，二者相得益彰又形成一艺术整体。不同性质、规模、地形环境条件的园林绿地中，主景、配景的布置是有所不同的。北京北海公园的主景是琼华岛和团城，其北面隔水相对的五龙亭、静心斋、画舫斋等地区是其配景。然而，要突出主景，需要一定的造景技巧，园林规划设计中常常采取一些措施，常用的手法有主体升高、运用轴线和风景视线的焦点、动势集中等。

（1）主体升高。在空间高度上加以突出，使主景主体升高（见图2-5）。升高的主景，由于背景是明朗简洁的蓝天，使主景的造型、轮廓、体量鲜明地衬托出来，而不受或少受其他环境因素的影响，使构图的主题鲜明。

（2）运用轴线和风景视线的焦点。一般常把主景布置在中轴线的终点，轴线是园林风景或建筑群发展、延伸的主要方向。此外，主景常布置在园林纵横轴线的相交点，或放在轴线的焦点或风景透视线的焦点上。

（3）动势集中。如水面、广场、庭院等四面环抱的空间，其周围次要的景物往往具有动势，趋向于视线集中的焦点上，主景最宜布置在这个焦点上。为了不使构图呆板，主景不一定正对空间的几何中心，而偏于一侧。

图 2-4　园林的前景、中景、背景　　　　　　　　　　图 2-5　升高主景

（4）渐变。在色彩中，色彩由不饱和到饱和，或由饱和到不饱和，由暗色调到明色调，或由明色调到暗色调所引起的艺术上的感染，称为渐变感。园林景物，由配景到主景，在艺术处理上，级级提高，步步引人入胜，也是渐变的处理手法。

（5）空间构图的重心。为了突出主景，常把主景布置在整个构图的重心处，规则式园林构图中，主景常居于构图的几何中心；自然式园林构图，主景常布置在构图的自然重心上。

综上所述，主景是强调的对象，为了达到目的，一般在体量、形状、色彩、质地及位置上都被突出。为了对比，一般都用以小衬大、以低衬高的手法突出主景。但有时主景也不一定体量很大、很高，在特殊条件下低在高处，小在大处也能取胜，成为主景。

2. 配景

配景在公园的造景设计中，首先须安排好主景，同时也要考虑好配景。园林属于空间艺术，亦同其他艺术作品完全一样，故园景也一定要有主、从之分，以主景为主，配景为从，配景起着陪衬主景的作用。

3. 其他造景手法

（1）借景。"园林巧于因借"，借景在园林造景中十分重要。有意识地把园外的景物"借"到园内可透视、感受的范围中来，称为借景。朝花夜月、风霜雨雪、日月星辰、鸟语花香、寺殿庙宇、楼阁亭台等，依环境、状况等之不同，借景的具体做法，亦不一样。

1）借景的内容。

a. 借形组景。主要采用对景、框景等构图手法把有一定景观价值的远、近建筑物以及山、石、花木等自然景物纳入园区中来。

b. 借声组景。自然界声音多种多样，园林中所需要的是能激发感情、怡情养性的声音。在我国园林中，暮鼓晨钟，溪谷泉声，林中鸟语；雨打芭蕉，柳岸莺啼等，均可为园林空间增添几分意境。

c. 借色组景。园林中十分重视以月色组景。如杭州西湖的"三潭印月"、"平湖秋月"，避暑山庄的"月色江声"、"梨花伴月"等，都以借月色组景而得名。另外，还有如白桦白色的树干、五角枫红色的树叶、水蜡黑色的果实等。

d. 借香组景。在造园中如何运用植物散发出来的幽香以增添游园的兴致是园林设计中一项不可忽视的因素。如在芍药专类园中，除了可以观其形外，还可闻其香。

2）借景的方法。

a. 远借。远借是把园林远处的景物组织进来，所借物可以是山、水、树木、建筑等。如北京颐和园远借西山及玉泉山之塔，无锡寄畅园借惠山，济南大明湖借千佛山等。

b. 近借。近借又称邻借，近借是把园区邻近的景色组织进来。周围环境是近借的依据，周围景物只要是能够利用成景的都可以利用，不论是亭、台、楼、阁，还是山、水、花木均可。如邻家有一枝红杏亦可对景观赏或设漏窗借取，如"一枝红杏出墙来"。

c. 仰借。仰借是利用仰视借取园外景观，以借高景物为主。如古塔、高层建筑、山峰、大树，也包括碧空白云、明月繁星等。如北京的北海借景山，南京玄武湖借鸡鸣寺均属仰借。仰借视觉较疲劳，观赏点应设亭台座椅。

d. 俯借。俯借是指利用居高临下俯视观赏园外景物。如登高四望，四周景物尽收眼底，就是俯借。所借景物甚多，如江湖原野、湖光倒影等。

e. 应时而借。利用一年四季、一日之时，由大自然的变化和景物的配合而成。对一日来说，日出朝霞、晓星夜月；以一年四季来说，春光明媚、夏日原野、秋天丽日、冬日冰雪。就是植物也随季节转换。如春天的百花争艳，夏天的浓荫覆盖，秋天的层林尽染，冬天的树木姿态，这些都是应时而借的意境素材，许多名景都是以应时而借为名的。如西湖十景中的"苏堤春晓"、"曲院风荷"、"平湖秋月"、"断桥残雪"等。

图 2-6 对景

（2）对景。凡位于园林绿地轴线及风景透视线端点的景称为对景（见图 2-6）。是为了满足不同性质的园林绿地的功能要求，达到各种不同景观的欣赏效果，创造不同的景观气氛，园林中常利用各种景观材料来进行空间组织，并在各种空间之间创造相互呼应的景观。对景可作严整、规则的对称处理，但亦可作灵活、拟对称的处理。因此，对景又有正对与互对的分别。正对的景物，庄严、肃穆、一目了然。例如西安的大雁塔，作为雁塔路的对景，即为佳例。至于互对，则有自由、活泼、灵活、机动的美感，使园林景观参差多变。例如苏州拙政园中的远香堂与其隔水相望的假山上的雪香云蔚亭，一高一低，遥遥相对。

（3）障景。在园林绿地中凡是抑制视线，引导空间的屏障景物称为障景。障景一般采用突然逼进的手法，视线较快受到抑制，有"山重水复疑无路"的感觉，于是必须改变空间引导方向，而后逐渐展开园景，达到豁然开朗的"柳暗花明又一村"的境界。如拙政园中部入口处为一小门，进门后迎面一组奇峰怪石，绕过假山石，或从假山的山洞中出来，方是一泓池水，远香堂、雪香云蔚亭等历历在望。障景还能隐藏不美观和不求暴露的局部，而本身又成一景。障景务求高于视线，否则无障可言。障景常应用山、石、植物、建筑等，多数用于入口处，或自然式园路的交叉处，或河湖转弯处，使游人在不经意间视线被阻挡和组织到引导的方向。

（4）隔景。利用园林要素分隔园林的景色，称为隔景。通过分隔，能使景致丰富、深远，增添构图变化，可使园中若干景点、景区显其特色。如颐和园昆明湖的亭、桥、岛组合，分隔水面景观，形成多层次的画面，大有看不尽、游不完的韵味。分隔的作用，使景藏起来，所谓景愈藏则意境愈大。隔景将园林绿地隔成若干空间，能产生园中有园、池中有池、岛中有岛和大景之中包孕着小景的境界，从而扩展意境。

（5）夹景。景被树木、建筑等园林要素所夹，称夹景。此景是利用树丛、岩石或建筑，分列在视线的两旁，使观者的视线只能由两树丛或两建筑物之间通过，看到前方的美景。通常用于主景或对景前，用于左右较封闭的狭长空间（见图 2-7），其作用是突出轴线或端点的主景或对景，美化风景构图效果，同时还具有增加景深的造景作用，引起游人注意。

（6）框景。利用门框、窗框、树框、山洞等的空缺之处，观看前方的景物，所看到的景观，即称之为框景。由于画框的作用，将赏景人的视觉高度集中在框子中间画面的主景上（见图 2-8），于是景物便能给人以强烈的感染力。如专门为观赏"框景"而设置的北京北海"看画廊"，无形中增强了景致的诗情画意，从而使艺术效果大大地提高。框景必须设计好入框的对景。如先有景而后开窗，则窗的位置应朝向最美的景物；如先有窗而后造景，则应在窗的对景处设置，窗外无景时，则以"景窗"代之。观赏点与景框的距离应保持在景直径 2 倍以上，视点最好在景框中心。

图 2-7 夹景　　　　　　　　　　　　　　　　　图 2-8 框景

（7）漏景。漏景是由漏窗取景而来的。除漏窗等建筑装修构件外，疏林树干也是好材料，但植物不宜色彩华丽，树干宜空透阴暗，树木体型宜高大，姿态宜优美，排列宜与景并列。框景的景致，清明朗爽，而漏景之景，则扑朔迷离。特别在沿漏窗之长廊或沿花格之围墙，走马观景时，廊外、墙外的景色，忽断忽续，时隐时现，有"犹抱琵琶半遮面"的感觉，含蓄雅致，是空间渗透的一种主要方法。

（8）题景。简单地说，题景就是景致的题名。根据建筑等的性质、用途而予以命名和题匾（见图 2-9），为我国古代建筑艺术中的一种传统手法。题景这种方法后来亦应用于园林的风景中，为各种景色标名题字，它能起画龙点睛的作用，所以题景亦有人称之为点景。如万寿山、知春亭、爱晚亭、南天一柱、兰亭、花港观鱼等。它不但丰富了景的欣赏内容，增加了诗情画意，还点出了景的主题。

图 2-9　题景

（9）添景。在疏朗或感到不足的主景或对景前所增设的前景称为添景。其作用是丰富层次感，增加景深。添景可以是建筑小品、山石、林木等。一般多用建筑小品、景石或优型树木等充当添景，借以丰富园景的层次空间，增添变幻，丰富园林景色。如建筑前姿态优美的树木无论是一株或几株都能起到良好的添景作用；在湖边看远景常有几丝垂柳枝条作为近景的装饰就很生动。

2.2　园林艺术构图的基本法则

2.2.1　形式美法则

1. 园林美

园林美则是园林设计师在对自然美、艺术美和生活美的高度领悟后所产生的审美意识与园林形式的有机统一。概括地说，园林美应该包括自然美、生活美、艺术美三种形态。但绝不是简单的累加组合，而是经过"创造主体和欣赏主体——人"的提炼和升华后的综合的美。

2. 形式美法则的内容

园林艺术构图的基本原则即园林艺术形式美规律法则，是用于指导设计理论的基础知识，在园林规划设计的实践中，更具有重要性。园林是由各种山水、植物、建筑、园路等园林要素构成的。这些构成要素具有一定的形状、大小、色彩和质感，而形状又可抽象为点、线、面、体。园林形式美法则就表述了这些点、线、面、体及色彩，质感的普遍组合规律。形式美法则的内容主要包括以下几个方面。

（1）对比与调和。对比是将迥然不同的事物并列在一起，差异程度显著的表现，使其在统一的整体中呈现出明显的差异，为了突出表现一个景点或景观，使之鲜明显著，引人注目。调和也称协调，是相近的不同事物的相融，并列在一起，达到完美的境界和多样化中的统一，使人感到协调、融合、亲切、随意、不孤独。园林中的调和是多方面的，如体形、线条、比例、色彩、虚实、明暗等都可以作为调和的对象。对比与调和是一种矛盾中趋向统一，统一中显出对立的美。园林景象要在对比中求调和，在调和中有对比，使景观丰富多彩，生动活泼，风格协调，突出主题。

对比的手法很多，园林中可以从许多方面形成对比，如体量、体形、方向、开合、明暗、虚实、色彩、质感等。下面介绍几种常用的对比手法。

1）形象的对比。园林布局中构成园林景物的点、线、面和空间常具有各种不同的形状，如长宽、高低、大小等，以造成人们视觉上的错觉。在园林景物中应用形状的对比与调和常常是多方面的，对比存在了，还应考虑二者间的协调关系，所以在对称严谨的建筑周围，常种植一些整形的树木，并做规则式布置，而在自然式园林中，常以花草树木做自由式的布置，以取得协调。

2）体量的对比。体量相同的景物，在不同环境中进行比较，给人的感觉不同，在大的环境中，会感觉其小，在小的环境中，会感觉其大。拿园林来说，大园气势磅礴、开敞、通透、深远；小园封闭、亲切、纤巧、曲折。大园中套小园，互相衬托，较小体量景物衬托大体量的景物，大的更加突出，小的更加亲切。在园林中常常利用景物的这种对比关系来创造"小中见大"的园林景观。如颐和园的佛香阁体量很大，而阁周围的廊，体量都较小，就是这一效果。

3）方向的对比。在园林的空间、形体和立面的处理中，常常运用垂直和水平方向的对比来丰富园林景物的形象。如园林中常常把山水互相配合在一起，用垂直方向高耸的山体与横向平阔的水面相互衬托，避免了只有山或只有水的单调；用挺拔高直的乔木形成竖向线条与低矮丛生的灌木绿篱形成的水平线条形成对比，从而丰富园林的立面景观。园林建筑设计中也常常应用垂直线条与水平线条的对比来烘托建筑景观，造成方向上的对比，增加空间在方向上的变化。

4）空间的对比。在空间处理上，将两个有明显差异的空间安排在一起，借两者的对比作用而突出各自的特点。例如使大、小悬殊的两个空间相连接，当由小空间进入大空间时，由于小空间的对比、衬托，会使大空间给人以更大的幻觉，增加空间的对比感、层次感，达到引人入胜的目的。

5）明暗的对比。光线的强弱能造成景物、环境的明暗对比。环境的明暗对人有不同的感受。明给人开朗活泼的感觉，暗给人以幽静柔和的感觉，在园林绿地布局中，布置明朗的广场空地供游人活动，布置幽暗的疏林、密林，供游人散步休息。一般来说，明暗对比强的景物令人有轻快振奋的感觉，明暗对比弱的景物令人有柔和沉郁的感觉。在密林中留块空地，称为林间隙地，是典型的明暗对比。

6）虚实的对比。园林绿地中的虚实，常常是指园林中的实墙与空间，密林与疏林草地，山与水的对比等，在园林布局中要做到虚中有实、实中有虚是很重要的。实让人感觉厚重，虚让人感觉轻松，虚实对比能产生统一中有变化的艺术效果。在园林艺术中，虚和实是相对而言的。例如建筑是实的，植物是虚的。而在植物中密林又是实的，疏林则是虚的；再如园林中的围墙，做成透花墙或铁栅栏，就打破了实墙的沉重闭塞感，产生虚实隔而不断地对比效果。

7）色彩的对比。利用色彩的对比关系可引人注目，以便更加突出主题，如常说的"万绿丛中一点红"，主要突出那一点红。色彩的对比与调和包括色相和色度的对比与调和。色相的对比是指相对的两个补色产生的对比效果，如红与绿，黄与紫；色相的调和是指相邻的色产生的效果，如红与橙，橙与黄等。颜色的深浅变化称为色度。

如果黑是深，则白是浅，深浅变化即是指色彩从黑到白之间的变化。植物的色彩，一般是比较调和的，因此在种植上多用对比，以产生层次。秋季在艳红的枫叶林、黄色的银杏树叶的后面，应有深绿色的背景树林来衬托。反之如白玉兰的背景是天空，紫薇的背景是红墙，其效果使游人茫无所获。

8）质感的对比。在园林绿地中，可利用山石、水体、植物、道路、广场、建筑等不同的材料质感，造成对比，强化效果。即使是植物之间，也因种类不同，有粗糙与细致、厚实与空透之分。建筑上仅以墙面而论，有砖墙、石墙、大理石墙、混凝土墙面以及加工打磨情况不同的各类贴面砖，从而使材料质感上有差异。不同材料质地给人不同的感觉，如粗面的石材、混凝土、粗木、建筑等让人感觉稳重，而细致光滑的石材、细木等让人感觉轻松。

（2）节奏与韵律。节奏是景物简单的反复连续出现，通过运动产生美感。园林中的节奏就是景物有规律地反复连续出现，如灯杆、花坛和行道树等，就是简单的节奏。在园林中的韵律，就是有规律，但又自由抑扬起伏变化，从而产生富于感情色彩的律动感，使得风景产生更深的情趣和抒情意味，如自然山峰的起伏，人工群落的林冠线等。

由于韵律与节奏有着内在的联系与共同性，故可用节奏韵律表示它们的综合意义，节奏韵律就是一种事物在动态过程中，有规律、有秩序并富于变化的一种动态连续的美。一座美好的园林，是由多种因素组成，其韵律感就像一组多种乐器合奏的交响乐，让人难以捉摸，园林的韵律感是十分含蓄的。按照韵律与节奏设计园林是十分复杂的，要从多方面探索韵律的产生，要研究自然界中的这种美的规律，去学习模仿、提高，去创造更多的园林韵律美。现把园林绿地构图中常见的节奏韵律介绍如下。

1）简单韵律。由同种因素等距反复出现的连续构图。如等距的行道树，等高等距的长廊，等高等宽的登山道台阶，爬山墙等。

2）交替韵律。由两种以上因素交替等距反复出现的连续构图。如河堤上一株柳树、一株桃树的栽种，两种不同花坛的等距交替排列，登山道一段踏步一段平台交替等。

3）渐变的韵律。渐变的韵律是指园林布局连续重复的组成部分，在某一方面作规则的逐渐增加或减少所产生的韵律，如体积的大小，色彩的浓淡，质感的粗细等。渐变韵律常在各组成部分之间有不同程度或繁简上的变化。园林中在山体的处理上，建筑的体型上，经常应用从下而上愈变愈小，如塔的体型下大上小，间距也下大上小等。

4）起伏曲折韵律。由一种或几种因素在形象上出现较有规律的起伏曲折变化所产生的韵律。如连续布置的山丘、道路、花径、树木、建筑等，可起伏曲折变化，并遵循一定的节奏规律。

5）拟态韵律。既有相同因素又有不同因素反复出现的连续构图。如花坛的外形相同，但花坛内种的花草种类、布置又各不相同；漏窗的窗框一样，但花饰又各不相同等。

6）交错韵律。即某一因素作有规律的纵横穿插或交错，其变化是按纵横或多个方向进行的。如空间的一开一合，一明一暗，景色有时鲜艳，有时素雅，有时热闹，有时幽静，如组织得好，都可产生节奏感。常见的例子如园路的铺装，用卵石、片石、水泥板、砖瓦等组成纵横交错的各种花纹图案，连续交替出现，设计得宜，能引人入胜。

（3）比例与尺度。园林绿地是由植物，建筑，园路、地形、山石、水体等组成，它们构图的美都与比例、尺度有关。经过人们长期的实践和观察，探索出黄金分割（即近似值 1:0.618）是最佳形式美比例。园林绿地构图的比例是指园景和景物各组成要素之间空间形体体量的关系，不是单纯的平面比例关系。

与比例相关联的是尺度。尺度是景物和人之间发生关系的产物，凡是与人有关的物或环境空间都有尺度问题，时间久了，这种大小尺寸和它的表现形式合为一体而成为人类习惯和爱好的尺度观念。园林绿地构图的尺度是景物与人的身高及使用活动空间的度量关系。这是因为人们习惯用人的身高和使用活动所需要的空间为视觉感知的度量标准。园林尺度又分为适用尺度、可变尺度和夸张尺度。如台阶的宽度不小于30cm（人脚的长度），高度为12～19cm 为宜（人抬起脚，不会产生疲劳的高度），一般园路宽能容两人并行，宽度以 1.2～1.5m 较合适，这些都为适用尺度。而花坛的大小可由所处空间的大小而定，属可变尺度；北京颐和园佛香阁的蹬道设置比较高，是为了体现佛香阁的高大宏伟，属夸张尺度，可见不同的功能，要求不同的空间尺度。

（4）均衡与稳定。均衡是指园林布局中左与右、前与后的轻重关系；稳定，是指园林布局在整体上轻重的关系而言。均衡与对称是形式美在量上呈现的美。人们从自然现象中意识到一切物体要想保持均衡与稳定，就必须具备以下的条件：例如像山那样，下部大，上部小；像树那样下部粗，上部细，并沿四周对应地分枝出杈；像人那样具有左右对称的体形等。除自然的启示外，也通过自己的生产实践证实了均衡与稳定的原则。并认为凡是符合于这样的原则，不仅在实际上是安全的，而且在感觉上也是舒服的。

1）均衡。均衡是对称的一种延伸，是事物的两部分在形体布局上不相等，但双方在量上却大致相当，是一种不等形但等量的特殊的对称形式。也就是对称都是均衡的，但均衡不一定都对称，因此，就分出了对称均衡和不对称均衡。对称均衡布置常给人庄重、严整的感觉，规则式的园林绿地中采用较多，如纪念性园林，公共建筑的前庭绿化等，有时在某些园林局部也运用。不对称均衡的布置小至树丛、散置山石、自然水池，大至整个园林绿地、风景区的布局。它常给人以轻松、自由、活泼、变化的感觉。所以广泛应用于一般游憩性的自然式的园林绿地之中。

2）稳定。稳定着重是考虑上下之间的轻重关系的。在园林布局上，往往在体量上采用下面大，向上逐渐缩小的方法来取得稳定坚固感。我国古典园林中的高层建筑物如颐和园的佛香阁、西安的大雁塔等，都是通过建筑体量上由底部较大而向上逐渐递减缩小，使重心尽可能低，来取得结实稳定的感觉。

形式美不是固定不变的，它随着人类生产实践，审美实践的丰富、发展而不断积淀探索这些法则，从而注入新的内容。形式美的产生扩大了审美对象，传统的构图原理一般只限于从形式本身探索美的问题，显然有局限性。因此，现代许多设计师，便从人的生理机制、行为、心理、美学等方面研究创作所必须遵循的准则。形式美的丰富、发展、不断完善，必将大大开拓人的审美境界，促进入对美的发现与创造。

2.2.2　园林意境创作

通过园林的形象所反映的情感，使游赏者触景生情，产生情景交融的一种艺术境界。园林意境对内可以抒己，对外足以感人。园林意境强调的是园林空间环境的精神属性，是相对于园林生态环境的物质属性而言的。园林造景并不能直接创造意境，但能运用人们的心理活动规律和所具有的社会文化积淀，充分发挥园林造景的特点，创造出促使游赏者产生多种优美意境的环境条件。

2.3　园林布局形式及特征

在园林中把景物按照一定的艺术规则有机地组织起来，创造一个和谐完美的整体的过程称为园林布局。园林是由一个个、一组组不同的景观组成的，这些景观不是以独立的形式出现的，而是由设计者把各景物按照一定的要求有机地组织起来的。各种园林绿地布局形式，大致可分为规则式、自然式和混合式三种。

图 2-10　规则式园林

2.3.1　规则式

园林布局采用几何图案形式。如建筑物或景点之间用直线道路相联系，水池或花坛的边缘、花坛的花纹、色彩的组合也用直线或曲线组成规则的几何图案。这类园林大多有明显的中轴而且左右均衡对称（见图 2-10）。形成规则式园林布局是由于受到历史传统、哲学思想或生产水平的影响。主要的中外规则式园林代表有我国的北京天坛、南京中山陵，法国的凡尔赛宫、意大利的台地园等。

2.3.2 自然式

自然式园林是园林布局按自然景观的组成规律采取不规则形式。通过对自然景观的提炼和艺术的加工，再现出高于自然的景色。它可以满足人们向往自然、寓身自然的审美意识。我国园林，无论大型的帝皇苑囿还是小型的私家园林，多以自然式山水园林为主。如北京颐和园、北海公园、承德避暑山庄、苏州拙政园、留园等。新建园林，如北京的紫竹院公园、杭州花港观鱼公园、广州越秀公园等。

规则式和自然式园林的布局特点，见表2-1。

表2-1   自然式和规则式园林布局特点对比

布局特点 要素	规 则 式	自 然 式
中轴线	全园在平面规划上有明显的中轴线，并大抵依中轴线的左右前后对称或拟对称布置	无
地形	平坦开阔地段，由不同高程的水平面及缓倾斜的平面组成；在山地及丘陵地段，由阶梯式的大小不同水平台地倾斜平面及石级组成，其剖面均为直线所组成	要求再现自然界的山峰、崖、岗、岭、峡、岬、谷、坞、坪、洞、穴等地貌景观。在平原，要求自然起伏、和缓的微地形。地形的剖面为自然曲线
水体	水景的类型有整形水池、整形瀑布、喷泉、壁泉及水渠运河等，雕塑与喷泉构成水景的主要内容。外形轮廓均为几何形，主要是圆形和长方形，水体的驳岸多整形、垂直，有时与雕塑配合使用	园林水景的主要类型有湖、池、潭、沼、汀、溪、涧、洲、港、湾、瀑布、跌水等。水体的轮廓为自然曲折，水岸为自然曲线的倾斜坡度，驳岸主要用自然山石驳岸、石矶等形式
植物	全园树木配植以等距离行列式、对称式为主，树木修剪整形多模拟建筑形体、动物造型。园内常运用大量的绿篱（见图2-11）、绿墙和丛林划分和组织空间，花卉布置常为模纹花坛和花带，有时布置成大规模的花坛群	要求反映自然界植物群落之美，不成行成排栽植（见图2-13）。树木不修剪，配植以孤植、丛植、群植、密林为主要形式。花卉的布置以花丛、花群为主要形式
道路（广场）	道路均为直线形（见图2-12），折线形或几何曲线形。广场多呈规则对称的几何形，主轴和副轴线上的广场形成主次分明的系统；广场与道路构成方格形式、环状放射形、中轴对称或不对称的几何布局。形成与广场、道路相组合的主轴、副轴系统，形成控制全园的总格局	道路的走向、布列多随地形，道路的平面和剖面多为自然的起伏曲折的平曲线和竖曲线组成（2-14）。除建筑前广场为规则式外，园林中的空旷地和广场的外形轮廓为自然式的
建筑	主体建筑组群和单体建筑多采用中轴对称均衡设计，多以主体建筑群和次要建筑群形成与广场、道路相组合的主轴、副轴系统，形成控制全园的总格局	单体建筑多为对称或不对称的均衡布局；建筑群或大规模建筑组群，多采用不对称均衡的布局。局部有轴线处理。建筑类型有亭、廊、榭、舫、楼、阁、轩、馆、台、塔、厅、堂、桥等
园林小品	雕塑主要以人物雕像布置于室外，并且雕像多配置于轴线的起点、交点和终点。雕塑常与喷泉、水池构成水体的主景	假山、石品、盆景、石刻、砖雕、木刻等

图2-11 规则式园林植物

图2-12 规则式园林园路

图 2-13 自然式园林植物

图 2-14 自然式园林园路

2.3.3 混合式

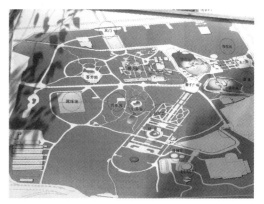

混合式园林有两种布局形式，一是将自然式园林和规则式园林的特点用于同一园林中，如在园路布局中，规则式的主园路与自然式的园林小径交错布置；又如在植物配植中，外围采用等距离行列式的规则式配植方式，内部则采用丛植、群植等自然式配植方式。二是将一个园林分为若干个区，一部分区域采用规则式布局；另一部分区域采用自然式布局（见图 2-15）。应该强调的是，无论是哪一种布局形式，只有当规则式与自然式布局所占的比例大致相等时，方可称之为混合式园林。

图 2-15 混合式园林

2.4 园林空间应用与处理

2.4.1 园林空间及分类

1. 园林空间

就是指由地面、顶面及垂直面单独或共同组合，围成具有实在的或感觉上的范围。园林绿地构图是以自然美为特征的空间环境规划设计，而非单纯的平面或立面构图。园林绿地要综合利用山石、水体、植物、道路、广场、建筑、小品等，并以室外空间为主体与室内空间相互渗透来创造景物。此外，园林绿地构图的要素，如园林植物、山、水等的景观都随着时间、季节而变化，因而园林是四维的空间艺术，在设计时还要考虑时间对园景的影响，以创造浪漫的四季景观。园林设计就是要利用各种园林素材的有机组合，配合日、月、风、雨等自然现象，来创造变化多样的园林空间。也就是说，把园林山水、建筑、植物、地形以及天文气象等因素，看成是一个完整的统一体，综合地组合在一起，构成不同类型的园林艺术空间。

2. 分类

在园林设计中，不同的构思和处理手法，可以创造出性质不同的园林空间。园林空间按形式按开闭情况可分为开敞空间、闭锁空间和纵深空间。

（1）开敞空间。开敞空间指人的视线高于周围景物的空间。开敞空间内的风景称为开朗风景。在开敞空间，人的视线可以延伸到远方，给游人以明朗开阔之感，使游人目光宏远，心胸开阔。辽阔的平原，苍茫的大海，均属于开敞空间，但开敞空间缺乏近景的感染力。

（2）闭锁空间。闭锁空间是指人们的视线被周围景物遮挡住的空间。如山沟、盆地、林中空地、四合院等均属闭锁空间。闭锁空间中的风景叫闭锁风景。在闭锁空间内，可将景物布置得比较丰富，增强近景的感染力。闭锁空间给人以幽深之感但感觉闭塞。

（3）纵深空间。纵深空间是指在狭长的地域中两旁有密林、建筑、山丘等物挡住视线的狭长空间。纵深空间的端点，正是透视的焦点，容易引起游人的注意，常在端点布置风景，这种风景称为聚景。

上述三种空间对比强烈，给人以三种不同的感受。园林设计时要求三种空间配合恰当，在空间上给人以变化无穷的感觉。

2.4.2 园林静态布局方法

静态风景是指游人在相对固定的空间内所感受到的景观，这种风景是在相对固定的范围内观赏到的，因此，其观赏位置对效果有着直接的影响。

1. 不同视角下的垂直视距

赏景点与景物之间的距离，称赏景视距。赏景视距适当与否对赏景的艺术效果关系甚大。人的视力各有不同，正常人的视力，明视距离为25cm，4km以外的景物不易看到，在大于500m时，对景物存在模糊的形象，距离缩短到250~270m时，能看清景物的轮廓，如看清花木种类的识别则要缩短到几十米之内。在视角方面，不转动头部，通常，垂直明视角为26°~30°，水平明视角为45°，超过此范围就要转动头部。转动头部观赏，对景物整体构图印象就不够完整，而且容易感到疲劳。

2. 不同视角的风景效果

在园林中，景物是多种多样的，不同的景物要在不同的位置来观赏才能取得最佳的效果，一般根据人们在观赏景物时，赏景视高根据视景点高低不同，可分平视、仰视、俯视。

（1）平视风景。平视是视线平行向前，游人头部不用上仰下俯，可以舒服地平望出去，使人存平静、安宁、深远的感觉，不易疲劳。平视风景应布置在视线可以延伸到较远的地方，如园林绿地中的安静地区，休息亭榭，疗养区的一侧等。

（2）仰视风景。游人在观赏景物，其仰角大于45°时，视点距离景物很近，就要把头微微仰起，这时与地面垂直的线条有向上消失感，故景物的高度感染力强，易形成一种雄伟、高大和威严感（见图2-16）。如古典园林中堆叠假山，不从假山绝对的真实高度去考虑，而将视点安排在近距离内，使山峰有高入蓝天白云之感，从颐和园德辉殿仰视佛香阁，仰视角约为62°，由下往上望，佛香阁高入云端，宛如神仙宫殿，也是运用这种手法。

（3）俯视风景。游人视点较高，景物展现在视点下方，必须低头俯视才能看清景物，此时视线与地平线相交，景物随垂直于地面的直线，产生向下消失感，故景物愈低就显得愈小，俯视易造成开阔和惊险的风景效果，增强人们的信心、雄心（见图2-17）。"一览众山小"，登泰山而小天下就是这种手法。

图2-16 仰视风景

图2-17 俯视风景

2.4.3 园林动态布局方法

园林对游人来说是一个流动的空间，在这个空间中，既有静态景观又有动态景观。当游人在园林中某位置休息时，所看到的景观为静态景观；而在园内游动时所看到的景观为动态景观。动态景观是满足游人"游"的需要，而静态景观是满足游人"憩"时的观赏，所以园林的功能就是为游人提供一个"游憩"的场所来考虑的。动态景观是由一个个序列丰富的连续风景形成的。

1. 园林空间的展示程序

当游人进入一个园林内，其所见到的景观是按照一定程序由设计者安排的，这种安排的方法主要有三种。

（1）一般程序。一般序列通常有两段式或三段式两种类型。所谓两段式就是从起景开始逐渐过渡到高潮结束。多用在一些简单的园林布局中，如纪念性公园，往往由雕塑开始，经过广场，进入纪念馆达到高潮就结束了。但是多数园林具有较复杂的展示程序，三段式的程序是可以分为起景——高潮——结景三个阶段。在此期间还有多次转折，由低潮发展为高潮景序，接着又经过转折、分散、收缩以至结束。如北京颐和园从东宫门进入，以仁寿殿为起景，穿过牡丹台转入昆明湖边豁然开朗，再向北转西通过长廊的过渡到达排云殿，再拾级而上直到佛香阁、智慧海，到达主景高潮。然后向后山转移再游后湖、谐趣园等园中园，最后到东宫门结束。除此外还可自知春亭，向南去过十七孔桥到龙王庙岛再乘船北上到石舫码头，上岸再游主景区。无论怎么走，均是一组多层次的动态展示序列。

（2）循环程序。对于一些现代园林，为了适应现代生活节奏的需要。多数综合性园林或风景区采用了多向入口，循环道路系统，多景区景点划分分散式游览线路的布局方法，以容纳成千上万游人的活动需求。因此现代综合性园林或风景区系采用主景区领衔，次景区辅佐，多条展示序列。各序列环状沟通，以各自入口为起景，以主景区主景物为构图中心。以综合循环游憩景观为主线以方便游人，满足园林功能需求为主要目的来组织空间序列，这已成为现代综合性园林的特点。例如北京朝阳公园，其主景区为喷泉广场及相协调的欧式建筑，次景区为原公园内的湖面和一些娱乐设施。北京人定湖公园的次景区为规则式喷泉景点，而主景区为园中大型现代雕塑广场。

（3）专类序列。以专类活动为主的专类园林，其布局有自身的特点。如植物园多以植物演化系统组织园景序列。如从低等到高等，从裸子植物到被子植物，从单子叶植物到双子叶植物等。还有不少植物园因地制宜创造自然生态群落景观形成其特色。又如动物园一般从低等动物鱼类、两栖类、爬行类到鸟类、食草、食肉及哺乳动物，国内外珍奇动物乃至灵长类高级动物等，形成完整的景观序列，并创造出以珍奇动物为主的全园构图中心。某些盆景园也有专门的展示序列，如盆栽花卉与树桩盆景、树石盆景、山水盆景、水石盆景、微型盆景和根雕艺术等，这些都为空间展示提出了规定性序列要求，故称其为专类序列。

2. 风景序列创造手法

（1）风景序列的断续起伏。利用地形起伏变化而创造风景序列是风景序列创造中常用的手法。多用于风景区或郊野公园。园林中连续的土山，连续的建筑，连续的林带等，常常用起伏变化来产生园林的节奏。一般风景区山水起伏，游程较远，我们将多种景区景点拉开距离，分区段布置，在游步道的引导下，景序断续发展，游程起伏高下，从而取得引人入胜、步移景异的效果。

（2）风景序列的开与合。风景序列的构成，可以是地形起伏，水系环绕，也可以是植物群或建筑空间，无论是单一的还是复合的，总应有头有尾，有放有收，这也是创造风景序列常用的手法。展现在人们面前的风景包含了开朗风景和闭锁风景。以水体为例，水之来源为起，水之去处为结。水面扩大或分支为开，水之溪流又为合。水面的起结、开合体现了水体空间的情趣，为游人创造了丰富的景观。用来龙去脉表现水体空间之活跃，以收放变换而创造水之情趣，这种传统的手法，普遍见于古典园林之中。例如北京颐和园的后湖，承德避署山庄的分合水系。

（3）风景序列的主调、基调、配调和转调。再好的景观单独存在，没有其他景物映衬也是不美的。因此，景观一般都包含主景、配景和背景。主景是主调，配景是配调，背景则是基调。基调、配调和转调风景序列是由多种风景要素有机结合，逐步展现出来的，在统一基础上求变化，又在变化之中见统一，这是创造风景序列的重要手法。以植物景观要素为例，作为整体背景或底色的树林可谓基调，作为某序列前景和主景的树种为主调，配合主景的植物为配调，处于空间序列转折区段的过渡树种为转调，过渡到新的空间序列区段时，又可能出现新的基调、主调和配调，如此逐渐展开就形成了风景序列的调子变化，从而产生渐变的观赏效果。

在园林布局中，必须利用配调和基调的烘托作用使主景更加突出，才能显示出景物的个性特征。例如北京颐和园苏州河两岸，春季的主调为粉红色的海棠花，油松为基调，而丁香花及一些树木叶的嫩红色及其黄绿色为配调。秋季则以槭树的红叶为主调，油松为基调，其他树木为配调。

（4）园林植物的季节变化。植物是园林绿地中具有生命活力的构成要素，随着植物物候的变化，其色彩、形态等表现各异，从而引起园林风景的季相变化。因此，在植物配置时，要充分利用植物物候的变化，通过合理布局，组成富有四季特色的园林艺术景观。设计时可采用分区或分段配置，以突出某一季节的植物景观，形成季相特色。如春花、夏荫、秋色、冬姿等。在主要景区或重点地段，应做到四季有景可赏，在以某一季节景观为主的区域，也应考虑配置其他季节植物，以避免一季过后景色单调或无景可赏。利用植物个体与群落在不同季节的外形与色彩变化，再配以山石水景、建筑道路等，必将出现绚丽多彩的景观效果和展示序列。如扬州个园。

（5）园林建筑群组的动态序列布局。园林建筑在风景园林中只能占有1%～2%的面积，但往往是景区的构图中心，起到画龙点睛的作用。由于使用功能和建筑艺术的需要，对建筑群体组合的本身以及对整个园林中的建筑布置，均应有动态序列的安排。对一个建筑群组而言，应该有入口、门厅、过道、次要建筑、主体建筑的序列安排。对整个风景园林而言，从大门入口区到次要景区，最后到主景区，都有必要将不同功能的建筑群体，有计划地排列在景区序列线上，形成一个既有统一展示层次，又有变化多样的组合形式，以达到应用与造景之间的完美统一。

2.5　场所行为心理设计

风景园林设计既要注重功能、形式、设计的个性和风格、技术和工程，同时也不能忽视使用者的需要、价值观以及行为习惯。尽管有些设计的功能较合理、设计尺度也不错，整个环境质量看上去很宜人，但是人们在这种设计环境中仍感到不自在、不舒适。我们应该记住，环境设计应从人们的行为出发，因为园林是为大众、使用者建的。从接受主义理论来看，设计作品作为一种文本，应从使用者的角度来填充和完成，因为只有通过使用者，才能实现设计作品的社会价值。

2.5.1　环境心理学特征

环境心理学是研究环境与人的心理和行为之间关系的一个应用社会心理学领域，又称人类生态学或生态心理学。环境心理学之所以成为社会心理学的一个应用研究领域，是因为社会心理学研究社会环境中的人的行为，而从系统论的观点看，自然环境和社会环境是统一的，二者都对行为发生重要影响。

2.5.2　使用者对环境的基本要求

1. 安全性

安全是人类生存的最基本的条件，包括生存条件和生活条件如土地、空气、水源、适当的气候、地形等因素。这些条件的组合要可以满足人类在生存方面的安全感。

2. 领域性

领域性可以理解在保证有安全感的前提下，人类从生理和心理上对自己的活动范围要求有一定的领域感，或领域的识别性。领域性的确定，人们才有安全感。在住区、建筑等具有场所感的地方，领域性体现为个人或家庭的私密或半私密空间，或者是某个群体的半公共空间。一旦有领域外的因素入侵，领域感受到干扰，领域内的主体就会产生不适或戒备因素就会产生。领域性的营造可以通过植被的设计运用实现。

3. 通达性

无论是远古人们选择居住地还是修建一个住所，都希望有观察四周的视线和危险来临时迅速撤离的通道。现在，人们除了有安全舒适的住所外，一般来讲，在没有自然灾害的情况下，人们一样会选择视线开阔，能够和大自然充分接触的场所。即在保证自己的领域性的同时，希望能和外界保持紧密的联系。

4. 对环境的满意度

人们除了心理和生理上的需求外，还有一种难以描述清楚的对环境的满意度。可以理解为周围的树林、草坪、灌木、水体、道路等因素的综合视觉满意程度。人们虽然无法提出详细、具体的要求目标，但对居住地和住所有一个模糊的识别或认可的标准，比如可以划分为：喜欢、不喜欢、厌恶；满意、一般、不满意等。

了解人类的基本空间行为和对周围环境的基本需求，在景观设计时心里就有一个框架或一些原则来指导具体的设计思路和设计方案。

2.5.3 场所空间应用设计

场所空间会对人的行为、性格和心理产生一定的影响，进而会影响到一个民族和国家的气质，同时人的行为也会对环境造成一定的影响，尤其是体现在城市居住区、城市广场、城市公园街道、工厂企业园区，城市商业中心等人工环境的设计和使用上。

场所空间设计应以符合人们行为习惯为准则来进行环境设计，这种环境便于管理、能避免可能发生的破坏性行为。

人们的活动行为是景观设计时确定场所和流动路线的基础。将人类行为简单分为强目的性行为、伴随主目的的行为习性和伴随强目的的行为的下意识行为三类。下面就其应用于场所空间设计时所展现的基本特征作以阐述。

（1）强目的性行为。即设计时常常提到的功能性行为，如商店的购物行为，展览馆的展示功能，公园的游览观赏功能等。

（2）伴随主目的的行为习性。典型的是抄近路。我们来分析对抄近路的处理方式。一般来讲，在到达目的点的前提下，人会本能地选择最近的道路。这是人固有的行为决定的。因此，在住区道路、游园设计、街头广场绿地的设计时都要考虑这点。

按照传统的观点对抄近路的处理方式是利用围墙、绿化、高差进行强行调整。这种处理方法，很明显地可以解决问题，但给人的感受是场地使用的不方便。因此，良好的处理方法是充分考虑人的行为习性，按照人的活动规律进行路线的设计。这里有一个大家都很熟悉的例子再次来借鉴一下。有一公园的线路设计，在公园的主体建设完成后，剩下了部分的草坪中的碎石铺路还没有完成。他们的做法是等冬天下雪后，观察人们留下最多的脚印痕迹确定碎石的铺设线路。这既充分考虑了人的行为，又避免了不合理铺设路线的财力物力的浪费。因此，在很多地方我们可以发现，游园或草坪中铺设了碎石或各种材质的人行道，但在其周围不远的地方常常有人们踩出来的脚印。这说明我们设计铺设的线路存在一定的不合理性。

（3）伴随强目的的行为的下意识行为。这种行为比前面两种更加体现了一种人的下意识和本能。如人们的左转习惯，人们虽然意识不到为什么左转弯，但是实验证明，如果防火楼梯和通道设计成右转弯，疏散的速度会减慢。这种行为往往不被人重视，但却是非常重要的。

2.6 园林生态设计

各种园林植物在生长发育过程中，对光照、土壤、水分、温度等环境因子都有不同的要求。在园林植物配置时，只有满足这些生态要求，才能使植物正常生长和保持稳定，表现出设计效果。

2.6.1 生态学的主要内容

生态学一词源于希腊文，原意是房子、住所、生活所在地。德国动物学家 Haeckel，1866 年首次将生态学定义为：研究有机体与其周围环境——包括非生物环境和生物环境——相互关系的科学。有自己的研究对象、任务和方法的比较完整和独立的学科。

而我们常用的景观生态学是研究在一个相当大的区域内，由许多不同生态系统所组成的整体（即景观）的空间结构、相互作用、协调功能及动态变化的一门生态学新分支。景观生态学给生态学带来新的思想和新的研究方法。它已成为当今北美生态学的前沿学科之一。

景观生态学是工业革命后一段时期人类聚居环境生态问题日益突出，人们在追求解决途径的过程中产生的。1939 年由德国生物地理学家 Troll 提出的。他指出景观生态学由地理学的景观和生物学的生态学两者组合而成，是表示支配一个地域不同单元的自然生物综合体的相互关系分析。这使人们对于景观生态的认识上升到了一个新的层次。后来，德国另一位学者 Buchwaid 进一步发展了景观生态的思想，他认为景观是个多层次的生活空间，是由陆圈、生物圈组成的相互作用的系统。

美国景观设计之父奥姆斯特德虽然很少著书立说，但他的经验生态思想、景观美学和关系社会的思想却通过他的学生和作品对景观规划设计产生了巨大的影响。

第二次世界大战后，工业化和城市化的迅速发展使城市蔓延，生态环境系统遭到破坏。设计师 Lan Lennox Mcharg 作为景观设计的重要代言人，和一批城市规划师、景观建筑师开始关注人类的生存环境，并且在景观设计实践中开始了不懈的探索。他的著作《Design With Nature1969》奠定了景观生态学的基础，建立了当时景观设计的准则，标志着景观规划设计专业勇敢地承担起后工业时代重大的人类整体生态环境设计的重任，使景观规划设计在奥姆斯特德奠定的基础上又大大扩展了活动空间。他反对以往土地和城市规划中功能分区的做法，强调土地利用规划应遵从自然固有的价值和自然过程，即土地的适宜性。设计师 Mcharg 的理论关注了某一景观单元内部的生态关系，忽视了水平生态过程，即发生在景观单元之间的生态流。

现代景观规划理论强调水平生态过程与景观格局之间的相互关系，研究多个生态系统之间的空间格局及相互之间的生态系统，并用"斑块—廊道—基质"来分析和改变景观。景观规划依次为基础开始了新的发展与进步。

2.6.2 景观生态要素

景观设计中要设计的要素包括水环境、地形、植被、气候等几个方面。

1. 水环境

水是生物生存必不可少的物质资源。地球上的生物生存繁衍都离不开水资源。同时水资源又是一种能源，在城市内水资源又是景观设计的重要造景的素材。一座城市因山而显势，存水而生灵气。水在城市景观设计中具有重要的作用，同时还具有净化空气、调节局部小气候的功能。因此，在当今城市发展中，有河流水域的城市都十分关注对滨水地区的开发、保护。临水土地的价值也一涨再涨。人们已经认识到水资源除了对城市的生命力支持外，在城市发展中的重要作用。在中国，对城市河流的改造已经成为共识，但是对具体的改造和保护水资源的措施却存在着严重的问题。比如对河道进行水泥护堤的建设，却忽视了保持河流两岸原有地貌的生态功效，致使河水无法被净化等问题。

在城市景观设计中对水资源利用时，美国景观设计学家西蒙兹提出了十个水资源管理原则，在此作为水景营造的借鉴原则。

（1）保护流域、湿地和所有河流水体的堤岸。

（2）将任何形式的污染减至最小，创建一个净化的计划。

（3）土地利用分配和发展容量应与合理的水分供应相适应而不是反其道而行之。

（4）返回地下含水层的水质和量与水利用保持平衡。

（5）限制用水以保持当地淡水存量。

（6）通过自然排水通道引导地表径流，而不是通过人工修建的暴雨排水系统。

（7）利用生态方法设计湿地进行废水处理、消毒和补充地下水。

（8）地下水供应和分配的双重系统，使饮用水和灌溉及工业用水有不同税率。

（9）开拓、恢复和更新被滥用的土地和水域，达到自然、健康状态。

（10）致力于推动水的供给、利用、处理、循环和对补充技术的改进。

2. 地形

大自然的鬼斧神工将地球表面营造了各种各样的地貌形态，平原、丘陵、山地，江河湖海。人们在经过长久的摸索、进化，选择了适合生存居住的盆地、平原、临河高地。在这些既有水源，又可以获得食物或可进行种植的地方，繁衍出地域各异的世界文明。

在人类的进化过程中，人们对地形的态度经过了顺应—改造—协调的变化。这个过程，人们是付出了巨大的代价的。现在，人们已经开始在城市建设中，关注对地形的研究，尽量可以减少对原有地貌的改变，维护其原有的生态系统。

在城市化进程迅速加快的今天，城市发展用地略显局促，在保证一定的耕地的条件下，条件较差的土地开始被征为城市建设用地。因此，在城市建设时，如何获得最大的社会、经济和生态效益是人们需要思考的问题。尤其是在场地设计时需要考虑，由于场地设计的工程量较大而且繁琐。因此，可以考虑采用 GIS、RS 等新技术进行设计。可以在项目进行之前，对项目的影响作出可视化的分析和决策依据。

3. 植被

植被不但可以涵养水源，保持水土，还具有美化环境，调节气候，净化空气的功效。因此，植被是景观设计的重要设计素材之一。因此，在城市总体规划中，城市绿地规划是重要的组成部分。通过对城市绿地的安排，以城市公园、居住区游园、街头绿地、街道绿地等，使城市绿地形成系统。城市规划中采用绿地比例作为衡量城市景观状况的指标，一般有：城市公共绿地指标；全部城市绿地指标；城市绿化覆盖率。

此外，在具体的景观设计实践时，还应该考虑树形、树种的选择，考虑速生树和慢生树的结合等因素。

4. 气候

一个地区的气候是由其所处的地理位置决定的，纬度愈高，温度愈低，反之则相反。但是，一个地区的气候往往是受很多因素综合作用的结果，如地形地貌，森林植被、水面、大气环流等。因此，城市就有"城市热岛"的现象，而郊区的气温就凉爽宜人。

在人类社会的发展中，人们有意识地会在居住地周围种植一定的植被，或者喜欢将住所选择的靠近水域的地方。人类进化的经验对学科的发展起到了促进作用。城市规划、建筑学、景观设计等领域都关注如何利用构筑物、植被、水体来改善局部小气候。具体的做法有以下几种。

（1）对建筑形式、布局方式进行设计、安排。

（2）对水体进行引进。

（3）保护并尽可能扩大原有的绿地和植被面积。

（4）对住所周围的植被包括树种、位置的安排，做到四季花不同，一年绿常在。

总之，在景观设计时要充分运用生态学的思想，利用实际地形，降低造价成本，积极利用原有地貌创造良好的居住环境。

---------- 小　结 ----------

　　园林是由景构成景点，由景点构成景区，再由景区构成整个园景。景是最基本的构成要素，因此造景是园林规划设计基本的设计手法，景的位置，景的层次，景的特征以及赏景的方式、赏景点的设置，直接影响游人的赏景效果。可通过园林形式美法则，突出主景的手法以及其它的造景手法入手，设计成符合园林规划设计原则的游憩境域。

思 考 与 练 习

（1）简述景的含义和赏景的层次。

（2）简述突出主景的常用手法。

（3）简述借景、对景、障景、隔景、夹景、框景、题景的造景手法。

（4）简述园林形式美法则。

（5）简述园林布局的形式。

（6）简述根据赏景视点高低不同，可分为几种风景？各自特点如何。

（7）简述生态学。景观生态学。

（8）简述景观生态学要素。

（9）简述举例说明场所空间应用设计注意事项。

课题 3　园林构成要素的规划设计

学习目标

　了解园林五大构成要素的作用、功能、类型，掌握园林各构成要素的设计原则和方法，能够将园林各要素设计手法合理运用于今后的设计之中。

学习内容

　园林地形根据不同功能、不同用途的选择及其设计内容；置石的设置方式；孤植、对植、丛植等乔、灌木配置方式；盛花花坛和模纹花坛；花境及花丛的形式及植物选择；绿篱的作用及分类；亭、廊、榭、舫、花架、园墙、栏杆等园林建筑（小品）特点及设计手法；园路、园桥及各类水体的设计方法。

3.1　园林地形及设计

　　地形是园林的骨架，是园林艺术展现的重要组成部分。地形要素的利用与改造将影响到园林的形式、建筑布局、植物配植、景观效果、给排水工程、小气候等因素。

3.1.1　园林地形的功能

1. 满足园林的不同功能要求

　　地形可以利用许多不同的方式创造和限制外部空间，满足园林功能要求，如组织、创造不同空间和地貌形式，以利开展不同的活动，如集体活动、锻炼、表演、登高、划船、戏水等。还可通过假山和置石的形式来控制视线，或者利用凹地地形来控制视线，遮蔽不美观或不希望游人见到的部分，阻挡不良因素的危害及干扰，如狂风、飞沙、尘土、噪声等，并能起到丰富立面轮廓线、扩大园景的作用。颐和园后湖北侧的小山就阻挡了颐和园的北墙，使人有小山北侧还是园林的感觉。

2. 改善种植和建筑的条件

　　因地形的适当改造能创造不同的地貌形式，如水体、山坡地，适当地改善局部地区的小气候，为对生态环境有不同需求的植物创造了合适的生长条件。另外在改造地形的同时也为不同功能和景观效果的建筑创造了建造的地形条件，为一些基础设施，如各种管线的铺设，创造了施工的条件。

3. 解决排水问题

　　园林绿地应能在暴雨后尽快恢复正常使用，利用地形的合理处理，使积水迅速地通过地面排除，还能节约地下排水设施，降低造价。

3.1.2　设计原则

1. 因地制宜，顺其自然

　　我国造园传统以因地制宜著称，即所谓"自成天然之趣，不烦人事之工"。因地制宜就是要就低挖池、就高堆出，以利用为主，结合造景及使用需求进行适当的改造，这样做还能减少土方工程量，降低园林工程的造价。结合场地的自然地貌进行地形处理，因地制宜，顺其自然，才能给人以自然、亲切感。在考虑经济因素的情况下，可进行"挖湖堆山"或进行推平处理。

2. 合理地处理园林绿地内地形与周围环境的关系

园林绿地内地形并不是孤立存在的，无论是山坡地还是平地，园林绿地内外的地形均有整体的连续性，另外还要注意与环境的协调关系。周围环境封闭，整体空间小，则绿地内不应设起伏过大的地形；周围环境规则严整，则绿地内地形以平坦为主。

3. 满足园林工程技术的要求

设计的地形要符合工程稳定合理的技术要求，只有工程稳定合理，才能保证地形设计的效果持久不变，符合设计意图，并有安全性。园林地形的设计必须符合园林工程的要求。例如在假山的堆叠中，土山要考虑山体的自然安息角、土山的高度与地质、土壤的关系、山高与坡度的关系、平坦地形的排水问题、开挖水体的深度与河床坡度的关系、园林建筑设置点的基础等工程技术要求。

4. 满足植物种植的要求

在园林中设计不同的地形，才能为不同生态条件下的各种植物提供生长的环境，使园林景色美观、丰富。如水体可为水生植物提供生长空间，创造荷塘远香的美景。

5. 土方要尽量平衡

设计的地形最好使土方就地平衡，应根据需要和可能，全面分析，多做方案，进行比较，使土方工程量达到最小限度。这样可降低造价。

3.1.3 设计内容

园林地形的设计方法园林地形的设计内容包括平地设计、坡地设计和山地设计等，而山地设计是园林地形设计中的最主要的内容。

1. 陆地

园林绿地中地形状况与容纳游人量及游人的活动内容有密切的关系，平地容纳的游人较多，山地及水面的游人容量受到限制，但有水面才能开展水上活动，如划船、游泳、垂钓等，有山坡地才能供人进行爬山锻炼、登高远望等活动。一般理想的比例是：陆地占全园的 2/3 ~ 3/4，其中平地占陆地的 1/2 ~ 2/3，丘陵占陆地的 1/3 ~ 1/2，山地占陆地的 1/3 ~ 1/2；水面占全园的 1/4 ~ 1/3。

（1）平地。平地是指坡度比较平缓的地。公园中都有较大面积的平地。平地在视觉上给人以强烈的连续性和统一性。该地形便于园林绿地设计与施工、园林植物的浇水灌溉以及草坪的整形修剪，它便于群众开展集体性的文体活动，利于人流集散，并可造成开朗的园林景观，园林绿地中的平地大致有草地、集散广场、交通广场、建筑用地。

园林中的平地按地面材料可分为土地面、沙石地面（可做活动用），铺装地面（道路、广场、建筑地），绿化种植地面，具体用途及特点见表 3-1。

表 3-1　　　　　　　　　　　平地按不同地面材料分类特点

分类	要　　求	园　林　用　途
土地面	在城市园林绿地中应力求减少裸露的土地面，尽量做到"黄土不露天"	可用作文体活动的场所
沙石地面	天然的岩石、卵石或砂砾	可用作活动场地或风景游息地
铺装地面	可用砖、片石、水泥、预制混凝土块等	用于道路和广场，可用作游人交通集散、休息赏景和文体活动的场地
绿化地面	包括草坪或在草地中植以树木花卉、花境或营造树林、林丛	供游人游憩观赏

为了有利于排水，平地一般也要保持 0.5% ~ 2% 的坡度，建筑用地基础部分除外，绿化种植地最大不超过

5%。为了防止水土冲刷，并利于排水应注意避免同一坡度的坡面延续过长，而要有起有伏。

（2）坡地。坡地是倾斜的地面。因倾斜的角度不同可分为缓坡（8%～10%）、中坡（10%～20%）、陡坡（20%～40%）。坡地一般用作种植供观赏，多是从平地到山地的过渡地带，或临水的缓坡逐渐伸入水中。

缓坡：坡度在8%～12%之间，有时仍可作一些活动场地之用。

陡坡：坡度介于12%～20%之间，作一般活动场地较困难，在地形合适并有平地配合时可利用地形的坡度作观众的看台或植物的种植用地。草坪的坡度最好不要超过25%，土坡的坡度不要超过20%。

园林中常运用坡度变化，形成丰富的景观，是园林中游人游览休息、欣赏风景的好去处。

（3）山地。按山的主要材料，山地可分为土山，石山，土石山（外石内土、土中点石）。山地包括自然山地和人工的堆山叠石。山地能构成山地景观：组织园林空间，丰富园林观赏内容，提供建筑和种植需要的不同环境。因此，园林中常用挖湖堆山的方法改造地形。

人工堆叠的山称为假山，不同于自然风景中雄伟挺拔或苍阔奇秀的真山，但它是自然景观的浓缩、概括和提炼，对形成中国园林的民族传统风格有着重要的作用。

1）土山。土山一般坡度比较缓（1%～33%）。土山多利用园内挖池掘出的土方，堆置而成。占地较大，因此不宜设计得过高，可用园内挖出的土方堆置，节省投资。

2）石山。石山坡度一般比较陡（50%以上），包括天然石山和人工塑山两种，它是以天然真山为蓝本，加以艺术提炼和夸张，用人工堆叠塑造的山体形式。石材堆叠、塑造成峥嵘、明秀、玲珑、顽拙等丰富多变的山景。利用山石堆叠构成山体的形态有峰、峦、岭、岗、岩、崖、谷、丘、壑、洞、台、蹬道等。而占地较小。因石材造价较高，故堆叠构成的山体不宜太高，体量也不宜过大，石山宜就地取材，否则投资太大。如颐和园"画中游"景点。

3）土石山。土石山有土上点石、外石内土两种。以土为主体结构，表面再加以点石堆砌而成的山称谓土石山。这种山坡占地较大，不宜太高，它有土有石，景观丰富，以土为主，造价较低，因此，土上点石的山体做法可多运用。外石内土是在山的表面包了一层石块，它以石块挡土，因此坡可较陡，占地较小，可堆叠得高一些，一般来讲，土石山较为经济，如北京北海公园的琼华岛后山、苏州的沧浪亭、环秀山庄假山。

2. 置石

在园林中置石是我国园林艺术的特色之一，有"无园不石"之说。因石有天然的轮廓造型，质地粗实而纯净，是园林建筑与自然环境间恰当的协调介质。

置石与掇山不同于建筑、种植等其他工程，因自然的山石没有统一的规格与造型，设计除了要在图上绘出平面位置、占地大小和轮廓外，还需要联系施工或到现场配合施工，才能达到设计意图。设计和施工应观察掌握山石的特征，根据山石的不同特点来叠置。石料要求叠石应选择具有"瘦、漏、透、皱、丑"特点的观赏性石材。

瘦是指挺拔秀丽而不臃肿；漏是指石上的洞穴；透是指石上有上下贯通的洞穴；皱是指石面上要有皱纹；丑是指石态宜怪不可流于常形。具备以上条件的湖石会给人以通透、圆润、柔曲、轻巧的感觉。

根据山石的不同特点，观察山石的特征，通常有特置、对置、散置等几种布置方式。

（1）特置。特置一般由一块或数块山石组成具有一定独特造型的石峰。特置的山石往往成为一种抽象的艺术，适合单独欣赏。作为局部构图中心，它常被用作园林的障景、对景。置于道路转弯处、道路的一侧、小径深处、园路交叉点，或固定于树下、竹丛旁，成为园内的一个景点（见图3-1）。

图3-1 特置

在古典园林中，著名特置石有苏州留园的冠云峰、苏州十中的瑞云峰、上海豫园的玉玲珑、杭州西湖的绉云峰，这四个特置石峰被称为"江南四大名石"。

（2）对置。对置即沿某一轴线两侧对应布置山石。其在数量、体量、形态上各异，要求相互呼应，构图上讲求均衡。多在建筑物前面两旁对称地布置两处山石，以陪衬环境，丰富景色。

（3）散置。散置是将山石有散有聚、顾盼呼应成一群体的设置在山头、山坡、山脚、水畔、路旁、林下、粉墙前等处，"攒三聚五"、"散漫理之"的布置形式（见图3-2）。对石材个体的要求比特置的山石要求要低些。其布置的要点为有聚有散、有立有卧、主次分明、高低曲折、顾盼呼应、疏密有致、层次分明、变化丰富，使景色更为自然、逼真、朴实。

（4）聚置。聚置即为数量较多的山石相互搭配点置。其所处的空间应有一定的面积，比较开阔。山石之间相互堆叠搭配，配出多样的石景，然后置于一定位置，点缀园林景观（见图3-3）。山石搭配时应注意石材的大小应有变化，布置时应大小疏密相间，高低前后错落，左右相互呼应，做到主次分明、层次清晰。

图3-2　散置

图3-3　聚置

3.2　园林植物种植设计

一般来说，植物配置要解决两个基本问题，即植物种类的选择和配置方式的确定。在具体配置园林植物时，原则上应围绕这两个基本问题。

3.2.1　种植原则

1. 符合园林绿地的功能要求

在园林植物配置时，首先应从园林绿地的性质和功能来考虑。园林绿地的功能很多，但就某一绿地而言，则有其具体的主要功能。如综合性公园，从其多种功能出发，应有供集体活动的大草坪，还要有浓荫蔽日、姿态优美的孤植树和色彩艳丽、花香果佳的花灌丛，以及为满足安静休息需要的疏林草地或密林等。总之，园林中的树木花草都要最大限度地满足园林绿地使用和防护功能上的要求。

2. 考虑园林绿地的艺术要求

园林融自然美、建筑美、绘画美、文学美于一体，是以自然美为特征的空间环境艺术。因此，在园林植物配置时，不仅要满足园林绿地实用功能上的要求，取得"绿"的效果，而且应给人以美的享受，按照艺术规律的要求，来选择植物种类和确定配置方式。

3. 要与园林绿地总体布局形式相一致

园林绿地总体布局形式通常可分为规则式、自然式和混合式。在实际工作中，配置方式如何确定，要从实际出发、因地制宜、合理布局、强调整体协调一致，并要注意过渡。

3.2.2　乔灌木的种植设计

在整个园林植物中，乔、灌木是主体材料，在城市的绿化中起骨架支柱作用。乔、灌木具有较长的寿命、独特的观赏价值、经济生产作用和卫生防护功能。又由于乔、灌木的种类多样，既可单独栽植，又可与其他材料配合组成丰富多变的园林景色，因此，在园林绿地所占比重较大，一般占整个种植面积的半数左右。

园林植物乔、灌木的种植类型通常有孤植、对植、列植等几种。

1. 孤植

孤植是指单一树种的孤立种植类型，在特定的条件下，也可以是 2～3 株，紧密栽植，株距不超过 1.5m，组成一个单元的种植形式。孤植树下不得配置灌木。

图 3-4　孤植

（1）作用。蔽荫和观赏（见图 3-4）。要求有较大的树冠，生长速度较快，姿态优美如雪松、黄山松、金钱松、香樟、榕树、垂柳、樱花、梅花、桂花、银杏、合欢、枫香、七叶树等。但在具体选择上应充分考虑当地的土地条件和具体要求。

（2）位置。要求比较开阔，一方面是为了保证树冠有足够的生长空间，反映植物个体充分生长发育的景观；另一方面，作为局部构图主景的孤植树，应安排合适的观赏视距和观赏点，使人们有足够的活动场地和适宜的观赏位置。如道路广场边缘、广场中央、草坪中央或边缘、水体边缘、休息设施旁边等。

（3）布局（构图）。可做主景、配景、诱导树。

在进行种植设计时，若设计范围内有成年大树，应充分利用为孤植树；若为年代很久的古树名木，应严加保护，使园林布局与其有机结合，为园林增添古朴的气氛。并且这种因地制宜、巧于因借的设计手法可大大提前达到预期设计的景观效果。如果没有可供利用的成年大树、则可考虑进行适度的大树移植，以期尽早达到设计效果。

2. 对植

对植是指两株或两丛树按照一定的轴线关系做相互对应、成均衡状态的种植方式。依形式的不同分对称种植与不对称种植两种。对称种植常用在规则式构图中，是用两株同种同龄的树木对称栽植在入口两旁，体形姿态均没有太大差异，构图中距轴线的距离也需相等。多选用树冠形状比较整齐的树种，如榕树、雪松等，或者选用可进行整形修剪的树种进行人工造型，以便从形体上取得规整对称的效果。而非对称栽植多用在自然式构图中。在自然式种植中，对植是不对称的，但左右必须是均衡的。运用不对称均衡的原理，轴线两边的树木在体形、大小、色彩上有差异，但在轴线时两边须取得均衡。非对称栽植形式对树种的要求较为宽松，数量上不必一定是两株。

（1）作用。主要用于强调公园、建筑、道路、广场的入口，用作进口栽植和诱导栽植。

（2）位置。常栽植在出入口两侧、桥头、台阶蹬道旁、建筑入口旁等处。

（3）布局（构图）。在园林构图中始终作为配景，起陪衬和烘托主景的作用，如利用树木分枝状态或适当加以培育，形成相依或交冠的景框，构成框景。

3. 列植

列植是指沿直线或曲线以等距离或在一定变化规律下栽植树木的形式。列植在设计形式上有单纯列植和混合列植。单纯列植是用同一种树种进行有规律的种植设计，具有强烈的统一感和方向性，可用于自然式，也可用于规则式。混合列植是用两种或两种以上的树木进行有规律的种植设计，具有高低层次和韵律变化，其形式变化也更多一些。混合列植因树种的不同，产生色彩、形态、季相等变化，从而丰富植物景观。树种宜选择树冠体形比较整齐的树种，如树冠为圆形、卵圆形、椭圆形、圆锥形等。列植多运用于规则式种植环境中，如道路、建筑、矩形广场、水池等附近。

4. 丛植

丛植通常是指由两株到十几株同种或异种，乔木或乔灌木组合种植而成的种植类型，也叫丛植（见图3-5）。丛植通常是由乔木、灌木混合配置，有时也可与山石、花卉相组合。主要反映自然界植物小规模群体植物的形象美。

图3-5　丛植

（1）作用。可用作蔽荫和诱导树。

（2）位置。其布置的地点适应性较孤植树强。选择作为组成树丛的单株树木的条件与孤植树相似，应挑选在树姿、色彩、芳香、季相等方面有特殊价值的树木。

（3）布局（构图）。树丛可作局部主景，也可作配景、障景、隔景或背景。

（4）丛植基本形式及组合有两株配植、三株配植、四株配植等。

1）两株配植。构图按矛盾统一原理，两树相配，必须既调和又对比，二者成为对立统一体。故两树首先须有通相，即采用同一树种（或外形十分相似的不同树种）才能使两者同一起来；但又须有殊相，即在姿态和体型大小上，两树应有差异，才能有对比而生动活泼。在此必须指出：两株树的距离应小于小树树冠直径长度。否则，便觉松弛而有分离之感，东西分处，不成其为树丛了。

2）三株配植。三株树组成的树丛，树种的搭配不宜超过两种，最好是同为乔木或同为灌木，如果是单纯树丛，树木的大小，姿态要有对比和差异，如果是混交树丛，则单株应避免选择最大的或最小的树形，栽植时三株忌在一直线上，也忌呈等边三角形。三株中最大的1株和最小的1株要靠近些，在动势上要有呼应，三株树呈不等边三角形。在选择树种时要避免体量差异太悬殊、姿态对比太强烈而造成构图的不统一。

3）四株配植。四株的配合可以是单一树种，可以是两种不同树种。如是同一树种，各株树的要求在体形、姿态上有所不同，如是两种不同树种，最好选择外形相似的不同树种，但外形相差不能很大，否则就难以协调，四株配合的平面可有两个类型，一为外形不等边四边形；一为不等边三角形，成3:1的组合，而四株中最大的1株必须在三角形一组内。四株配植中，其中不能有任何3株成一直线排列。

4）五株配植。五株树丛的配植可以分为两组形式，这两组的数量可以是3:2，也可以是4:1。在3:2配植中，要注意最大的1株必须在3株的一组中，在4:1配植中，要注意单独的一组不能是最大的也不能最小。两组的距离不能太远，树种的选择可以是同一树种，也可以是2种或3种的不同树种，如果是两种树种，则一种树为3株，另一种树为2株，而且在体形、大小上要有差异，不能一种树为1株，另一种树为4株，这样就不合适，易失去均衡。在栽植方法上可分为不等边的三角形、四边形、五边形。在具体布置上，可以常绿树组成稳定树丛，常绿和落叶树组成半稳定树丛，落叶树组成不稳定树丛。在3:2或4:1的配植中，同一树种不能全放在一组中，这样不易呼应，没有变化，容易产生两个树丛的感觉。

5）六株以上配植。六株树木的配合，一般是由2株、3株、4株、5株等基本形式，交相搭配而成的。例如，2株与4株，则成6株的组合；5株与2株相搭，则为7株的组合，都构成6株以上树丛。它们均是几个基本形式的复合体。因此，株数虽增多，仍有规律可循。只要基本形式掌握好，7株、8株、9株乃至更多株树木的配合，均可类推。其关键在于调和中有对比，差异中有稳定，株数太多时，树种可增加，但必须注意外形不能差异太大。一般来说，在树丛总株数7株以下时树种不宜超过3种，15株以下不宜超过5种。

5. 群植

群植是指20～30株以上同种或异种、乔木或乔灌木组合成群栽植的种植类型。

（1）作用。蔽荫；组织空间层次；划分区域；隔离、屏障。

（2）位置。通常布置在有足够观赏视距的开朗场地上，如靠近林缘的大草坪、宽阔的林中空地、水中的小岛屿上，宽广水面的水滨以及山坡、丘陵坡地等。作为主景的树群，其主要立面的前方，至少在树群高度的 4 倍、树群宽度的 1.5 倍距离内，要留出空地，以便游人观赏。群植常设于草坪上、道路交叉处。此外，在池畔、岛上均可设置。

（3）布局（构图）。常作主景、配景、障景、夹景，形成闭锁空间。它所表现的是群体美，具有"成林"的效果。可作规则式或自然式配植。规则式群植一般进行分层配植，前不掩后；自然式群植模仿自然生态群落。

6. 林植

林植是指成片、成块大量栽植乔灌木，构成林地和森林景观的种植形式。若长短轴之比远远大于 3:1，则称为带植。也叫树林。在布置时需注意：注重整体效果、节奏和韵律、季相的变化，内部种植不能成排成列。

（1）作用。在园林绿地中起防护、分隔、范围、蔽荫、背景或组景等作用。

（2）位置。多用于大面积公园的安静休息区、园边地带、风景游览区或休、疗养区及卫生防护林带等。

（3）布局（构图）。常用作背景。

3.2.3 花卉的种植设计

花卉种类繁多，色彩艳丽，繁殖较容易，生长培育周期短，因此，花卉是园林绿地中经常用作重点装饰和色彩构图的植物材料。常用于出入口、广场的装饰，公共建筑附近的陪衬和道路两旁及拐角、林缘的点缀，在烘托气氛、丰富景色方面有独特的效果，常配合重大节日使用。花卉的种植主要有花坛、花境、花丛等几种形式。

1. 花坛

花坛是在具有一定几何轮廓植床内，种植各种不同色彩的观赏植物，以构成色彩鲜艳或华丽纹样的一种花卉种植类型。

（1）分类（按表现主题分）。

1）盛花花坛。以观花草本植物花朵盛开时，花卉本身群体的华丽色彩为表现主题的花坛。

花丛式花坛：植床长∶宽小于 3∶1。

带状花坛：植床长∶宽大于 3∶1。

花池：不具备高于地面的植床，只用砖等简单摆立起来。

需要注意的是，盛花花坛植床外轮廓可以复杂一些，内部图案力求简洁，选用花卉盛开时，植物的枝叶最好全部被花朵所遮挡，可由一种或几种花卉组成。

2）模纹花坛。利用观叶植物或花叶兼美的植物所组成的华丽、复杂的图案纹样，以表现主题的花坛。

毛毡花坛：表面平整的模纹花坛。从整体看，花坛像具有一定图案的地毯。可为斜面或平面。

浮雕花坛：图案从整体看，花坛表面不平，像浮雕一样。

标志性花坛：不为观赏，而有一定的含义的花坛，如人物、动物、图徽（见图 3-6）等。

文字花坛：用植物材料组成的文字。

装饰性花坛：如时钟花坛（见图 3-7）和日历花坛。

需要注意的是：模纹花坛植床外轮廓简单，花坛内部图案复杂，内部图案复杂；耐修剪，萌发能力强（如彩叶草、五色草、地芙）；坡度不超过 30%。

（2）位置。常布置在入口及建筑前的广场上，道路中央、两侧或交叉口的转折处及风景视线的对景处等位置。

图 3-6　标志性花坛　　　　　　　　　　　　　　　图 3-7　时钟花坛

（3）花坛的设计步骤及要点。根据设计地段的环境特点、轮廓形状、占地大小、节日性质、花坛作用等进行构图，确定花坛主题及图案或造型。应注意花坛的布置形式要与环境统一，花坛要利于观赏。一般内高外低，中心高，四周低。花坛半径 4.5m 左右的区段观赏效果最佳，图案的最佳观赏位置为距人 1.5 ～ 4.5m 之间。花坛半径超过 4.5m 以上时，花坛表面应做成斜面以利观赏，还应把花坛图案成倍加宽，以克服图案缩小变形的缺陷。花纹的最小宽度应是所选花卉单株或单盆的直径。

根据花坛主题及图案或造型，结合花期、花色、植株高矮等选花材。最好选择花期一致且持续时间较长、开花繁茂、植株高矮较一致的花卉种类。

根据花坛面积或体表面积、所选花卉植株占地大小或盆径计算用花量。计算时要打出一定的损耗量（损耗率一般为 10% ～ 20%）。

花坛的床地要符合栽培的需要，应排水良好。

2. 花境

花境是在长形带状具有规则轮廓的种植床内采用自然式种植方式配置观赏植物的一种花卉种植类型（见图 3-8）。

花境平面外形轮廓与带状花坛相似，其种植床两边是平行直线或几何曲线，而花境内部的植物配置则完全采用自然式种植方式，兼有规则式和自然式布局的特点，是园林构图中从规则式向自然式过度的混合式的种植形式。它主要表现观赏植物本身特有的自然美，以及观赏植物自然组合的群体美。在园林造景中，既可作主景，也可为配景。

3. 花丛

花丛是指用多种花卉进行密植形成丛状，直接种在地上或植床内，按园林的景观需要呈点状规则式或自然式布置在园林绿地的草坪中，以观赏开花时的整体效果为主（见图 3-9）。

图 3-8　花境　　　　　　　　　　　　　　　　　图 3-9　花丛

在植物选择上，因花丛管理较粗放，故通常以多年生宿根花卉为主。如芍药、萱草、鸢尾、玉簪等。也可采用能自播繁衍的1～2年生花卉。在配置方式上，其平面轮廓到立面构图均为自然式，应疏密相间，断续变化。花丛可布置在林缘、路边、道路转折处、路口、休息设施的对景处的草坪上，也可用以点缀草坪、岩石园等。

（1）分类（依规则设计方式分）。

1）单面观赏花境。植物配置形成一个斜面，低矮植物在前，高的在后，建筑或绿篱作为背景，仅供游人单面观赏；

2）双面观赏花坛。植物配置为中间较高，两边较低，可供游人从两面观赏，故花境无需背景。

（2）位置。

1）建筑物与道路之间。作为基础栽植，为单面观赏花境。

2）道路中央或两侧。在道路中央为两面观赏花境，两侧可为单面观赏花境，背景为绿篱或行道树、建筑物等。

3）与绿篱配合。在规则式园林中，常应用修剪整形的绿篱，在绿篱前方布置花境最为宜人，花境既可装饰绿篱单调的基部，绿篱又可作为花境的背景，二者相映成趣，相得益彰。在花境前设置园路，供游人驻足欣赏。

4）与花架游廊配合。花境是连续的景观构图，可满足游人动态观赏的要求。沿着花架、游廊的两旁布置花境，使游人在游憩过程中，有景近赏。

5）与围墙、挡土墙配合。在围墙、挡土墙前面布置单面观赏花境，丰富围墙、挡土墙立面景观。

（3）植物配置。常采用花期较长、花叶兼美、花朵花序呈垂直分布的耐寒多年生花卉和灌木。如玉簪、鸢尾、蜀葵、宿根飞燕草等。以自然式花丛为基本单元进行配置，形成主调、基调、配调明确的连续演进的园林景观。

3.2.4 绿篱

是耐修剪的小乔木或灌木，以相等距离的株行距，单行或双行排列而组成的规则绿带，是属于密植行列栽植的类型之一。

1. 位置及作用

（1）防护作用。作为园林的界墙，不让人们任意通行，起围护防范作用。多采用高绿篱、刺篱。

（2）模纹填充。作为花镜的"镶边"、花坛和观赏性草坪的图案花纹，起构图装饰作用（见图3-10）。多采用矮绿篱。

（3）组织空间。用于功能分区、屏障视线，起组织和分隔空间（见图3-11）的作用。还可组织游人的游览路线，起导游作用。多采用中、高绿篱。

图3-10　绿篱作模纹　　　　　　　　　　　　　图3-11　绿篱用于分隔空间

（4）充当背景。作为花境、喷泉、雕塑的背景，丰富景观层次，突出主景。一多采用高绿篱、绿墙。

（5）障景。作为绿化屏障，掩蔽不雅之处，或作建筑物的基础栽植，修饰下脚等。多采用中、高绿篱。

2. 分类

（1）按绿篱高度分类。

1）绿墙。高度在人视线高 160cm 以上，有的在绿墙中修剪形成绿洞门。多双行栽植，株距 1 ~ 1.5m，行距 50 ~ 100cm，宽度 1.5 ~ 2.0m；双行栽植呈三角形交叉排列。

2）高绿篱。高度在 120 ~ 160cm 之间，人的视线可以通过，但不能跳越。株距 50 ~ 75cm；单行式宽度为 50 ~ 80cm，双行式行距为 40 ~ 60cm，宽度为 80 ~ 100cm；双行式呈三角形交叉排列。

3）中绿篱。高度为 50 ~ 120cm。成单行或双行直线或几何曲线栽植，株距一般为 30 ~ 50cm；单行栽植宽度为 40 ~ 80cm，双行栽植行距为 25 ~ 50cm，宽度为 50 ~ 100cm；双行栽植点的位置成三角形交叉排列。

4）矮绿篱。高度在 10 ~ 50cm 以下，人们能够跨越。通常为单行直线或几何曲线栽植，株距一般为 15 ~ 30cm；宽度为 30 ~ 50cm。

（2）根据功能要求和观赏要求分。

1）常绿篱。常绿篱一般由灌木或小乔木组成，是园林绿地中应用最多的绿篱形式。该绿篱一般常修剪成规则式。常采用的树种有桧柏、侧柏、大叶黄杨、女贞、珊瑚、冬青、小叶女贞、小叶黄杨、胡颓子、月桂、海桐等。

2）花篱。花篱是由枝密花多的花灌木组成，通常以任其自然生长成为不规则的形式，顶多修剪其徒长的枝条。花篱是园林绿地中比较精美的绿篱形式，一般多用于重点绿化地带，其中常绿芳香花灌木树种有桂花、栀子花等。常绿及半常绿花灌木树种有六月雪、金丝桃、迎春等。落叶花灌木树种有锦带花、木槿、紫荆、珍珠花、锈线菊等。

3）观果篱。通常由果实色彩鲜艳的灌木组成。一般在秋季果实成熟时，景观别具一格。观果篱常用树种有枸杞、火棘、忍冬、胡颓子以及花椒等。观果篱在园林绿地中应用还较少，一般在重点绿化地带才采用，在养护管理上通常不作大的修剪，至多剪除其过长的徒长枝，如修剪过重，则结果率降低，影响其观果效果。

4）编篱。编篱通常由枝条韧性较大的灌木组成，是在这些植物的枝条幼嫩时编结成一定的网状或格栅状的形式。编篱既可编制成规则式，亦可编成自然式。常用的树种有木槿、枸杞、紫穗槐等。

5）刺篱。由带刺的树种组成。常见的树种有山花椒、黄刺梅、胡颓子、山皂荚、雪里红等。

6）落叶篱。由一般的落叶树种组成。常见的树种有榆树、雪柳、水蜡树、茶条械等。

7）蔓篱。用攀缘植物组成，需事先设供攀附的竹篱、木栅等。主要植物可选用地棉、蛇葡萄、南蛇藤、十姊妹蔷薇，还可选用草本植物鸟箩、牵牛花、丝瓜等。

3. 选材

（1）叶、花、果具有明显的观赏特性，并且小而密。

（2）耐修剪，分枝、萌发能力强，小枝多。

（3）易大量成活，移植易成活。

（4）生长速度慢。

3.3　园林建筑与小品设计

3.3.1　园林建筑

是指在园林绿地内，具有使用功能，同时又与环境构成优美的景观，以供游人游览和使用的各类建筑物或构筑物。它和山水、植物一样，是重要的造园素材，并在园林中起到画龙点睛的作用，所以园林建筑具有使用和造景的双重功能。

园林建筑的形式和种类是非常丰富的。一般常见的有亭、廊、榭、花架、塔、楼、舫以及厅、堂等。

1. 亭

亭指有顶无墙的一类小型建筑物。园林中的亭是园林中重要的赏景、点景和休息建筑。亭子也是我国园林中运用得最多的一种建筑形式，它具有体量小巧，独立，完整，造型、选材、布局灵活多样，施工方便等特点，是园林中点缀风景，供游人驻足休息、纵目眺望、纳凉避雨的游憩性建筑。如知春亭、沧浪亭、爱晚亭。现代的亭，有的已引申为精巧的小型实用建筑，如售票亭、售货亭、茶水亭等。

（1）亭的形式。亭的形式从亭子的平面形状分有圆形、三角形、正方形、长方形、六角形、八角形、扇形、海棠形、梅花形、十字形等；从屋顶形式分有攒尖顶、硬山顶、悬山顶、卷棚顶、单坡顶、双坡顶、四坡顶、平顶、褶板顶、壳体顶等，还有单檐、重檐、三重檐等；从与墙柱的关系分有多柱亭、单柱亭、无墙亭（大部分）、一面墙亭（如：绍兴小兰亭）、面墙亭（如：中山公园内的售票亭、售货亭）等。亭的布局既可单独设置，亦可组合成群。

（2）亭的设置。亭子位置的选择，一方面是为了观景，位置应选在观赏风景好的地方，即供游人驻足休息，眺望景色；另一方面是为了点缀风景，体量、造型、材料、色彩等应与周围环境协调，具体应根据功能需要和环境地势来决定。

1）山地建亭。这是宜于远眺的地形，特别是山巅、山脊上，眺览的范围大、方向多，同时也为登山中的休憩提供一个坐坐看看的环境。山上建亭不仅丰富了山体轮廓，使山色更有生气，也为人们观望山景提供了合宜的尺度，一般选择在宜于登高远眺的地点。小山建亭，亭一般设在山顶，亭不宜设在山形几何中心之顶之中等高度的山建亭，宜建在山腰的山脊开阔处，或建于山顶，亭的体量应与山的体量相协调。高山建亭，一般建在山坡道旁的开阔台地上，便于游人休息和利于游人眺望及视线引导。

2）平地建亭。通常位于道路的交叉口上，路侧的林荫之间，有时为一片花圃、草坪、湖石所围绕；或位于厅、堂廊、室与建筑的一侧，一般位于道路的交叉口处，或道路旁的绿荫间，一般供游人休息，同时可以创造出好的林野环境，形成一个小的私密性空间环境（见图3-12）。有的自然风景区在进入主要景区之前，在路边或路中筑亭，作为一种标志和点缀。有的在自然风景区的路旁或路中筑亭作为进入主要景区的标志。

3）临水建亭。水边设亭，一方面是为了观赏水面的景色；另一方面也可丰富水景效果（见图3-13）。水面设亭，一般宜尽量贴近水面，宜低不宜高，宜突出于水中，三面或四面临水。水上建亭常与桥结合，其中小湖面桥上建亭应低临水面。临水建亭，小水面建亭宜低临水面；大水面建亭，宜设置临水高台。

图3-12　平地建亭

图3-13　临水建亭

（3）亭的体量。亭的体量和造型主要根据其所处环境的大小、性质以及亭的功能而定。大空间中的亭体量较大，造型丰富；小空间中的亭一般体量小巧，造型也比较简单。

（4）亭的材质。根据亭的结构和色彩特点，尽量做到就地取材，在质感上要与环境协调统一。亭的色彩设计应综合考虑亭所处的环境和其功能特点，一般休息、观景功能的亭应尽量与周围环境协调统一；点景的亭应在和环境色彩协调的同时，又能形成一定的对比效果，达到突出点景效果的作用。亭的色彩还要根据风俗、气候与爱好而定，如南方多用黑褐等暗的色彩，北方多用鲜艳色彩。在建筑物不多的园林中以淡雅色调较好。

现代建筑中采用钢、混凝土、玻璃等新材料和新技术建亭，为建筑创作提供了更多的方便条件。现代亭的造型上也更为活泼自由，形式更为多样，例如平顶式亭、伞亭、蘑菇亭等。

2. 廊

廊是指屋檐下的过道或独立有顶的通道，在传统园林中被广泛地应用（见图3-14）。它除能遮阳、避雨、供休息外，其主要作用在于联系建筑，组织、分隔空间，组织游赏路线，此外还有透景、隔景、框景等作用。廊有空透、布局转折随意的特点。

（1）廊的形式。从横剖面构造形式分有双面空廊、单面空廊（半廊）、复廊（里外廊）暖廊、单支柱廊、双层廊（楼廊）；从平面布局形式分有直廊、曲廊、回廊；从环境的相对关系分有平地廊、爬山廊、沿墙走廊、水走廊、桥廊；从顶的形式分有平顶、坡顶廊；从功能上分有休息廊、展览廊、等候廊、分隔空间的廊。

图3-14　廊

（2）廊的位置。山地、平地、水体均可设。廊的位置根据其所处地形的不同，平地建廊往往沿界墙及附属建筑物以"占边"的形式布置，可以达到隐去界墙的作用；临水建廊寻求廊与水的交流，贴近水面，廊基宜低不宜高，或建于水岸边，与水岸的曲折变化相协调，或建于水上，形成桥廊，水流穿行其下；山地建廊一般起到联系山坡上下不同高度的建筑物的作用，形成爬山廊。

（3）廊的体量。廊的开间一般在2.4～3m左右，横向净宽在1.8～2.5m，柱高为2.5～2.8m，柱距3m左右。

（4）廊的设置。廊的装饰是与功能结构密切结合的，檐仿下有挂落，廊下布置座凳栏杆，高约1m，还可设0.5～0.8m高的矮墙。传统廊的色彩，南方与建筑配合，多以深褐色为主的素雅色，北方以红绿色为主色，配合苏式彩画的山水人物丰富装饰内容。廊在材料选取上，传统廊多为木结构，现代多为钢筋混凝土结构，造型也更加丰富。此外，利用新型轻质高强复合材料可以做成各种装饰性强、造型各异的廊。

廊从总体上应因地制宜，利用自然环境，创造各种景观效果，使人感到新颖、舒畅。廊是长形观景建筑物，可适当用装饰隔断分隔内部空间，尽量不要形成较长的直廊空间，要适当予以转折和曲折，多折的曲廊要做好转折处的对景处理。廊的各种组成，墙、门、洞等是根据廊外的各种自然景观，通过廊内游览观赏路线来布置安排的，以形成廊的对景、框景。

3. 榭

榭是建在水面岸边紧贴水面的小型园林建筑。榭在现代园林中应用极为广泛，它的结构依照自然环境的不同可以有各种形式，而我们现在一般把"榭"看做是一种临水的建筑物，所以也称"水榭"，又名水阁。

榭这种建筑是凭借着周围景色而构成的，它的基本形式是在水边架起一个平台，平台一半伸入水中，一半架立于岸边，平面四周以低平的栏杆相围绕，然后在平台上建起一个木构的单体建筑物，其临水一侧特别开敞，可以供人休息、观赏风景，并利用它变化多端的形体和精巧细腻的建筑风格表现榭的美，具有点缀风景的作用。如苏州拙政园的"芙蓉榭"等。

4. 舫

舫是依照船的造型在园林湖泊中建造起来的一种船形建筑物。由于像船但不能动，所以亦名不系舟、旱船。供人们在内游玩饮宴，观赏水景，身临其中，颇有乘船荡漾于水中之感。

舫的形式舫可分为三种类型。

（1）写实型舫。全然以建筑手段来模仿现实中的船，完全建构在水上，在靠近岸的一面，有平桥与岸相连，平桥模仿跳板。以颐和园的清晏舫和南京煦园的不系舟为代表。

（2）集萃型舫。集萃型舫是一种建造在水边，按船体结构建造而外形经过一些建筑化处理而形成的一种仿船建筑。以拙政园的香洲和苏州怡园的画舫斋为代表。

（3）象征性舫。象征性舫是用抽象的手法来模仿船的某些场景或意境的一种建筑形式，以中国古代的"船厅"为代表，如广东顺德清晖园的船厅和扬州寄啸山庄的单层船厅。

舫一般由三部分组成，即船头、中舱和尾舱。船头前部有跳台，似甲板，船头常做敞棚，供赏景用。中舱是主要空间，是休息、饮宴的场所，其面比船头要低 1～2 级，有入舱之感，中舱两侧面，常做长窗，坐着观赏时可有宽广的视野。尾舱是仿驾舱，常作两层建筑，下实上虚，上层状似楼阁，四面开窗以便远眺。

舫的前半部多三面临水，船首一侧常设有平桥与岸相连，仿跳板之意。通常下部船体用石建，上部船舱则多木结构。如苏州拙政园的"小香洲"、怡园的"画舫斋"、北京颐和园的石舫等都是较好的实例。

5. 楼、阁

楼是指二层或二层以上的房屋；阁是楼房的一种，四周开窗，属造型较轻巧的建筑物。楼阁在园林的作用是赏景和控制风景视线，常成为全园艺术构图的中心，成为该园的标志，如颐和园的佛香阁、武汉的黄鹤楼等。楼阁因其凌空高耸，造型精美，常成为园林中的主要景点。现代园林中楼阁除供远眺、游憩外，还作餐厅、茶室、接待室等。

6. 轩、台

轩指有窗户的长廊或小屋子；台是我国最早出现的建筑形式之一，用土垒筑，高耸广大，有些台上建造楼阁厅堂，布置山水景物。轩和台都建于高旷的部位，能登高远眺风景。如河北承德避暑山庄的山近轩，苏州网师园的竹外一枝轩等。现代园林里的"台"主要是供游人登临观景，除了通常的楼台，有的建在山岭，有的建在岸边，不同的景点有不用的景观效果。

7. 塔

塔是一种高耸的建筑物或构筑物，如佛塔、灯塔、水塔，在园林中常起到标志及主景作用，还可供登临眺望赏景。如北京的北海白塔、延安的延安宝塔、杭州的六和塔等。塔的平面以方形、八角形居多，层数一般为单数，罕见双数。塔可分为木结构塔和砖石结构塔。砖石结构塔又有楼阁式塔、密檐式塔、喇嘛塔、金刚宝座塔等。

8. 馆

在古代是房舍建置的通称，后来主要指接待宾客或供饮宴娱乐的房舍，如北京颐和园的听鹂馆。除此之外，现代的公共文化娱乐、饮食、旅居的场所，外交使节办公的处所也称馆，如大使馆、展览馆、饭馆等。

9. 殿

殿在古代泛指高大的堂屋，后来专指帝王居住及处理政事的建筑或供奉神佛的建筑。如养心殿、太和殿、大雄宝殿。在皇家园林及寺庙园林中常见此类建筑。

10. 斋

斋本来是宗教用语，被移用到造园上来，主要是取它"静心养性"的意思，一般指用作书房、学舍的房屋。在园林中常建在较幽静的地方。如北京北海里的养心斋，苏州网师园集虚斋。

3.3.2 园林小品

除园林建筑外，园林绿地中还分布有不少小品性设置。园林小品是园林中供休息、装饰、照明、展示和为园林管理及方便游人之用的小型建棚设施。如景门、景墙、景窗、园桌、园椅、园凳、园灯、栏杆、标志牌、果皮箱以及园林雕塑小品等，它们虽然体量小，但起着点缀环境、丰富景观、烘托气氛、加深意境等作用。

1. 花架

花架是指供攀援植物攀爬的棚架（见图3-15）。花架是中国园林特有的一种园林建筑，是建筑与植物紧密结合的最接近自然的园林景观。花架造型灵活，富于变化，可供人休息，观赏。还可划分空间，引导游览，点缀风景。

图3-15　花架

（1）花架的形式。花架的形式有点式，廊式；直线形、曲线形、闭合形、弧形；单片式，网格式等。

（2）花架的材料。常用的建筑材料有以下几种。竹木材：朴实、自然、价廉、易于加工，但耐久性差；也可用经处理的木材作材料，以求真实、亲切。钢筋混凝土：是最常见的材料，基础、柱、梁都可根据设计要求浇灌成各种形状，也可做成预制构件，现场安装，灵活多样，经久耐用，使用最为广泛。石材：厚实耐用，但运输不便，常用块料做成花架柱。金属材料：轻巧易制，构件断面及自重均小，常用于独立的花柱、花瓶等；造型活泼、通透、多变、现代、美观；采用时要注意使用地区和选择攀援植物种类，以免炙伤嫩枝叶；应经常油漆养护，以防脱漆腐蚀。

（3）花架的位置。一般设在地势平坦处的广场边、广场中、路边、路中、水畔等处。

（4）设计要点。花架的设计主要包括建筑框架的设计和植物材料的选择两个方面，其中作点状布置时，就像亭子一样，形成观赏点，并可以在此组织对环境景色的观赏。花架的植物根据花架的功能来选择，主要为藤本植物或攀援植物，如遮阴为主的花架选择枝繁叶茂、绿期长的藤本植物，如紫藤等；观赏为主的选择具有观花、观果或观叶的植物，如藤本月季、葡萄等。同时注意，尤其在北方冬天，要考虑到在花架上没有植物的情形下，也做到有景可观。

2. 园门、园窗

（1）园门。园门有指示导游和点缀装饰作用，一个好的园门往往给人以"引人入胜"、"别有洞天"的感觉。园门形态各异，有圆、六角、八角、横长、直长、海棠、桃、瓶等形状。如在分隔景区的院墙上，常用简洁而直径较大的圆洞门或八角形洞门，便于人流通行；在廊及小庭院等小空间处所设置的园门，多采用较小的秋叶瓶、直长等轻巧玲珑的形式，同时门后常置以峰石、芭蕉、翠竹等构成优美的园林框景。

（2）园窗。园窗一般有空窗和漏窗两种形式。空窗是指不装窗扇的窗洞，它除能采光外，常作为框景，其后常设置石峰、竹丛、芭蕉之类，通过空窗，形成一幅幅绝妙的图画，使游人在游赏中不断获得新的画面感受。空窗还有使空间相互渗透，增加景深的作用。

漏窗可用以分隔景区空间，使空间似隔非隔，景物若隐若现，起到虚中有实，实中有虚，隔而不断的艺术效果，而漏窗自身有景，逗人喜爱。漏窗窗框形式繁多，有长方形、圆形、六角形、八角形、扇形等等。窗框内花式繁简不同，灵活多样，各有妙趣。

3. 景墙

园林中的墙有围合及分隔空间、组织游览路线、衬托景物、遮蔽视线、遮挡土石、装饰美化等作用，是重要的园林空间构成要素之一（见图3-16）。它与山石、花木、窗门配合，可形成一组组空间有序、富有层次、虚实相应、明暗变化的景观效果。

图 3-16　景墙

在设置时，景墙主要用于分隔空间、丰富景致层次及控制、引导游览路线等，是空间构图的一项重要手段。景墙的形式很多，如云墙、梯形墙、白粉墙、水花墙、虎皮石墙等。景墙的设计首先要选择好位置，景墙用于分隔空间时，一般设在景物变化的交界处，或地形、地貌变化的交界处，使景墙的两侧有决然不同的景观。其次，为了避免墙面过分闭塞常在墙上开设漏窗、洞门、空窗等，形成种种虚实明暗的对比。在不宜开洞的墙上可题诗作画，或植大树使树木光影上墙，打破枯燥单调的局面。第三，景墙的色彩、质感既要对比，又要协调；既要醒目，又要调和。另外，还要考虑景墙的安全性，选择好墙面的装饰材料及墙头的隐蔽处理。需要注意的是北方地区，景墙基础要在冻土线以下。

4. 栏杆

栏杆在园林中除本身具有一定安全防护、分隔功能外，也是组景中一种重要的装饰构件，起美化作用。坐凳式栏杆还可供游人休息。

（1）栏杆的类型。

1）高栏：1.5m 以上，用于园林边界，或在高低悬殊的地面、动物笼舍、外围墙等，起分隔作用。

2）中栏：0.8 ~ 1.2m，用于限制入内的空间、人流拥挤的大门、游乐场等，强调导向。还可用于分区边界及危险处、水边、山崖边。

3）低（矮）栏：0.4m 以下，用于绿地边。

（2）栏杆的主要材料。石、木、竹、混凝土、铁、钢、不锈钢均可，现最常用的是不锈钢与铸铁、铸铝的组合。竹木栏杆自然、质朴、价廉，但是使用期不长，如有强调这种意境的地方，真材实料要经防腐处理，或者采取"仿真"的办法。混凝土栏杆构件较为拙笨，使用不多，有时作栏杆柱，但无论什么栏杆，总离不了用混凝土作基础材料。铸铁、铸铝可以做出各种花形构件，美观通透；缺点是易脆，断了不易修复。

（3）设置时应注意的问题。栏杆在园林绿地中一般不宜多设，它主要设在园林绿地、活动场地边缘及危险环境旁。如水池、陡峭的山道旁、悬崖旁。根据功能需要选择高度，根据环境特点选择栏杆材料，设计栏杆纹样，确定色彩。

总之，设置时应当把防护、分隔的作用巧妙地与美化装饰结合起来，特别应注意其与园林整体风格及环境的协调，包括尺度、纹样、色彩等。

5. 雕塑

主要是指带观赏性的小品雕塑，具有强烈感染力的一种造型艺术。不包括城市广场中的纪念性雕塑、烈士陵园或纪念公园中的纪念碑雕塑，因这类雕塑已不属小品，而是属另一种带纪念性或其他性质的主体。园林小品雕塑题材大多是人物和动物的形象（见图 3-17），也有植物或山石以及抽象的几何体的形象，它们来源于生活，往往却予人以比生活本身更完美的欣赏和玩味，它美化人们的心灵，陶冶人们的情操，有助于表现园林主题。

雕塑可配置于规则式园林的广场上、花坛中、道路端头、建筑前等处，也可点缀在自然式园林的山坡、草地、池畔或水中等风景视线的焦点处，与植物、岩石、喷泉、水池花坛等组合在一起。园林雕塑的取材与构思应与主题一致或协调，体量应与环境的空间大小比例相当，布置时还要考虑观赏视距、视角、背景等问题。

图 3-17　雕塑

除此之外，还有园桌椅、园灯、宣传栏、宣传牌等。

3.4 园路组织系统设计

园路是园林的脉络，它是联络各景区、景点的纽带，是构成园景的重要因素。它有组织交通、引导游览，划分空间、构成景色、为水电工程创造条件、方便管理等作用。

3.4.1 园路的分类

园路按性质功能分主路、次路、小路。按路面铺装形式分整体铺装、块状铺装、灰渣铺装。园路分类特点见表3-2。

表3-2　　　　　　　　　　　　　　　　园路分类及各自特点

分类\特点	宽度（m）	材　料	用　途
主路	4 ~ 6	沥青柏油路、混凝土路、沥青砂混凝土路	联系各景区、主要景点；导游、组织交通
次路	2 ~ 4	水泥预制块路、砖路、砖石、拼花路、条石路、石板路、块石冰纹路、卵石路、嵌草路	联系景区内各景点，导游，构成园景
小路	1.2 ~ 2	沙石路（块石、卵石、沙石）、双渣及三渣路（石灰渣、矿渣、煤渣）	深入游园角落，导游，散步休息（见图3-18）

3.4.2 园路的设计

1. 功能

园路应比较明显方便地引导游人到主要观赏点，应联系出入口和组织各个功能分区、风景点及主要建筑。

2. 园路的布置

主路应成环、道路系统成网。除部分风景区外，主路上不能有台阶，次路也切忌单台阶。道路系统的网眼应有大有小。小路应能引导游人深入到园内各个偏僻、宁静的角落，以提高公园面积的使用效率，园路应与山坡、水体、植物、建筑物、广场及其他设施结合，形成完整的风景构图，创造连续展示园林景观的空间。

图3-18　小路

3. 符合行为规律

路的转折、衔接要通顺，符合自然规则及游人的行为规律。自然式园林绿地无论主路、次路、小路，在平面上均宜有一定的弯曲度，立面上宜有高低起伏变化。要注意园路的弯曲是由于功能上的要求和风景透视的考虑，道路可顺乎自然、随地形起伏而起伏，但道路的迂回曲折须有度，不可为曲折而曲折，矫揉造作，让游人走冤枉路。

4. 园路交叉口的处理

园路交叉有正交和斜交两种形式。在交叉口处理时必须注意以下情况。

（1）避免多条道路交叉于一点。要使游人沿路能欣赏到主要园景和建筑，给人以深刻的印象，让游人有较强的方向感。

（2）两条道路成锐角斜交时，锐角不宜过小，并使两条道路的中心线交于一点上，对顶角最好相等，以求美观。

（3）两园路成丁字形相交时，交点处可设道路对景。

（4）道路正交时，应在端头处适当地扩大成小广场（见图3-19），这样有利于交通，可以避免游人过于拥挤。

3.4.3 园桥

园桥是跨越水面或山涧的园路。园林绿地中的桥梁，不仅可以连通水两岸的交通，组织导游，而且分隔水面，增加水面层次，影响水面的景观效果，甚至自成一景，成为水中的观赏之景（见图3-20）。因此园桥的选择和造型好坏，往往直接影响园林布局的艺术效果。

图3-19　十字路口设小广场

图3-20　园桥

1.园桥的分类

按建筑材料可分为石桥、木桥、铁桥、钢筋混凝土桥、竹桥；按结构可分为拱桥、梁式桥、浮桥三类；按建筑形式可分为平桥、拱桥、点式桥、亭桥、廊桥、吊桥、铁索桥。

2.园桥的设置要点

园桥在设置时最好选在水面最窄处，桥身与岸线应垂直。桥的设计要保证游人过水通行和游船通航的安全。一般大水面下方要过船或欲让桥成为水中一景的多选拱桥，小水面多选平桥，欲引导游览、组织游览视线的或丰富水中观赏内容的多选曲桥。水位不稳定的可设浮桥。园桥材料的选择应与周围的建筑材料协调。

3.4.4 台阶

台阶是一种特殊的道路形式，是为解决园林地形高差而设置的。它除了具有使用功能外，由于其富有节奏的外形轮廓，还具有一定的美化装饰作用，构成园林小景。台阶常附设于建筑入口、水边、陡峭狭窄的山上等地，与花台、栏杆、水池、挡土墙、山体、雕塑等形成动人的园林美景。台阶设计应结合实际。舒适的台阶尺寸为：踏面宽30～38 cm，高度10～17 cm。

3.4.5 步石、汀步

1.步石

又称草坪步石，是一种非连续的道路形式，一般主要设置在草坪上（见图3-21）。步石的平面可做成圆形、长方形、正方形等，尺寸可有30 cm直径的小型到50 cm直径的大块均可，厚度在6 cm以上为佳。步石的材质可大致分为自然石、加工石及人工、木质等。自然石的选择，以呈平圆形或角形的花岗岩最为普遍。加工石依加工程度的不同，有保留自然外观而略作整形的石块，有经机械切片而成的石板等，外形相关很大。人工石是指水泥砖、混凝土制平板或砖块等，通常形状工整一致。木质的包括粗树干横切成有轮纹的木桩、竹竿或平摆的枕木类等。无论何种材质，最基本的步石条件是：面要平坦、不滑，不易磨损或断裂，一组步石的每块石板在形色上要类似而调和，不可差距太大。

2. 汀步

汀步是园桥的特殊形式，也可看作是点式（墩）园桥（见图3-22）。浅水中按一定间距布设块石，微露水面，使人跨步而过。园林中运用这种古老渡水设施，质朴自然，别有情趣。汀步在中国古典园林中，常以零散的叠石点缀于窄而浅的水面上，使人易于蹑步而行。汀步多选石块较大，外形不整而上表面比较平的山石，散置于水浅处，石与石之间高低参差，疏密相间，取自然之态，即便于临水，又能使池岸形象富于变化，长度以短曲为美，此为形。石体大部分浸于水中，而露水面稍许部分，又因水故，苔痕点点，自然本色尽显。

图3-21　步石

图3-22　汀步

3.5　水体设计

　　水是园林的灵魂，是中国古典园林设计中重要的构景要素，在中国古典园林中可以说无水园不，并且有相当一部分作为主景。水显得逶迤婉转，妩媚动人，别有情调，能使园林产生很多生动活泼的景观，如产生倒影使一景变两景，低头可见云天打破了空间的闭锁感，有扩大空间的效果。有了水，园林就更添活泼的生机，也更增加波光粼粼、水影摇曳的形声之美。较大的水面往往是城市河湖水系的一部分，可以用来开展水上活动，蓄洪排涝，提高空气湿度，调节小气候，此外还可以用于灌溉、消防。从园林艺术上讲，水体与山体还形成了方向与虚实的对比，构成了开朗的空间和较长的风景透视线。

　　在园林诸要素中，水与山、石的关系最密切，中国传统园林的基本形式就是山水园。"一池三山"、"山水相依"、"水因山转、山因水活"等都成为中国山水园的基本规律。大到颐和园的昆明湖，以万寿山相依，小到"一勺之园"，也必有岩石相衬托，所谓"清泉石上流"也是由于山水相依而成景的。

3.5.1　水体水景的类型

1. 按形式分

　　（1）自然式水体水景。自然式水体的外形轮廓由无规律的曲线组成。园林中自然式水体主要是进行对原有水体的改造，或者进行人工再造而形成，保持天然的或模仿天然形状的水体形式。如溪、涧、河、池、潭、湖、涌泉、瀑布、迭水、壁泉。

　　（2）规则式水体水景。规则式水体是人工开凿成的几何形状的水体形式。此类水体的外形轮廓为有规律的直线或曲线闭合而成几何形，大多采用圆形、方形、矩形、椭圆形、梅花形、半圆形或其他组合类型，线条轮廓简单，多以水池的形式出现。如水渠、运河、几何形水池、喷泉、瀑布、迭水、水阶梯、壁泉。

　　（3）混合式水体水景。混合式水体水景是规则式水体与自然水体有机结合的一种水体类型，富有变化，具有比规则式水体更灵活自由，又比自然式水体易于与建筑空间环境相协调的优点，是规则与自然的综合运用。

2. 按水的形态分

（1）静水。静水是指水不流动、相对平静状态的水体（见图3-23），通常可以在湖泊、池塘或是流动缓慢的河流中见到。具有宁静、平和的特征，给人们舒适、安详的景观视觉，平静的水面犹如一面镜子。水面反射的粼粼波光可以引发观者有发现般的激动和快乐。静态水体还能反映出周围物像的倒影，丰富景观层次，扩大了景观的视觉空间。如湖、池、沼、潭、井。

（2）动水。水体以急流跌落，其动态效果是溢漫、水花、水雾，给人以活跃的气氛和充满生机的视觉效果（见图3-24）。流动的水可以使环境呈现出活跃的气氛和充满生机的景象，对人们有景观视觉焦点的作用。除了可以观赏，还可以给人以听觉上的享受，如无锡寄啸山庄的"八音涧"。平时所见的动水如河、溪、渠、瀑布、喷泉、涌泉、水阶梯等。

图3-23 静水

图3-24 动水

3. 按水的面积分

可分为大水面（可开展水上活动，及种植水生植物）和小水面（纯观赏）。

3.5.2 常见的水体设计

1. 湖、池

湖在园林绿地中往往应用也比较广泛，在构图上起着主要的作用，园林中的静态湖面，多设置堤、岛、桥等，目的是划分水面，增加水面的层次与景深，或者是为了增添园林的景致与活动空间。池的形态种类众多，深浅和池壁、池底材料也各不相同。按其形态可分为规则严谨的几何式和自由活泼的自然式；还有运用节奏韵律的错位式、半岛式与岛式、错落式、池中池、多边形组合式、圆形组合式等。更有在池底或池壁运用嵌画、隐雕、水下彩灯等手法，使水景在工程配合下，在白天和夜间得到更奇妙的景象。

湖、池除本身外形轮廓的设计外，与环境的有机结合也是湖、池设计的一个重点，主要表现在获取水中倒影、水面波光粼粼。利用湖、池水面的倒影做借景，丰富景物层次，扩大视觉空间，增强空间韵味，使人思绪无限，产生一种朦胧的美感。

2. 河流

在园林绿地中水量较大时，可以采用河流的造景形手法，一方面可以使水动起来，另一方又可以造景，同时又能起到划分空间的作用。在园林中组织河流，平面不宜过分弯曲，但河床应有宽有窄，以形成空间上开合的变化。河岸随山势应有缓有陡。两岸的风景，应有意识地安排一些对景、夹景等，并留出一定的形式更加丰富多样。

3. 溪涧

园林中，泉水由山上集水而下，通过山体断口夹在两山间的水流为涧，山间浅流为溪。一般习惯上"溪"、

"涧"通用，常以水流平缓者为溪，湍急者为涧。园林中可在山坡地适当之处设置溪涧，溪涧的平面应蜿蜒曲折，有分有合，有收有放，构成大小不同的水面或宽窄各异的水流。通常在狭长形的园林用地中，一般采用该理水方式，如北京颐和园的玉琴峡。

4. 瀑布

从河床横断面陡坡或悬崖处倾斜而下的水为瀑布，是根据水势高差形成的一种动态水景观，其承载物的势态决定了瀑布的气势，有的气势雄伟、有的小巧玲珑，一般瀑布落水形式主要可分直落、叠落、散落三种形式。

（1）直落式。水不间断地从一个高度落到另一个高度。

（2）叠落式。水分层落下，一般分为 3 ~ 5 个不同的层次，每层稍有错落。

（3）散落式。水随山坡落下，常被山石将布身撕破，成为各种大小高低不等的分散形式，其水势并不汹涌，级级下流。

人工园林中在经济条件和地貌条件许可的情况下，可以模仿天然瀑布的意境，创造人工小瀑布。通常的做法是将石山叠高，山上设池做水源，池边开设落水口，水从落水口流出，形成瀑布，山下设受水潭及下流水体。

5. 喷泉

喷泉是指地下水向地面上涌出，泉流速大，涌出时高于地面或水面，是水体造景的重要手法之一。喷泉是以其喷射优美的水形取胜，整体景观效果取决于喷头嘴形及喷头的平面组合形式。现代喷泉的造型多种多样，有球形、蒲公英形、涌泉形、扇形、莲花形、牵牛花形、直流水柱形等。除普通喷泉外，由于光、电、声波及自控装置已在喷泉上广泛应用，还有音乐喷泉、间歇喷泉、激光喷泉等。另外，很多地方将传统的喷水池移至地下，保持表面的完整，作成一种"旱地喷泉"，喷水时，可欣赏变幻的水姿，不喷水时则可当作集散广场使用（见图3-25）。

图3-25　旱地喷泉

6. 岛、半岛

四面环水的水中陆地称岛。岛可以划分水面空间，增加水中观赏内容及水面层次，抑制视线，避免湖岸风光一览无余。还可引发游人的探求兴趣，吸引游人游览。岛又是一个眺望湖周边景色的重要地点。

岛可分为山岛、平岛、池岛。

（1）山岛突出水面，与水形成方向上的对比，在岛上适当建筑、植树，常成为全园的主景或眺望点。如北京北海公园的琼华岛。

（2）平岛似天然的沙舟，岸线平缓地深入水中，给人以舒适及与水亲近之感。岛上亦可建筑、植树，但树应耐水湿，建筑最好临水而建。

（3）池岛即湖中有岛，岛中有湖，在面积上壮大了声势，在景色上丰富了变化，具有独特的效果，但最好用于大水面中。如杭州西湖的"三潭印月"，一面连接陆地，三面临水的陆地为半岛，半岛可看作是湖岸的一种变化，它也能增加水面层次，丰富水中景致。岛上也可设亭，供点景、观景用。

7. 驳岸

园林中的水面应有稳定的湖岸线即驳岸，维持地面和水面的固定关系（见图3-26）。同时驳岸也是园景的组成部分，必须在经济、实用的前提下注意美观，使之与周围的景观协调。

图3-26　驳岸

3.6 地面铺装设计

铺装景观的设计主要是在平面上进行的，色彩、构图和质感的处理是道路铺装的主要因素。

3.6.1 铺装设计原则

中国园林在园路面层设计上形成了特有的风格，铺装的基本原则如下。

1. 色彩

地面铺装的色彩一般是衬托园林景观的背景，地面铺装色彩应稳重而不沉闷，鲜明而不俗气，色彩必须与环境统一。

2. 质感

地面铺装的美，在很大程度上要依靠材料质感的美。质感的表现应尽量发挥材料本身所固有的美，质感与环境有着密切的联系，质感的变化要与色彩变化均衡相称。除了要与环境、空间相协调，还要适于自由曲折的线型铺砌，这是施工简易的关键；表面粗细适度，粗要可行儿童车，走高跟鞋，细不致雨天滑倒跌伤。使用不同材质块料拼砌，色彩、质感、形状等，对比要强烈。

3. 图案纹样

铺装的形态图案是通过平面构成要素的点、线、面得以表现的。纹样能够起到装饰路面的作用，表达一般铺装所不能表达的艺术效果。同一空间，园路同一走向，用一种式样的铺装较好。一种类型铺装内，可用不同大小、材质和拼装方式的块料来组成，关键是用什么铺装在什么地方。例如，主要干道、交通性强的地方，要牢固、平坦、防滑、耐磨，线条简洁大方，便于施工和管理。这样几个不同地方不同的铺砌，达到统一中求变化的目的。实际上，这是以园路的铺装来表达园路的不同性质、用途和区域。

公共空间地面的铺装设计以及地面上的一切建筑小品设计都非常重要。地面不仅为人们提供活动的场地，而且对空间的构成有很多作用。它可以有助于限定空间、标志空间、增强识别性；可以通过底面处理给人以尺度感，通过图案将地面上的人、树、设施与建筑联系起来，以构成整体的美感；也可以通过地面的处理来使室内外空间与实体相互渗透。

对地面铺装的图案处理可以分为以下几种。

（1）规范图案简单反复。采用某一标准图案，重复使用，这种方法有时可取得一定的艺术效果。其中方格网式的图案是最简单的形式，这种铺装设计虽然施工方便，造价较低，但在面积较大的场地中使用亦会产生单调感。这时可适当插入其他图案或用小的重复图案再组织起较大的图案使铺装图案较丰富些。

（2）整体图案设计。把整个地面作为一个整体来进行整体性图案设计，在公共空间中，将铺装设计成一个大的整体图案，将取得较佳的艺术效果。

（3）边界处理。边缘的铺装空间的边界处理是很重要的。在设计中，空间与其他地界如人行道的交界处，应有较明显区分，这样可使空间更为完整，人们亦对空间场内图案产生认同感；反之，如边缘不清，尤其是公共空间与道路相邻时，将会给人产生到底是道路还是公共空间的混乱与模糊感。

（4）铺装图案的多样化。人的审美快感，来自于对某种介于乏味和杂乱之间的图案的欣赏，单调的图案难以吸引人们的注意力，过于复杂的图案则会使我们的知觉系统负荷过重而停止对其进行观赏。因而地面铺装图案应多样化一些，给人以更大的美感。同时过多的图案变化也是不可取的，会使人眼花缭乱而产生视觉疲倦，降低了注意与兴趣。最后，合理选择和组织铺装材料也是保证公共空间地面效果的主要因素之一。

中国自古对园路面层的铺装很讲究，园路铺装是园景的一部分，应根据景的需要进行设计，路面或朴素、粗犷，或舒展、自然、古拙、端庄，或明快、活泼、生动。园路以不同的纹样、质感、尺度、色彩及不同的风格和时代要求来装饰园林（见图3-27和图3-28）。

图 3-27 园路铺装（a）

图 3-28 园路铺装（b）

4. 尺度

铺装砌块的大小、砌缝的设计、色彩和质感等都与场地的尺度有着密切的关系。一般情况下，大场地的质感可以粗一些，纹样不宜过细；而小场地的质感不宜过粗，纹样也可以细一些。块料的大小、形状，要与路面宽度相协调。

小　结

园林的内容是其内在各要素的总和，园林的形式是其内容存在的方式。在进行园林规划设计时，要根据所设计园林的功能、性质要求，充分发挥园林五大要素的功能。地形是园林所有其他要素存在的载体，直接影响着园林布局形式、植物配置和园路布置等。植物是园林的主体，是园林的"毛发"，乔灌木通过不同的配置形式，与花坛、花丛、花境相结合，取得更佳的园林造景效果。园林建筑是园林的"点睛"之处，其单体及群体的布置形式影响着园林整体布局。园路是全园的"脉络"，是组织空间、引导游人进行游览的"实线"，还可起到造景的功能。园林小品是在园林中起到点缀和造景的作用，是可为游人提供便利、舒适的游览要素。

思 考 与 练 习

（1）简述园林地形的几种类型，在造景中的作用。

（2）简述孤植、对植、丛植的特点。

（3）简述模纹花坛按主题分类。

（4）简述绿篱按高度分类。

（5）简述园林中亭的分类，亭的设置要点。

（6）列举常用园林小品及其造景作用。

（7）简述园路按性质、功能分类及各自特点。

（8）简述园路交叉口的处理手法。

（9）举例说明园林水景类型及造景作用。

课题4 园林规划设计的原则、方法与规划设计程序

> **学习目标**
>
> 通过学习，使读者了解园林规划设计的基本原则，掌握园林规划设计基本方法，熟悉园林景观规划设计的程序并能熟练地运用到景观规划设计的工作实践过程中。
>
> **学习内容**
>
> 本部分主要讲述园林规划设计的原则；园林规划设计的方法；园林规划设计程序；园林规划设计实践过程及园林规划设计成果等内容。

4.1 园林规划设计的基本原则

园林规划设计是一门综合性很强的环境艺术，涉及到建筑学、城市规划、景观生态学、社会学、心理学、环境科学和艺术等众多的学科。既是多学科的综合应用，也是综合性的创造过程，既要做到科学合理，又要讲究艺术效果，同时还要符合人们的行为习惯，要以人为核心，在尊重人的基础上，关怀人、服务于人。因此，园林规划设计时应遵循以下原则。

1. 科学性原则

科学性就是要做到因地制宜，因时而化，表现为遵循自然性、地域性、多样性、指示性、时间性、经济性，师法自然，结合功能进行设计，园林景观的营造做到"虽由人作，宛自天开"。借鉴当代科学思维模式，充分利用相关学科领域技术、理论和方法，创作具有时代特征的、宜人的、可持续的园林景观。台湾某生态园园林景观设计，如图4-1所示。

2. 地域性原则

地域环境和传统文化元素是园林景观设计中不可或缺的元素，景观设计离不开传统文化的根基，规划设计时要充分考虑规划地段的自然地域特征和社会文化地域特征，注重尊重、保留地域文化与地域文化的再利用。应把反映某种人文内涵、象征某种精神内涵的设计要素进行科学合理的布局，把不断演变的历史文化脉络在园林景观中得到充分体现。西安大明宫遗址公园富于地域特色的小品设计（见图4-2）。

自然环境是人类赖以生存和发展的基础，其地形地貌、河流湖泊、绿化植被等要素构成城市的宝贵景观资源，尊重并强化自然景观特征，使人工环境与自然环境和谐共处，有助于地域景观特色的创造。植被呈现的地域景观（见图4-3），尊重并加以强化的地域性景观（见图4-4）。

图4-1 台湾某生态园园林景观设计

图4-2 西安大明宫遗址公园富于地域特色的小品设计

图 4-3　植被呈现的地域景观

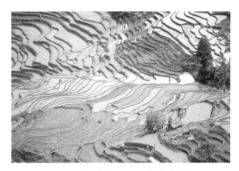

图 4-4　尊重并加以强化的地域性景观

（图片来源：谷歌　http://www.google.com.hk）

3. 艺术性原则

"艺术"源于古罗马的拉丁文"art"，原意指相对于"自然造化"的"人工技艺"。艺术与其他意识形态的区别在于它的审美价值，规划设计必须遵循艺术规律，设计内容和形式必须协调。设计师通过艺术创作来表现和传达自己的审美感受和艺术观念，把人居环境装扮得更加完美，把对生活的审美意义传达给人们。欣赏者通过欣赏来获得美感，提高审美情趣，陶冶审美情操，充分体现园林艺术的教育、感化和愉悦功能。台湾某生态园花草种植艺术设计（见图4-5、图4-6）。

图 4-5　台湾某生态园花草种植艺术

图 4-6　花池、树池的艺术设计

（图片来源：筑龙网　http://www.zhulong.com）

4. 人性化原则

人是城市空间的主体，任何空间环境设计都应以人的需求为出发点，体现出对人的关怀。真正的现代园林景观设计是人与自然、人与文化的和谐统一，他包含人和人之间的关系，人和自然的关系以及人和土地关系。人有基本的生理层次需求和更高的心理层次需求。设计时应根据婴幼儿、青少年、成年人、老年人、残疾人的行为心理特点、文化层次和喜好等自然特征，来划分功能分区，创造出满足其各自需要的空间，如运动场地、交往空间、无障碍通道等来满足使用者不同的需求，人性设计观的体现（见图4-7～图4-9），在设计细节的要求上更为突出，如踏步、栏杆、扶手、坡道、座椅的尺度和材质的选择必须满足人的生理层次需求。近年来，无障碍设计在国际上被广泛应用，如广场、公园等的入口处设置供残疾人和盲人使用的坡道。

图 4-7　某城市空间的人性化设计

（图片来源：园林吧　http://www.yuanlin8.com/images/6270.html）

图 4-8　涉水池的人性化设计

5. 生态性原则

园林规划设计是在保护的前提下，对开发资源的合理利用。这样才能保证景观的可持续发展。生态设计是直接关系到环境景观质量的非常重要的一个方面，是创造良好、高质、安全景观环境的有效途径。尊重地域的自然地理特征、节约和保护资源都是生态设计的体现。人居环境最根本的要求是生态结构健全，适宜于人类的生存和可持续发展。园林规划设计，应首先着眼于满足生态平衡的要求，为营造良好的生态系统服务。其次要尊重物种的多样性，减少对自然资源的掠夺，保持土壤营养和水循环，维持植物生境和动物栖息地的质量，把这些融汇到景观设计的每一个环节，才能达到生态的最大化，才能给人类提供一个健康、绿色、环保、可持续发展的家园。某高档住区环境的生态化设计（见图 4-10）。

图 4-9 台阶与坡道的人性化设计　　　　　　　　　图 4-10 某高档住区环境的生态化设计

6. 整体性原则

城市的美体现在整体的和谐与统一之中。古人云"倾国宜通体，谁来独赏梅"。说明了整体美的重要性。园林景观艺术是一种群体关系的艺术，其中的任何一个要素都只是整体环境的一部分，只有相互协调配合才能形成一个统一的整体。

7. 实用性原则

园林规划设计的实用性主要体现在公共环境设施的设计要美观实用。对于户外环境中的景观而言，由于气候、地理条件的变化，以及日晒雨淋，风吹雪打，随着时间的推移，一些公共设施容易风化与自然损坏，这就需正确、合理、科学地选用材料，并注意材料的性能，考虑零部件的简化，材料来源的便捷，组合方式的合理与更换零件的方便等环节。材料选定后，还要考虑施工技术问题，要选择与材料相适应的，适当的、有效的、方便的技术加工工艺。景观设计还要考虑与所处环境的协调，与使用者及其生存、活动空间的协调。不同等级的设计选用不同档次的材料，使环境美化、方便舒适的同时，以成本的优势获得人们的认同（见图 4-11）。

图 4-11 美观实用的公共环境设施的设计

（图片来源：园林吧　http://www.yuanlin8.com/images/6270.html）

8. 便利性原则

园林景观设计的便利性主要体现在对道路交通的组织，公共服务设施的配套服务和服务方式的方便程度。

同时在绿化空间、街道空间、休息空间最大限度的满足功能所需的基础上，还要考虑公共服务设施为使用者的生活所提供的方便程度，所以要根据使用者的生活习惯、活动特点采用合理的分级结构和宜人的尺度，使小空间内的公共服务半径最短，使用者来往的活动路线最顺畅，并且利于经营管理，这样才能创造出良好的、方便的景观环境。

9. 创新性原则

创新设计是在满足人性化和生态设计的基础上对设计者提出的更高要求，它需要设计者开拓思维，不拘于现有的景观形式，规划设计时遵循自然规律的同时，敢于表达自己的设计语言和个性特色，这就要求景观设计者具有独特、灵活、敏感、发散的创新思维，从新的形式、新的方向、新的角度来处理景观的空间、形态、形式、色彩等问题，给人带来崭新的思考和设计观点，从而使景观设计呈现多元化的创新局面，从而创造出具有地方特色的个性鲜明的景观环境。法国绿屋顶中学景观（见图4-12）、森林别墅的创新型设计（见图4-13）。

图 4-12　法国绿屋顶中学景观
（图片来源：筑龙网　http://www.zhulong.com）

图 4-13　森林别墅——贝壳馆
（图片来源：美讯在线网　http://www.m6699.com）

4.2　园林规划设计的方法

设计是什么？为谁设计？怎么做？

很多人包括世界著名的设计师一直在考虑着这些问题，并不断提高着自己的理解。普遍认为，设计通常要考虑设计对象美学、功能及诸多其他问题，常常要进行大量的研究、思考、建立模型、相互调整和再设计等工作，设计中应适当运用社会学的相关理论和方法，明确最终理想化的设计目标，才能引导设计逐步深入。

园林规划设计是多项工程相互配合与协调的综合设计，涉及面广，综合性强。内容涉及建筑、园林、市政、交通、水电等多学科领域，各种法则都要灵活掌握，才能在具体设计实践中，运用好各种设计要素，创造出符合使用要求的、客户满意的、经济适用的规划设计方案，一般以建筑为硬件、绿化为软件、水景为网络、小品为节点，采用各专业技术手段付诸实施设计方案。从方案设计阶段来讲，设计方法可简单归纳如下。

4.2.1　设计思维

所谓的设计思维就是指在设计过程中各种素材与感受进行概括、综合的反映。设计思维创造性地解决问题，鼓励最大限度的投入和参与，并参考有价值的信息以便推动创新。

1. 立意

立意就是设计者根据功能需要、艺术要求、环境条件等因素，经过综合考虑所产生出来的总的设计意图，确定作品所具有的意境。立意着重意境的创造，寓情于景、触景生情、情景交融是我国传统造园的特色。好的设计在立意方面多有独到和巧妙之处。立意的方法从主观上表现为设计者通过设计来表达某种设计思想，客观上表现为如何将环境条件充分利用。

2. 方案构思

构思是景观设计最重要的部分，也是设计的最初阶段，它既关系到设计的目的，又是在设计过程中采用各种构图手法的根据。方案构思是方案设计过程至关重要的一个环节，它是在立意的指导下，把第一阶段研究的成果具体落实到图纸上，构思首先是考虑到满足使用功能，充分利用基地现状条件，从功能、空间、形式、环境入手，运用多种手法形成一个方案的雏形，即不能破坏当地的生态环境，又要尽量减少对项目周围生态环境的干扰，力争为使用者创造出满意的空间场所。

例如，西安大唐芙蓉园的规划设计，景观主题：全方位展示盛唐风貌的大型皇家园林式文化主题公园；营造处处感受盛唐历史与富于变化的景观空间；盛唐文化博大精深、光辉灿烂、个性突出；结合原址地域性（突出长安特色，以发生在曲江周边的故事为主）、通俗性、代表性、知识性、趣味性和参与性特征。精选出十一个文化表现主题：大门景观文化、外交文化、茶文化、科举文化、女性文化、宗教文化、诗歌文化、民间文化、帝王文化、科技文化、饮食文化。

大唐芙蓉园景观设计原则：大唐不夜的原则；科技含量第一的原则；民族化与国际化相结合的原则；三步一景、五步一观、大园林套小景观的原则；360°景观原则；室内装饰室外化原则；大气、大方、巨大原则；全部亲水原则；动物与人共生共存原则等。

大唐芙蓉园景观需突出的文化特点：大气磅礴，精致经营，巧借地形之利，彰显帝王至尊，"皇家气象"。营造更具表现力的山水，富丽壮美，诗意盎然（见图4-14～图4-19）。

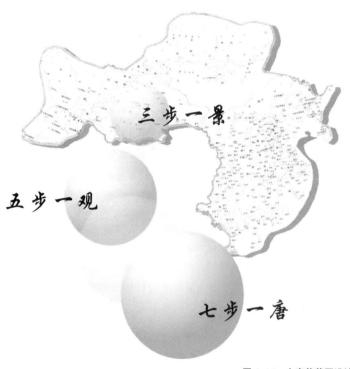

图4-14　大唐芙蓉园设计主题

景观设计的基本想法

为使规划设计主题具体化，以3个基本方针为主导，从5个要素展开设计

盛唐文化

这里是将盛唐文化中优秀的外交_宗教_技术_艺术等传达给现代

现代性

运用、活用各种各样的技术，使之成为全新的体验型主题公园

参与性

这里能和水亲近、感受自然，是绝对触发您的视觉_触觉_感觉的新型主题公园

①广场的功能化

以三步一景_五步一观_七步一唐为原则，通过移步换景与各色体验性景观的复合，使具有不同功能性的广场有序分布园中，构成主架。

②园路的回游性

通过以"温故知新"、"调动五感"、"探访风景"3组特色回游路线，连结园内各个区域，营造一个使游客每次来访都会有新发现的主题公园。

③历史故事视觉化

在各个广场上，通过现代技术表现手法为游客讲述各种各样的盛唐文化_典故。

④水空间的营造

为游人营造像拔船码头、休闲广场及亲水设施等丰富的空间。

⑤反映季节交换的植栽

不同区域拥有各自的主题，通过漫山的红叶及时令花草营造一个使游客常来常新，富于四季变化的空间。

图4-15　大唐芙蓉园基本设计想法

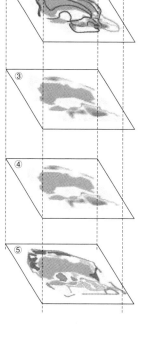

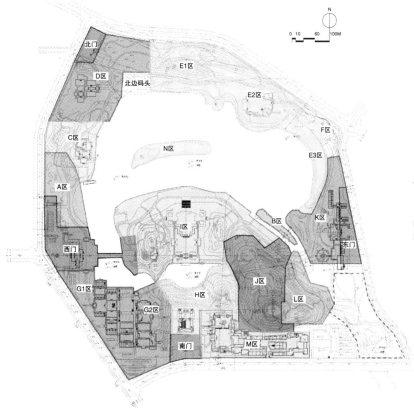

图4-16　大唐芙蓉园景观分区规划

A区：儿童游乐
B区：外交文化
C区：茶文化
D区：科举文化
E区：女性文化
F区：道教文化
G区：餐饮文化
H区：歌舞文化
I区：帝王文化
J区：诗歌文化
K区：迎客文化
L区：佛教文化
M区：民间文化
N区：水秀区

图 4-17 大唐芙蓉园总面图

图 4-18 大唐芙蓉园芳林园设计效果

图 4-19 大唐芙蓉园紫云楼效果图

4.2.2 设计入手

设计如何入手，如何进行设计，是一个汇集各种影响因素、分析总结与创作的过程。一般方案设计构思的切入点有以下几个。

1. 从环境特点入手

某些环境因素如地形地貌、景观影响及道路等都可作为方案构思的启发点和切入点。

（1）基地内外环境的分析。基地分析包括基地自身条件（地形、日照、小气候）、视线条件（基地内外景观的利用、视线和视廊）和交通状况（人流方向强度）等现状内容。重点研究环境内外之间的关系，确定场地的空间边界，系统分析使用功能，例如，针对不同的年龄使用者及其活动特征进行分析，通过内部空间进行有机组织，处理好内外环境的过渡空间（见图 4-20 ～ 图 4-22 ）。

图 4-20 某坡地环境景观设计

图4-21 某环境造景石设计

图4-22 秦皇岛滨海景观带
（图片来源：筑龙论坛 http://bbs.zhulong.com）

（2）基地文脉分析。设计者应对基地所具有的历史及乡土文化内涵进行全面、深入地分析，设计时，将空间文化意义的积淀通过园林规划设计的艺术语言表达出来（见图4-23～图4-24）。

图4-23 杜乐丽花园景观

图4-24 大雁塔广场大唐英雄谱群雕

（图片来源：中国风景园林网 http://www.chla.com.cn）

（3）环境心理学的应用。 从使用者的心理和行为的角度进行研究，探讨人与环境的最优化。重视环境中人们的心理感受，着重研究空间的领域性、私密性、依托的安全感、从众与趋光心理等。考虑使用者的个性与环境的相互关系，充分理解使用者的行为、个性，在塑造环境时予以考虑，同时适当的运用环境对人的行为加以引导，甚至在一定程度上的"制约"（见图4-25～图4-26）。

图4-25 符合场所心里的休息空间

图4-26 具有私密性和依托感的空间设计
（图片来源：中国风景园林网 http://www.chla.com.cn）

2. 从设计风格出发

寻找自己喜欢的风格、价值观，强调与众不同的环境质量，对适宜的风格进行借鉴和修改、分析与合成，使之融入新的设计，从而形成"自然而然"的新作品。

所谓设计风格，实质上是指设计作品特有的品质或特色形式，使持久不变的要素和表现，它能帮助使用者建立环境意识，产生环境认知和联想。常见的设计风格有、传统风格、时代风格、民族风格、地域风格等，传统风格又分为中国传统园林风格、日本传统园林风格、法国几何式园林、英国风景式园林等。在设计中，设计风格应理性地反映景观的个性与共性，建立景观的认知度、美誉度和品牌联想度（见图4-27~图4-31）。

图4-27　中国古典园林　　　　　　　图4-28　法国凡尔赛花园　　　　　图4-29　日本枯山水庭院

（图片来源：景观中国　http://www.landscape.cn/news）（图片来源：景观中国　http://www.landscape.cn/news）

图4-30　英国现代园林景观　　　　　　　　　　图4-31　泰国东芭乐园

（图片来源：中国低碳建筑网　http://www.chinagreenbuild.com）　　（图片来源：景观中国　http://www.landscaps.cn/news）

3. 从基本功能出发

景观环境应具备的基本功能包括：安全、舒适、方便、高效、美观五个方面。设计时各功能要素要综合考虑。同时要参考人体工程学的研究成果，使环境因素满足人们各种生活活动的需要，达到提高环境质量的目的。在满足一定的功能后，可以在形式上有所创新，将一些自然现象及变化过程加以抽象，用艺术形式表现出来。如某广场休息座椅的设计（见图4-32）。

图4-32　使用、美观的休息座椅

（图片来源：园林吧　http://www.yuanlin8.com/images/6270.html）

4. 从情感分析出发

设计师有目的的策划，通过设计手段把信息传达给人们，并让人们乐于接受。因此，设计者除了具备专业知识外，还要在设计中倾注自己的全部感情，进而感动使用者。

情感化、人性化的空间逐渐成为时代的设计主题，设计者必须从使用者对空间的真实感受出发进行设计，才能真正做到以人为本。

在空间设计中，情感最终通过具体生动的理念呈现出来，情感设计是情感内涵和设计理念的整合。理念结构具有有序性和层次性，以设计者的情感或意念为线索，运用空间的组合方式，创造空间的整体意义（见图4-33 ~ 图4-34）。

图 4-33　法国南部泡泡城堡——仿佛来自外太空的奇异建筑　　　　　图 4-34　富有情趣的水上植物造景
（图片来源：http://bbs.gz.house.163.com/photoview）

4.2.3　多方案的比较

对于景观设计而言，由于影响设计因素很多，一次认识和解决问题的形式多样，所以应根据基地条件和设置的内容多做些方案加以比较，方案比较能使设计者对某些设计问题作深入的探讨，这对设计方案能力的提高、方案构思的把握、方案设计的进一步推敲都非常有益。最终目的是获得一个相对优秀的实施方案。

4.2.4　方案的调整与深入

方案的调整的主要任务是解决多方案的比较过程中发现的矛盾和问题，对方案的调整应控制在适度范围，力求不影响或改变原来方案的设计构思和整体布局，并进一步提高已有的优势水平。

方案的深入是在方案调整的基础上进行，深化阶段要落实到具体的设计要素的位置、尺度及相互关系，准确无误地反映到平、立、剖及总图中来，各部分设计要注意对尺度、比例、均衡、韵律、协调、虚实、光影、色彩等规律的把握与应用，并且要核对方案设计的技术经济指标。方案深入设计的过程中，各部分之间必然相互作用、相互影响，如平面的深入，可能影响到立面与剖面，反过来，立面、剖面的深入也会影响到平面。

4.2.5　设计方案的表现

方案表现是方案设计的一个重要环节。常用的表现形式有以下几种。

1. 手绘草图表现

手绘草图是一种最基本、最常用的快速表现方法，操作简便，尤其擅长对局部空间造型的推敲处理。一般通过各种绘画工具、各种绘图技巧，对设计成果进行描述和诠释。常用的表现方法有钢笔淡彩、水彩、马克笔表现等（见图4-35）。

2. 模型表现

模型是一种将构思形象化的有效手段，是三维的、可度量的实体。用模型来表现设计方案，更真实、直观。用模型来表达更接近于空间塑造的过程，运用模型表达解决设计中可能遇到的问题显得尤为重要（见图4-36）。

3. 计算机表现

运用计算机建模成为一种新的表现手段，直观具体又不失真，表现力强，可选择任意角度任意比例观察空间造型。在平面表现时，常用的软件有：AutoCAD、CorelDRAW等。在鸟瞰图和效果图制作时，常用的软件有：3DS Max、SketchUp、Photoshop等（见图4-37 ~ 图4-39）。

图4-35　手绘效果图

图4-36　某居住小区环境景观设计模型

（图片来源：北京新建枢纽机场广场模型—摘编自《世界建筑》2008/08）

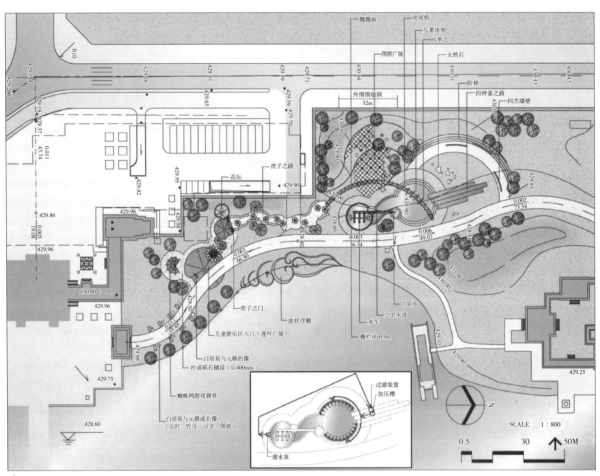

图4-37　大唐芙蓉园儿童活动区平面图

图4-38　深圳海上田园风光效果图

图4-39　某公园景观设计效果图

4.3　园林规划设计程序

现代园林景观设计呈现一种开放性、多元化的趋势，每个项目都具有其特殊性和个别性，园林景观的各项设计都是经过由浅到深，从粗到细不断完善的过程，设计过程中的许多阶段都是息息相关的，但是，不同的园林规划设计项目在分析和考虑的问题都有一定的相似性，都遵循规划设计的工作流程。

园林规划设计的流程是指在从事一个园林规划项目设计时，从项目策划、实地勘察、规划设计、方案汇报、方案实施、投入运行、信息反馈这一系列工作的方法和顺序。

4.3.1　项目策划

首先要理解项目的特点，编制一个全面的计划，经过研究和调查，组织起一个准确翔实的要求清单作为设计的基础。最好向业主、潜在用户、维护人员、同类项目的规划人员等所有参与人员咨询，然后在历史中寻求适用案例，前瞻性地预想新技术、新材料和新规划理论的改进。

4.3.2　项目选址

首先，将必要或有益的场地特征罗列出来，然后，寻找和筛选场址范围。在这一阶段有些资料是有益的，例如地质测量图、航空和遥感照片、道路图、交通运输图、规划用途数据、区划图、地图册和各种规模、比例的城市规划图纸。在此基础上，我们选定最为理想的场所。一个理想的场地可通过最小的变动，最大程度地满足项目要求。

4.3.3　场地分析

场地分析就是通过现场考察来对资料进行补充，尽量地把握场地的感觉、场地和周边环境的关系、现有的景观资源、地形地貌、植被、水源和水系分布，以利于分析他们对拟建项目的制约因素和对现有景观的积累效应，使拟建项目与整个地区的环境在规划设计时，能够达到最大程度的协调。

4.3.4　概念规划

概念规划是设计师从分析和定位中得出设计概念主题，通过确定性质、功能、规模、宏观设计形式表达、建设周期、程序、预算等内容，把这些概念内容初步体现在宏观的设计表达中。实际上就是对整个项目的环境、功能综合分析之后，所作的空间总体形象的构思设计。

概念的形成，标志着人们的认识已从感性认识上升到理性认识。最初的概念，往往具有非常强烈的个性，往往控制着整个规划设计的发展方向。所以，在这一过程中，至关重要的是建筑师、景观师、工程师等各专业工作人员的合作，相互启发和纠正，最终达成统一的认识。

4.3.5　影响评价

景观评价对景观使用质量的好坏具有非常重要的意义。不同的社会背景、不同的时期，评价体系是不同的。目前的景观评价指标体系主要有以下几方面。

1. 美学评价标准

主要关注点城市景观的形态特征。

2. 功能评价标准

它是衡量景观作品究竟能够在人们生活中发挥多大的作用，在景观评价中占据重要地位。

3. 文化评价标准

它是用以评价景观形态的文化特征和意义，景观是有地域性的，评价景观作品是否能够彰显文化特质，增强场所认同，建立人与环境之间的有机和谐。

4. 环境评价标准

它是用以评价景观对于环境生态的影响程度，主要关注点在于景观作品可能带来的环境影响，能源的利用方式、对自然地形、气候等风土特征的尊重程度等。

在所有因素都予以考虑之后，总结这个开发的项目可能带来的所有负面效应，可能的补救措施、所有由项目创造的积极价值，以及他们在规划过程中得到加强的措施、进行建设的理由，如果负面作用大于益处则应该建议不进行该项目。

4.3.6 综合分析

在草案研究基础上，进一步对它们的优缺点以及纯收益作比较分析，得出最佳方案，并转化成初步规划和费用估算。

4.3.7 施工和使用运行

这一阶段设计师应充分地监督和观察，并注意使用后的反馈意见。这个设计流程有较强的现实指导意义，在小型景观的设计中，其中的步骤可以相对地进行一些简化和合并，加快设计周期和运作，完成项目。

4.4 园林规划设计实践过程

园林规划设计是一项综合性很强的工作，整个设计过程常常被描述为一个线性进程。包括前期的资料收集、调查研究、概念设计、方案设计、施工图设计到设计实施。目前较为通用的园林规划设计过程可划分为六个阶段。

4.4.1 任务书阶段

任务书是以文字说明为主的文件，主要包括以下内容。

（1）项目的概况。

（2）设计的原则和目标。

（3）园林绿地在全市园林绿地系统中的地位和作用。

（4）园林绿地所处地段的特征及周边环境。

（5）园林绿地的面积和游人容量。

（6）园林绿地总体设计的艺术特色和风格要求。

（7）园林绿地总体地形设计和功能分区。

（8）园林绿地近期、远期的投资以及单位面积造价的定额。

（9）园林绿地分期建设实施的程序。

作为一个建设项目的业主，一般会邀请一家或几家设计单位进行方案设计。一般来说，如果工程的规模大、对社会公众的影响面比较宽时，需要进行招投标，在招标中胜出者才有机会取得规划设计的委托，招投标主要是根据各个方案的性价比进行筛选，实质上是择优。也有一些项目以直接委托的方式进行。无论采取哪种方式，都要明确项目的基本内容，根据自己的情况决定是否接受规划设计任务。

在本阶段，设计人员作为设计方（称"乙方"）在与建设项目业主（称"甲方"）初步接触时，应充分了解任务书内容及整个项目的概况，包括建设规模、投资规模、时间期限等方面，特别要了解业主对这个项目的总体框架方向和基本实施内容，这些内容往往是整个设计的根本依据，从中可以确定哪些值得深入细致地调查和分析，哪些只要作一般的了解。在此阶段一般较少用图样，常以文字说明和表格分析为主。

4.4.2 基地调查与分析阶段

在此阶段主要是甲方会同规划设计师至基地现场踏勘，进行基地的调查，收集与基地有关的原始资料，补充并完善不完整的内容，对整个基地及环境进行综合分析，使基地的潜力得到充分的发挥。基地分析在整个设计过程中占有很重要的地位，深入细致的基地分析有助于用地的规划和各项内容的详细设计，并且在分析过程中产生的一些设想也很有利用价值。

基地调查和分析主要包括以下几个方面内容。

1. 基地现状调查

（1）土壤方面。土壤的类型、结构及其分布；土壤的物理化学性质，pH值、有机物的含量；土壤的地下水位、含水量、透水性；土壤的承载力、抗剪切强度；土壤冻土层深度、冻土期的长短；土壤受侵蚀状况。安息角——由非压实的土壤自然形成的坡面角。

（2）地形方面。地形的起伏与分布、走向、坡度及自然排水等。

（3）气候方面。包括基地所在地区或城市常年积累的气象资料和基地范围内的小气候两部分。需要调查项目有日照、温度、风向、雨水、小气候等。

（4）水系方面。水系的种类及其分布、水文特点、水质状况、水利设施情况等。

（5）建筑和构筑物。建筑和构筑物的位置、高度、材料、用途、结构、色彩、风格式样、个性特色等。

（6）植被情况。基地现有植被种类、数量、高度、植被群落构成等。

（7）管线设施。包括地上和地下，如电线、电缆线、通信线、给水管、排水管、煤气管等各种管线。有在园内过境的。了解位置及它们的地上高度、地下深度、走向、长度等，每种管线的管径和埋深以及一些技术参数。如高压输电线的电压，园内或园外邻近给水管线的流向、水压和闸门井位置等。

2. 环境条件调查

（1）四周环境景观特点。基地周边是否有可以利用的自然景观或风景名胜等，作为借景引入基地。

（2）四周环境发展规划。基地周边近期内是否有大规模的城市开发建设活动以及和基地有关的社会经济发展规划。

（3）四周环境质量状况大气、水体、噪声情况等。

（4）四周环境设施情况如交通、文化娱乐设施情况，以此来确定服务半径和设施的内容。

（5）与该绿地有关的历史、人文资料。

3. 规划设计条件调查

（1）基地现状图。一般用比例尺为1：2000、1：1000或1：500，图纸标明设计范围，基地范围内的地形、标高及现状物和四周环境情况等。

（2）局部放大图比例为1：200，主要为局部景区或景点详细设计用图。

（3）现状树木位置图比例为1：200或1：500，主要标明要保留树木的位置，并注明其品种、规格等。

（4）地下管线图比例为1：200或1：500，一般要求与施工图比例相同，主要标明各地下管线的位置。

（5）主要建筑物的平、立面图指要保留利用的建筑物。其平面图上要注明室内、外标高，立面图要有建筑物尺寸、颜色等。

此外，还要在总体和一些特殊的基地地块内进行拍照，将实地现状的情况带回去，以便加深对基地的感性认识。

4.资料分析

设计师在掌握一定的原始资料后，结合业主提供的基地现状图（又称"红线图"），要对其进行综合性的分析与整理，进一步发现他们之间的内在联系，进行要素整合。

（1）自然环境的分析。首先必须对于土地本身进行研究，主要是对地理位置、用地形状、面积、地表起伏走向、坡度等特征进行分析。对较大的影响因素能够加以控制，在其后作总体构思时，针对不利因素加以克服和避让；有利因素充分地合理利用。对于土地的有利特征和需要实施改造的地形因素，最好同时进行总体研究，还有可以确定是否需要实施改造地形以提供排水系统。自然环境的分析一般包括基地现状、景观资源、水系分布、生态情况等方面的内容的分析。在此阶段，设计师主要使用图示、文字、表格等方式进行综合分析与表达，通常用图示表达基地的各项特征并加以分析，从中寻找解决问题的可行办法。

（2）人文背景分析。人文背景主要包括地域范围内的社会历史、文化背景、人群精神需求等方面的内容。景观是一个时代的社会经济、文化面貌以及人们思想观念的综合反映，是社会形态的物化形式。

4.4.3 概念设计阶段

在着手进行总体规划构思之前，必须认真阅读业主提供的"设计任务书"（或"设计招标书"）。在设计任务书中详细列出了业主对建设项目的各方面要求：总体定位性质、内容，投资规模，技术经济控制及设计周期等。

概念设计是设计师综合考虑任务书所要求的内容和基地及环境条件，提出一些方案构思和设想。在进行总体规划构思时，要将业主提出的项目总体定位作一个构想，并与抽象的文化意义以及深层的社会、生态目标相结合，同时必须考虑将设计任务书中的规划内容融合到有形的规划构图中去，把这些概念内容初步体现在宏观的设计表达中，对功能关系和空间形象进行总体构思设计。这种"概念性"的设计是整个设计过程中十分重要的一个环节。

概念设计常用构思草图表达，在内容上，草图表达是按项目本身问题特征进行划分的，旨在设计方向明确化，具体内容如下。

1.反应功能方面的设计概念草图

反应功能方面的设计概念草图：是对场地内的功能分区、交通流线、空间使用方式、人数容量、布局特点等方面问题进行研究。多采用较为抽象的设计符号集合在图面上配合文字、数据等表达。大唐芙蓉园儿童娱乐区的设计概念（见图4-40）。

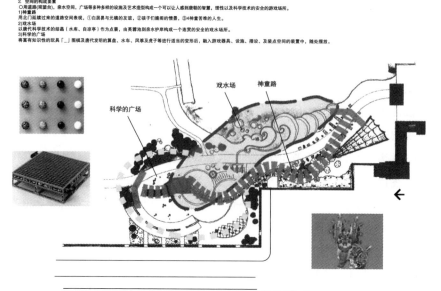

图4-40 大唐芙蓉园儿童娱乐区的设计概念

2. 反应空间方面的设计概念草图

反应空间方面的设计概念草图：景观的空间设计属于创意设计，应结合原有场地的现状进行空间界面的思考，结合使用需求采用因地制宜的方式进行空间创意设计，既涵盖功能因素又具有艺术表现力。表达方式比较丰富，平、剖面分析与文字说明相结合（见图4-41、图4-42）。

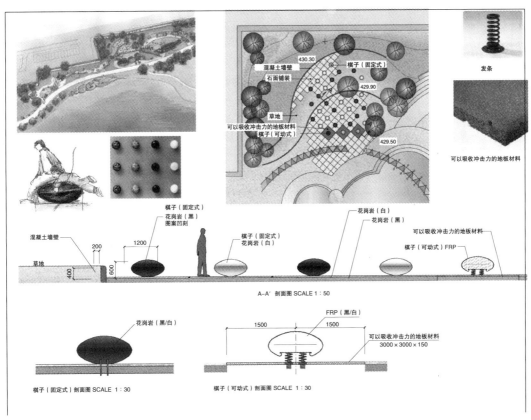

图4-41 大唐芙蓉园儿童娱乐区儿童广场设计

3. 反应形式方面的设计概念草图

反应形式方面的设计概念草图：场地的风格形式是艺术类的语言，包含设计师与业主审美交流等问题。因此，要求设计概念草图表达要准确，具有一定的说服力，必要时辅以成形的实物场景照片，加上背景文化说明，特别要注意对设计深度的把握（见图4-43）。

4. 反应技术方面的设计概念草图

反应技术方面的设计概念草图：目前，景观设计日益趋向智能化、工业化、生态化，这就意味着设计师要不断地学习，了解相关门类的科学概念，提高行业的先进程度必须提高设计的技术含量，景

图4-42 因地制宜的空间创意设计

观设计师为了提高人们的生活质量，反映人们的文明生活程度，因此要把技术因素转化为美学元素和文化因素技术方面的概念草图表达及包含正确的技术依据，又具有艺术形式的美感。船体造型的舞台景观设计草图（见图4-44）。

概念设计图是设计师自我交流、进一步形成设计构想的基础记录，也是与其他设计者或业主交流沟通的一种方式。

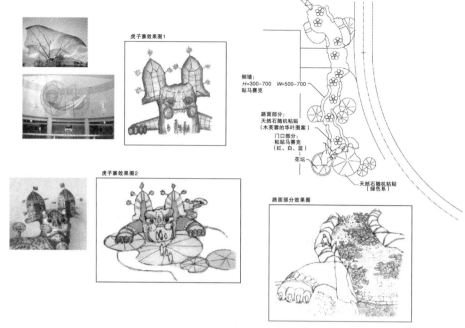

图4-43 大唐芙蓉园生动的儿童游乐区效果图

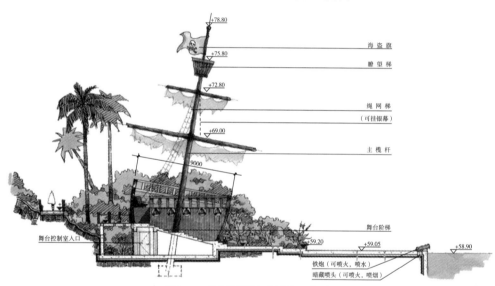

图4-44 船体造型的舞台景观设计概念

4.4.4 方案设计阶段

1.初步设计

将收集到的原始资料结合草图进行补充，修改。对影响设计结果的风格、功能、尺度、形式、色彩、材料等问题给出具体的解决方案，这一阶段是对设计师专业素质、艺术修养、设计能力的全面考量，所有的设计成果将在这一阶段初步呈现。在初步方案设计中，要注意细化景观层次，合理调整景观的布局，对重要节点和难点进行充分的设计分析，同时对景观构筑物及景观小品进行深入的细化和风格的宏观定位。

在本阶段要逐步明确总图中的入口、广场、道路、水面、绿地、建筑小品、管理用房等各元素的具体位置。会使整个规划在功能上趋于合理，在构图形式上符合园林景观设计的基本原则：视觉上美观、舒适。方案设计完成后应与委托方共同商议，然后根据商讨结果对方案进行修改和调整。

当初步方案确定后，就要全面地对整个方案进行各种详细的设计，包括确定准确的形状、尺寸、色彩和材料，完成各局部详细的平面图、立剖面图、园景的透视图、整体设计的鸟瞰图等。

整个方案全都定下来后，图文包装必不可少。现在，图文包装正越来越受业主与设计单位的重视。最后，把规划方案的说明、投资框（估）算、水电设计的一些主要节点，汇编成文字部分；把规划平面图、功能分区图、绿化种植图、小品设计图、全景透视图、局部景点透视图汇编成图纸部分。文字部分与图纸部分的结合，就组成一套完整的规划方案文本。

初步方案设计文本的内容。

（1）封面。方案名称、编制单位、编制年月等。

（2）扉页。写明方案编制单位的行政与技术负责人、设计总负责人、方案设计人、必要时可附透视图和模型照片。

（3）方案设计文件目录。

（4）设计说明书。由总说明和各专业说明组成。

（5）投资估算。包括编制说明、投资估算及散估算量。简单的项目可将投资估算纳入设计说明，独立成节即可。

（6）设计图纸。主要包括区位图、现状图、总平面图、各类分析图、功能分区图、绿化种植图、小品设计图、透视图等。

大型或重要的建设项目，可根据需要增加模型、电脑动画等，参加设计招标的工程，其方案设计文件的编制，应按招标的规定和要求执行。

2.方案评审、扩初设计

由有关部门组织的专家评审组，集中一天或几天时间，进行一个专家评审（论证）会。出席会议的人员，除了各方面专家外，还有建设方领导，市、区有关部门的领导，以及项目设计负责人和主要设计人员。

在方案评审会上，项目负责人一定要结合项目的总体设计情况，在有限的一段时间内，将项目概况、总体设计定位、设计原则、设计内容、技术经济指标、总投资估算等方面内容，向领导和专家们作一个全方位汇报。宜先将设计指导思想和设计原则阐述清楚，然后再介绍设计布局和内容。设计内容的介绍，必须紧密结合先前阐述的设计原则，将设计指导思想及原则作为设计布局和内容的理论基础，而后者又是前者的具象化体现。两者应相辅相成，缺一不可。切不可造成设计原则和设计内容南辕北辙。

方案评审会结束后，设计方会收到打印成文的专家组评审意见。设计负责人必须认真阅读，对每条意见，都应该有一个明确答复，对于特别有意义的专家意见，要积极听取，立即落实到方案修改稿中。

设计者结合专家组方案评审意见，进行深入一步地扩大初步设计（简称"扩初设计"）。在扩初文本中，应该有更详细、更深入的总体规划平面、总体竖向设计平面、总体绿化设计平面、建筑小品的平、立、剖面（标注主要尺寸）。在地形特别复杂的地段，应该绘制详细的剖面图。在剖面图中，必须标明几个主要空间地面的标高（路面标高、地坪标高、室内地坪标高）、湖面标高（水面标高、池底标高）。

在扩初文本中，还应该有详细的水、电气设计说明，如有较大用电、用水设施，要绘制给排水、电气设计平面图。

一般情况下，经过方案设计评审会和扩初设计评审会后，总体规划平面和具体设计内容都能顺利通过评审，这就为施工图设计打下了良好的基础。扩初设计越详细，施工图设计越省力。

4.4.5　施工图设计阶段

施工图阶段是将设计与施工连接起来的环节。根据所设计的方案，结合各工种的要求分别绘制出能具体、准确地指导施工的各种图纸。如：施工平面图、地形竖向设计图、种植平面图、景观建筑施工图地面铺装大样图等。这些图样应能清楚、准确地表示出各项设计内容的尺寸、位置、形状、材料、种类、数量、色彩以及构造和结构。

施工图文本的内容。

（1）封面。项目名称、编制单位、项目设计编号、设计阶段、编制年月等。

（2）扉页。写明编制单位的法定代表人、技术负责人、项目总负责人名称及其签字或授权盖章。

（3）图纸目录。应先列新绘制的图纸，后列选用的标准图和重复利用图。

（4）设计说明。列出主要技术经济指标。

（5）投资计算书。设计依据、简图、计算公式、计算过程及成果资料，均作为技术文件归档。

（6）施工设计图纸。主要由以下图纸组成。

1）总平面图。保留的地形和地物；总体测量坐标网；场地四界测量的坐标或定位尺寸，道路红线和建筑红线或用地界线的位置。原有道路、建筑物、构筑物的位置、名称、建筑层数；广场、停车场、道路、无障碍设计、挡土墙、排水沟、护坡的定位；指北针和风玫瑰图；建筑物和构筑物使用编号时应列出编号表；注明施工图设计的依据，尺寸单位、比例、坐标及高程系统等。

2）种植设计图。此图是园林景观设计的核心，属于平面设计的范畴，主要标示各种园林植物的种类、数量、规格、种植位置和配植形式等，是定点放线和种植施工的依据。

3）竖向布置图。竖向设计图也用于总体设计的范畴，它可以反映地形设计、等高线、水池山石的位置、道路及建筑物的关键性标高等，能够为地形改造施工和土石方调配预算提供依据。

4）管道综合图。总平面图；各种管线平面布置图；场外管线接入点的位置；可适当增加断面图。

5）绿化及建筑小品布置图。绿地与人行步道的定位，建筑小品的位置与设计标高等。

4.4.6 设计实施及技术服务阶段

业主对工程项目质量的精益求精，以及对施工周期的一再缩短，都要求设计师在工程项目施工过程中，经常踏勘建设中的工地，提供相应的技术服务，解决施工现场暴露出来的设计问题、设计与施工配合问题。

如果条件具备，该设计项目负责人必须结合工程建设指挥的工作规律，对自己及各专业设计人员制定一项规定：每周必须下工地一至两次（可根据客观情况适当增减），每次至工地，参加指挥部召开的每周工程例会，会后至现场解决会上各施工单位提出的问题。能解决的，现场解决；无法现场解决的，回去协调各专业设计后出设计变更图解决，时间控制在 2 ~ 3 天。上面所指的设计师往往是项目负责人，但其他各专业设计人员应该配合总体设计师，做好本职专业的施工配合。

如果建设中的工地位于与设计师不同城市，俗称"外地设计项目"而工程项目又相当重要（影响深远，规模庞大）。设计院所就必须根据该工程的性质、特点，派遣一位总体设计协调人员赴外地施工现场进行施工配合。

其实，设计师的施工配合工作也随着社会的发展、与国际间合作设计项目的增加而上升到新的高度。配合时间更具弹性、配合形式更多样化。俗话说，"三分设计，七分施工"。如何使"三分"的设计充分体现、融入到"七分"的施工中去，产生出"十分"的景观效果，这就是设计师施工配合所要达到的工作目的。

4.5 园林规划设计成果

4.5.1 文本或者说明书

法定的规划要求必须交文本，文本以条文形式放映建设管理细则，经过批准后成为正式的规划管理文件，说明书则是以通俗平实、简明扼要的文本对规划设计方案进行说明。内容一般包括。

（1）规划设计编制的依据。

（2）现状情况的说明和分析。

（3）规划设计的目标、方针、原则。

（4）规划总体构思、功能分区。

（5）用地布局。

（6）交通流线组织。

（7）建筑物形态。

（8）景观特色要求。

（9）竖向设计。

（10）其他配套的工程规划设计。

（11）主要技术经济指标（用地面积、建筑面积、绿地率等）。

4.5.2　图纸

图纸内容一般包括以下内容。

（1）规划地段位置图。标明规划地段的位置以及和周围地区的关系。

（2）规划地段现状图。用地现状、植被现状、建筑物现状、工程管线现状，图纸比例1∶500～1∶2000。

（3）功能结构分析图。图纸比例1∶500～1∶2000，在总平面图的基础上，用不同色彩的符号抽象地表示出规划功能结构关系。

（4）功能分区图。在总平面图的基础上，用不同色块表示出规划各个功能用地位置范围，标明功能名称。

（5）交通结构分析图。在总平面图的基础上，用不同色彩的符号抽象地表示出规划道路的结构关系。

（6）景观格局分析图。在现状植被平面图的基础上，通过对场地内现有景观的分析，提出规划景观格局初步构想。

（7）绿地结构分析图。在总平面图的基础上，用不同的色彩抽象地表示出内部规划绿地的类型、范围。

（8）规划设计总平面图。图纸比例1∶500～1∶2000，标明规划建筑、草地、林地、道路、铺装、水体、停车、重要景观小品、雕塑的位置、范围，应标明主要空间、景观、建筑、道路的尺寸和名称。

（9）道路交通规划图。图纸比例1∶500～1∶2000，应标明道路的红线位置、横断面，道路交叉点坐标、标高、坡向坡度、长度、停车场用地界线。

（10）种植设计图。图纸比例1∶300～1∶500，标明植物种类、种植数量及规格，附苗木种植表。

（11）纵、横断面图。比例1∶300～1∶500，应标出尺度比例、高差变化、地面地下空间利用、周边道路、乔木绿化等，标明重要标高点。

（12）竖向规划设计图。图纸比例1∶500～1∶2000，标明不同高度地块的范围、相对标高以及高差处理方式。

（13）服务设施系统规划图。在总平面图的基础上，用不同的色彩抽象地表示出内部服务设施性质和关系。

（14）工程管线规划图。图纸比例1∶500～1∶2000。

（15）分期建设规划图。

（16）重点地段规划设计图。通过透视、平面、立面、剖面表现重点地段规划设计。

（17）主要街景立面图。标明沿街建筑高度、色彩、主要构筑物高度，表现出规划建筑与周边环境的空间关系。

（18）主要建筑和构筑物方案图。主要建筑地面层平面、地下建筑负一层平面、主要构筑物平立剖面图。

（19）表达设计意图的效果图或图片。一般应包括总体鸟瞰图、夜景效果图、重要景点效果图、特色景点效果图、反映设计意图的局部放大平立剖面图及相关图片、重要建筑和构筑物效果图。

（20）施工设计图。

小 结

    园林规划设计是一门综合性很强的学科，规划设计时应遵循科学性、地域性、艺术性、人性化、生态型、实用性、创新性等原则。园林规划设计是多项工程相互配合与协调的综合设计，设计前要有好的构思和立意，设计中应适当运用社会学的相关理论和方法，明确最终理想化的设计目标。一般以建筑为硬件、绿化为软件、水景为网络、小品为节点，采用各专业技术手段付诸实施设计方案。园林规划设计程序，是指在从事一个园林规划项目设计时，从项目策划、实地勘察、规划设计、方案汇报、方案实施、投入运行、信息反馈这一系列工作的方法和顺序。园林规划设计过程，包括前期的资料收集、调查研究、概念设计、方案设计、施工图设计到设计实施六个阶段。

思 考 与 练 习

（1）园林规划设计原则有哪些？

（2）简述园林规划设计程序。

（3）简述园林规划设计的过程。

第2部分 园林规划设计项目
规划设计与实训

课题 5 城市道路绿地规划设计

> **知识点、能力（技能）点**
>
> **知识点**
>
> （1）各种城市道路绿地类型。
>
> （2）城市道路绿地设计原理和设计方法。
>
> **能力点**
>
> 通过模拟设计项目的训练，具备对城市道路绿地进行规划设计的基本能力。

5.1 项目案例与分析

福建省平潭县 305 省道平宏线——娘宫至城关公路景观改造工程。

5.1.1 项目概况

1. 区域位置

平潭地处中国福建省沿海中部，位于东经 119°32′～120°10′，北纬 25°15′～25°45′，东濒台湾海峡，距台湾省新竹县仅 68 海里，是中国大陆距台湾省最近的地方；西临海坛海峡，与长乐、福清、莆田三县隔海相望；南临南日岛，北望白犬、马祖列岛。全县陆地面积 308.98km²，滩涂 64.65km²，海域面积 6000 多 km²，海岸线长 399.82km，拥有 126 个岛屿，648 个有名岩礁，素有"千礁岛县"之称。海坛岛是福建省第一大岛，中国第五大岛，陆地面积 251.4km²，全县岛屿多，海岸线蜿蜒曲折，其类型有基岩侵蚀海岸、红土侵蚀海岸、沙质塘积海岸、沙泥质和混沙质塘积海岸。

2. 设计范围

福建省平潭县 305 省道平宏线（娘宫至城关）西起娘宫码头，东至城区，是一条双向四车道，路幅宽度为 23m、全长约 13.35km 的省级交通主干道。该项目是平宏线道路两侧用地各 20m 范围内的景观工程设计，总宽度为 63m，面积约 84.1hm²，设计内容包括园林绿化、道路（边坡改移、林荫道、海边小路）、管线（电力等线路入地、污水处理）、照明等。它是连接娘宫码头到城区的重要通道，是平坦最直接的门户形象，担负着岛内主要交通干道和经济枢纽的地位。

3. 规划定位

结合海滨旅游城市平潭县的开发，创造优美的旅游观光路线，提升城市品质，展现海岛经济强县面貌。设计将 305 省道（平宏线）建成公路景观化、展示平坦历史、突出平坦特色、体现海岛文化的门户性通道，将平宏线沿线打造成为具有适宜的交通环境、良好的旅游环境以及浓郁文化内涵的绿色景观大道。

4. 现状概况

305 省道两侧现状复杂，地形多变。整段道路途经娘宫村、先建村、红山村和厝祥村等村落，沿线主要分布有丘陵、滨海、山体、低洼地和建筑。丘陵地多分布在平宏线中段，滨海地段和山体分布在平宏线西段，建筑则多分布在靠近城区的一侧。平宏线东段道路两侧多为低洼地，农田池塘分布其中。道路与海滩有 6m 左右高差，路南 15m 处有一条宽 10m 左右的小河。农田、荒地和水池与道路高度基本持平，局部有 1～2m 的高差（见图 5-1）。

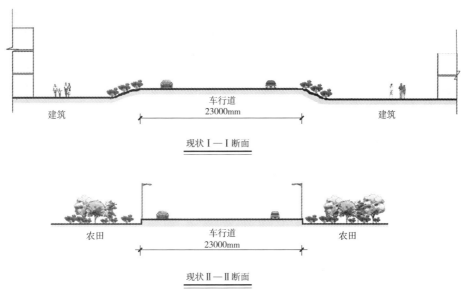

现状 I—I 断面

现状 II—II 断面

图 5-1　现状断面图

5.1.2　设计理念

设计主体理念是"领略海岛风情"、"传承海岛历史"、"品读发展历程"、"展示海岛文化"。

该设计贯穿"路景并重、一路多能"的设计理念，综合考虑道路环境景观设计的一体性、完整性，取得道路与景观一色，自然与人文并举，交通与经济齐飞的良好效果。

305 省道（平宏线）始于娘宫终于城关，全长 13km 左右；沿途两侧的地形变化多样，根据每段道路两侧的现状不同，合理严谨地进行统筹安排。寻求最科学的设计方案，力求做到布局合理，功能齐全，充分体现海岛特色，注重各个空间的独立性、完整性、多样性，同时也注重每个功能区之间的联系性（见图 5-2）。

图 5-2　设计理念意向图

5.1.3　具体设计手法

1. 分区设计

通过对 305 省道（平宏线）沿途的地形、植被等的了解，根据设计的主体理念将整条道路分成 4 个区，即"海岛风情区"、"历史文化区"、"海岛新韵区"、"海岛迎宾区"，通过对 4 个区景观的塑造，体现出每个区的特色，通过对平潭海岛风情的了解，从平潭的历史走进现代平潭的发展历程，最后通过迎宾区，品味平潭岛向社会展示的海岛文化，沿着这一景观序列，走进平潭（如图5-3）。

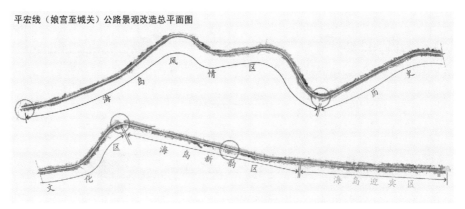

平宏线（娘宫至城关）公路景观改造总平面图

图5-3 平宏线（娘宫至城关）公路景观改造总平面分区图

（1）海岛风情区。海岛风情区南侧毗邻海，是整段道路的始端，最能体现平潭岛给游人的初始印象，故将这一段道路划分为海岛风情区。

海岛风情区以体现神秘、雄奇和绚丽多姿的岛上景观为主题。平潭"海蚀地貌甲天下"，举世无双的"天下奇观"—半洋石帆，"天然的海滨浴场"、沙文化等是平潭岛的特色，整个功能区的景观塑造将平潭岛独特的海洋元素融入设计，主要体现在入口节点小品的塑造和三个浮雕墙的设计上，通过植物搭配。展示三种独特的海岛风情，绘制出一幅具有浓郁海岛风情的画卷。

（2）历史文化区。在领略了独特的海岛风情，带着对平潭岛的向往与好奇，穿越时空走进平潭岛的过去，了解东海中玲珑剔透的翡翠——平潭岛的历史，探索它的神秘。

历史文化区主要注重对平潭历史文脉精华的提炼和升华，将其融糅在景观设计中，在形式上主要是将沿途的边坡处理成浮雕墙，综合反映平潭的历史文化，通过解读浮雕墙，带领人们走进平潭的过去，重拾平潭那些过去的记忆，通过景点的精心布置与组织，使历史文化区景观休闲带更富有文化内涵，更具有历史韵味。

（3）海岛新韵区。了解了平潭历史，揭开了对平潭神秘的自然现象的疑惑，走进现代平潭，带领游客走进经过时间雕刻后的平潭岛，体会平潭岛的变迁历程。

海岛新韵区以体现平潭岛现代的发展为主题，在设计时，采用现代、简洁、大方的手法，在植物的配置上，主要采用现代较规则的配置方式，营造具有现代特色的城市道路休闲景观，提升滨海城市的景观品质，体现平潭岛作为经济强县的实力。

（4）海岛迎宾区。海岛迎宾区临近城区，在领略了海岛风情，了解了平潭的历史与现代发展后，通过迎宾区，感受平潭岛人民的热情，走进现实生活中的平潭岛，体验平潭岛上渔民朴实的生活和美丽的海岛风光。

海岛迎宾区，作为进入平潭岛的一条迎宾大道，以迎宾为目的，以体现海洋文化为主题，由于两侧的绿带较完整，在设计时，运用一些装饰性较强的地被进行点缀，绿化与小雕塑融合在一起，雕塑原材料可选用当地石材，雕一些群众喜闻乐见的东西，如美人鱼、海贝、捕鱼人、渔姑与渔灯等，作品要精心设计和制作，突出地方特色和个性，并体现时代风貌，又要别具一格，与众不同，为历史传递一种精神文化，营造一个迎宾味浓厚，带有海岛特色的迎宾大道。

通过对4个功能区的合理划分，随着游客对海岛、海洋文化认识从浅到深的一个过程，形成一个景观序列，在景观中引入海洋文化和历史文化等元素，创造成为具有适宜的交通环境、舒适的旅游环境及浓厚的文化内涵的绿色景观大道。

2.节点设计

（1）主入口节点设计。这一节点位于该段道路的三角形环岛，作为进入平潭的一个门户性标志，在设计上将平潭岛举世无双的"天下奇观"——"半洋石帆"缩影模拟置于环岛之上，配以海浪形的地被，零星地点缀几块礁石，使整个景观更加自然。"半洋石帆"组景由两块一高一低帆形巨石组成，海浪形地被以雀舌黄杨、红叶石楠、黄金榕间隔搭配，突出一定的层次感；通过植物与小品的巧妙结合，创造巨舟扬帆，悠然行驶于烟波浩渺的大海中的景观效果，表现出平潭渔民鼓满风帆、破浪前行的拼搏精神（见图5-4、图5-5）。

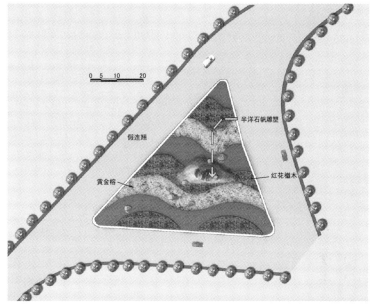

图 5-4　主入口节点平面图

（2）节点二设计。该节点的种植设计主题为"烽火年代"。平潭有着丰富的历史文化背景和深厚的历史文化积淀，这种历史环境赋予平潭丰富的内涵，赋予平潭人民勤劳勇敢的品格，抗倭战争中表现出来的爱国热情一直延续到现在每一个平潭人的内心深处。烽火的年代，上下一心，团结一致，熊熊的爱国热情如同烽火般灿烂至极。

花坛图案色彩热情绚烂，线条飘逸流

图 5-5　主入口节点效果图

畅。烽火采用大红叶草，常为野生，但生命力极强，象征坚强、勇敢、热情的美好品质。烽火的中心为反映历史主题的雕塑，进一步突出那段不平凡的历史。其他花带分别采用了红背桂、黄金榕、希美丽、花叶连翘构成，色彩丰富对比性强，视觉效果好，且易养护，不择土壤，生命力强（见图5-6）。

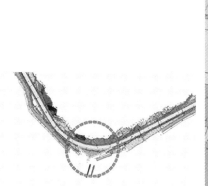

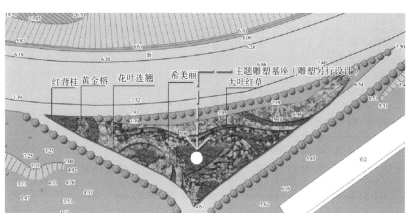

图 5-6　节点二平面图

（3）节点三设计。该地块位于丁字形道路交叉口，以主题雕塑（雕塑设计选择体现平潭旅游资源特点）为设计构图中心，形成强烈的视觉焦点，周围配以黄金榕、红花檵木、红背桂等有色灌木，造型为层叠起伏的海浪，寓意着平潭岛美丽的海岛风光，给行车者以耳目一新的清爽感觉，同时宣扬了平潭岛深厚的旅游资源。造型花坛辐射的具象图案既具有现代感又能体现平潭岛现代性这一新元素（见图5-7）。

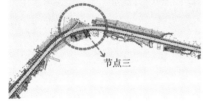

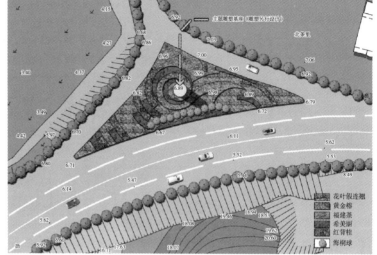

图5-7　节点三平面图

（4）节点四设计。该三角形地块以造型花坛为设计主体，中心以主题标牌（即海坛风景区标志）为中心，周围配以黄金榕、红花檵木、福建茶、花带等植物，构成海章鱼妩媚笑脸的造型，象征海坛风景区笑迎天下客之意（见图5-8）。

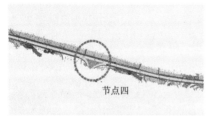

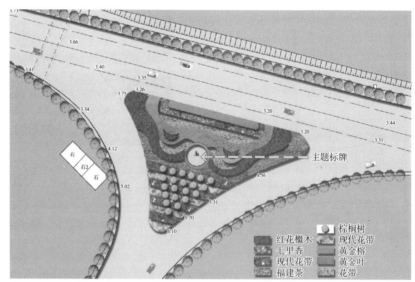

图5-8　节点四平面图

背景树主要采用高大的棕榈，密植的树阵衬托出海坛风景区的标志，同时强化了风景区特色。

（5）海滨公园节点设计。该公园位于海岛风情区，公路拐弯口南侧的长条形地段内，占地约6000m²。原有地势平坦，视野开阔，面朝大海，景观先决条件良好。园内设计主次两个入口，主入口面积较大，是人流车流的集散地，观海的木平台上设置张拉膜，给人们提供观海的好去处。一排色彩各异的风车排列在游步道两侧，既突出强调了平潭是风力资源世界最佳地区，也形成了特色鲜明的景观序列。与风车交互排列的景观廊架以及景墙在组织空间和分隔空间时形成不同的沿海风光。景墙上反应海岛生活的浮雕向四面八方的游客讲述着平潭岛上与众不同的海岛风情（见图5-9～图5-11）。

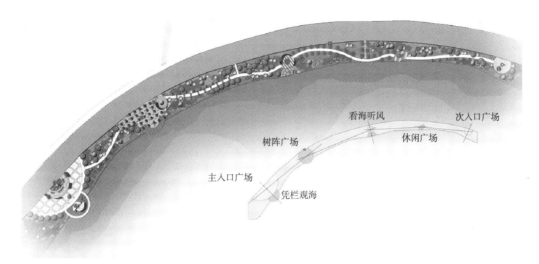

图 5-9 海滨公园平面图

图 5-10 海滨公园鸟瞰图

图 5-11 海滨公园小透视图

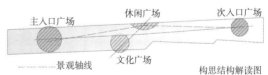

图 5-12 带状公园平面图

（6）带状公园节点设计。带状公园占地面积约 5927m²，布置 4 个小广场为其主要景观节点。

广场的分布形成两条景观轴线，即休闲广场 A——集散广场，休闲广场 B——文化广场。于休闲广场 A、集散广场各布置一雕塑。整个带状公园内共布置了四组浮雕墙，用以宣传平潭的人文历史（见图 5-12 ~ 图 5-14）。

3. 标准路段绿化模式

（1）绿化标准路段 1。该路段的绿化以体现海岛风情为主题，在树种的选择上，以亚热带风光树——棕榈科植物为主，与平潭的大海、沙滩、海礁相融合，具有玉树临风之感，勾勒出一幅"棕风海韵"海岛风情的画面，再搭配以彩色叶或花叶灌木，形成层次分明、错落有致的植物群落，丰富城市道路景观。背景树可选择伊拉克蜜枣、华盛顿棕榈，中景树则种以美丽针葵、棕竹，前景树则选种苏铁、黄金榕球、洒金变叶木、美人蕉、花叶假连翘等。通过合理选择，配置树种，创造出一个色彩丰富、与道路景观相得益彰的植物绿化景观（见图 5-15）。

图 5-13 带状公园鸟瞰图

图 5-14 带状公园透视图

华盛顿棕榈　　美丽针葵　　马尼拉草坪　　黄金榕　　花叶假连翘

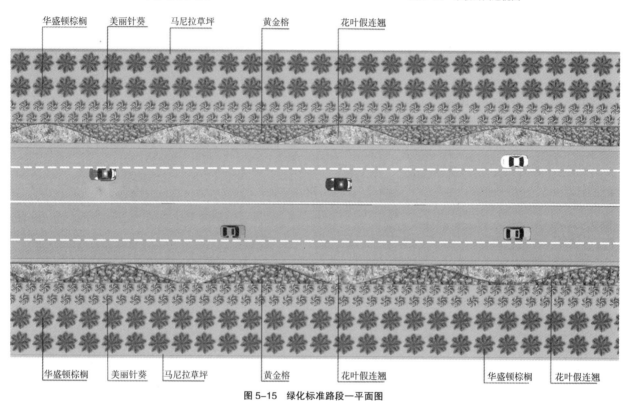

华盛顿棕榈　美丽针葵　马尼拉草坪　　黄金榕　　花叶假连翘　　　华盛顿棕榈　　花叶假连翘

图 5-15 绿化标准路段一平面图

（2）绿化标准路段 2。该路段的绿化主要体现植物的自然景观中所营造出的丰富层次，在植物配置上注重乔、灌、草搭配的层次性。背景树以木麻黄、相思树为主，而中景树以夹竹桃点缀其中，前景树则选用彩色树种，如花叶鹅掌柴、红叶石楠、彩叶扶桑、紫叶酢浆草等，地被在其形式设计上融入"海岛"元素，如通过色彩的搭配，形成海浪状；通过合理搭配，构成"草铺底、乔遮阴、花灌木巧点缀"的立体观赏空间（见图 5-16）。

（3）绿化标准路段 3。该路段的绿化模式以展现植物丰富的色彩变化为主，力求通过植物的合理配置营造出一个色彩丰富、变化有序、搭配协调的植物景观。

以木麻黄、相思树作为背景树，将绿色定为整个景观的主色调，配以红叶乌桕、紫叶李作为中景树，选用黄金榕、花叶艳山姜、红叶美人蕉、银边麦冬、大叶红草、吊竹梅等作为前景树，通过色叶植物的合理搭配，构成绿、红、黄等多层树丛，创造一个林木葱茏、色彩品种丰富的不同色调美的效果（见图 5-17）。

（4）绿化标准路段 4。该路段的植物采用自然式的配置模式，与自然的山海景观相协调，在植物配置上遵循以道路为骨架、以绿地为重点、以海岸线为特色，按照因地制宜的原则，宜花则花、宜林则林，宜草则草，描绘出一幅优美的生态海滨城市画卷（见图 5-18）。

以小叶榄仁、相思树为基调树种，红花紫荆为背景树，以夹竹桃、紫薇、黄花槐为中景树，配以软枝黄蝉及黄金榕球、棕竹、海枣、海桐球、龙船花等，地被则选择美人蕉、红叶石楠、大叶红草、红桑、小蚌兰等，乔、灌、草三者的搭配贴近自然，营造出林木葱茏浓郁、花卉争芳斗艳的自然植物景观。

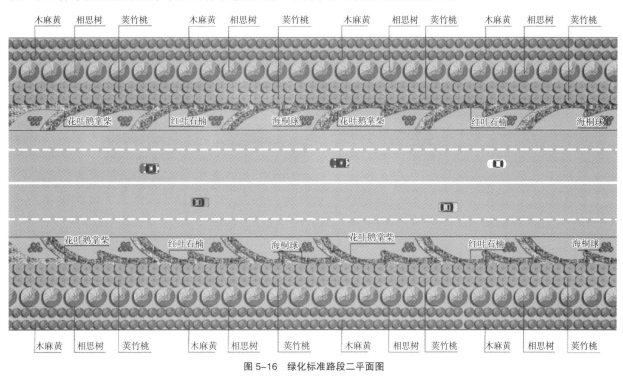

图 5-16　绿化标准路段二平面图

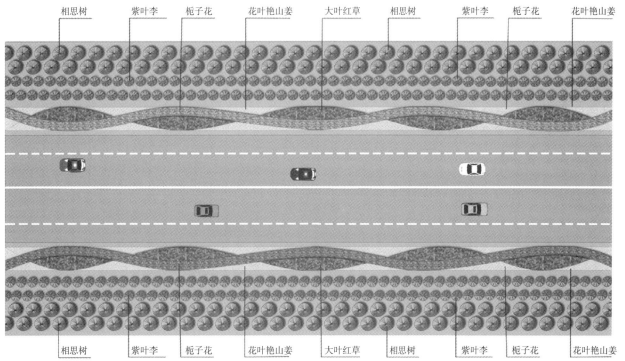

图 5-17　绿化标准路段三平面图

（5）绿化标准路段 5。该路段主要是作为平潭岛的迎宾绿带，在植物配置上主要是强调装饰性，小叶榄仁为背景树，以大花紫薇、红绒球、三角梅球、双荚槐、紫玉兰等为中景树，以黄金榕球、栀子花球、龙船花球等色叶木及花灌木为前景，既体现"迎宾"主题，又形成复层植物景观效果，中间分车带可选用黄金榕、洒金变叶木、花叶假连翘、红花檵木、大叶红草、红叶石楠、驳骨丹等为地被，再配以海枣，来体现海岛风情，形成了"一条彩带贯东西，镶嵌林海层峦中。海滨景区连一体，碧水青山情意浓"的绝妙意境，彰显出平潭岛生机盎然的城市面貌（见图5-19）。

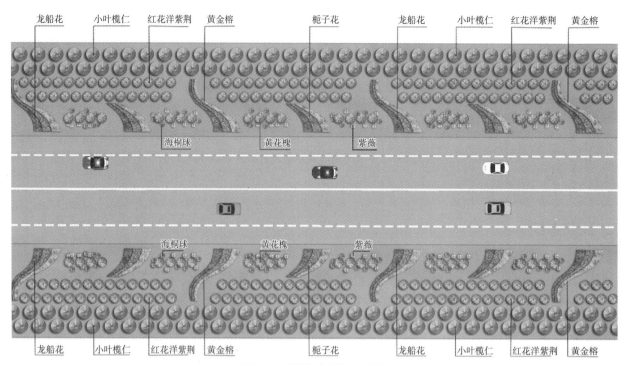

图5-18　绿化标准路段四平面图

精心选择植物，合理搭配创造出四季景色宜人、百态千姿、美不胜收的景观效果，让游人带着意犹未尽的兴致走进美丽的平潭海岛。

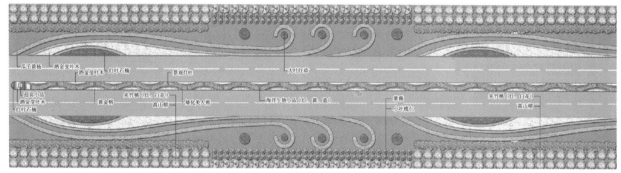

图5-19　绿化标准路段五平面图

5.2　相关知识

5.2.1　城市道路绿化的基本知识

城市道路是一个城市的骨架，交通的动脉，是城市结构布局的决定因素。城市道路绿地是城市园林绿化系统的重要组成部分，它的好坏直接决定城市面貌，是城市物质文明、精神文明建设的重要组成部分。它通过穿针引线，联系城市中分散的"点"和"面"的绿地，织就了一片城市绿网，更是改善城市生态景观环境，实施可持续发展的主要途径。其功能和作用主要体现在卫生防护、组织交通、保护安全、美化市容和经济生产5个方面。

1. 城市道路类型

（1）城市主干道。城市主干道是城市内外交通的主要道路，是城市的大动脉。

1）高速交通干道：是连接城市之间或者是城市各大区之间的远距离高速交通服务方式。行车速度在

80 ～ 120km/h。行车全程均为立体交叉，其他车辆与行人不准使用。

2）快速交通干道：建在特大城市、大城市，与近郊 1 ～ 2 级公路连接，位于城市分区的边缘地带。服务半径一般在 10 ～ 40km 之间，车速在大于 70km/h，全程可为部分交叉。这种类型干道不允许在干道两侧布置大量人流的集散点（见图 5-20）。

图 5-20　郑州西北三环立交环岛效果图

3）普通交通性干道：是大中城市道路的基本骨架。大城市又分为主要交通干道和一般交通干道。干道的交叉口一般在 800 ～ 1200m 位置，车速为 40 ～ 60km/h，一般为平交。

4）区镇干道：大中城市分区或一般城镇的服务性干道。主要满足生产货运和上下班客运交通的需要。其特点为行车速度低，一般在 25 ～ 40km/h，全程基本为平交。区干道位于市中心与居住区之间，可布置成全市性或分区的商业街，断面要求考虑人多、货运、公共交通和自行车停放等要求。

（2）市区支道。市区支道是小区街坊内的道路，直接连接工厂、住宅区、公共建筑。车速一般为 15 ～ 45km/h。断面的变化较多，车道划分不规则。

（3）专用道路。城市规划中考虑有特殊需要的道路。如专供公共汽车行驶的道路；专供自行车行驶的道路和城市绿地系统中步行林荫道等。

2. 城市道路绿地类型

城市道路交通绿地按交通性质可分为：城市内道路绿地和城市对外交通绿地两大类。《城市绿地分类标准》（GJJ/T 85—2002）规定，道路绿地（G46）是道路广场用地内的绿地，它包括道路绿带、交通岛绿地、交通广场和停车场绿地等；对外交通绿地（G45）包括铁路、公路、管道运输、港口和机场等城市对外交通运输及其附属设施用地内的绿地。国家现行标准《城市道路绿化规划与设计规范》（CJJ75）规定："道路绿地"是道路广场用地范围内的绿化用地。道路绿地分为道路绿带、交通岛绿地、广场绿地和停车场绿地等类型（见图 5-21）。

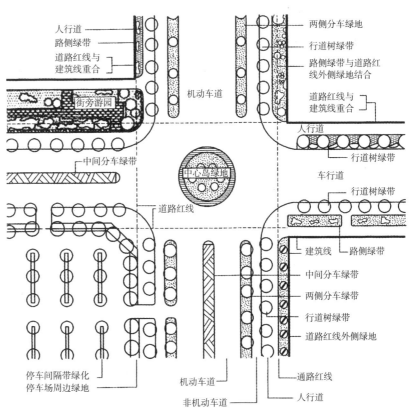

图 5-21　城市道路绿地名称示意图

（1）道路绿带。在城市规划建设图纸上划分出的建筑用地与道路用地的界线，常以红色线条表示，故称红线。红线是街面或建筑范围的法定分界线，是线路划分的重要依据。道路绿带是指道路红线范围内的带状绿地。道路绿带分为行道树绿带、路侧绿带和分车绿带。

1）行道树绿带：行道树绿带是指布设在人行道与车行道之间、以种植行道树为主的绿带。

2）路侧绿带：路侧绿带是指在道路侧方，布设在人行道边缘至道路红线之间的绿带。

3）分车绿带：分车绿带是指车行道之间可以绿化的分隔带。位于上下行机动车道之间的为中间分车绿带；位于机动车道与非机动车道之间或同方向机动车道之间的为两侧分车绿带。

（2）交通岛绿地。为便于管理交通而设于路面上的一种岛状设施，一般用于混凝土或砖式围砌，高出地面10cm 以上。交通岛绿地是指可绿化的交通岛用地。交通岛绿地分为中心岛绿地、导向岛绿地和立体交叉绿岛。

（3）广场、停车场绿地。广场、停车场绿地是指广场、停车场用地范围内的绿化用地。

3. 城市道路绿地的断面布置形式

道路绿化断面布置形式与道路横断面组成密切相关，我国道路断面多采用一块板、两块板、三块板等基本形式，相应的道路绿化断面布置形式就有一板二带式、二板三带式、三板四带式、四板五带式等。

（1）一板二带式。在车行道两侧人行道分隔线上种植行道树的方式，即1条车行道，2条绿带（见图5-22）。这是道路绿化中最常见的一种形式。

优点是简单整齐、用地经济、管理方便。缺点是当车行道过宽时遮阴效果较差，景观单调，不能解决机动车和非机动车混合行驶的矛盾，不利于组织交通。多用于小城市或者车辆少的街道。

图 5-22　一板二带式道路绿地断面图

图 5-23　二板三带式道路绿地断面图

图 5-24　三板四带式道路绿地断面图

（2）二板三带式。二板三带式即分成单向行驶的2条车行道和2条行道树，中间以1条绿带分隔（见图5-23）。其优点是可以减少对向车流之间相互干扰。

和避免夜间行车时对向车流之间头灯的眩目照射而发生车祸，有利于绿化、照明、管线铺设。缺点是仍解决不了机动车辆与非机动车辆混合行驶、互相干扰的矛盾。这种形式多适用于高速公路、入城公路和环城道路等比较宽阔的道路。

（3）三板四带式。三板四带式即利用2条分隔带把车行道分成3块，中间为机动车道，两侧为非机动车道，连同车道两侧的行道树共为4条绿带（见图5-24）。此种形式在宽街道上应用较多，是现代城市较常用的道路绿化形式。其优点是组织交通方便、安全；环境保护效果好，街道形象整齐美观；解决了机动车和非机动车混合行驶互相干扰的矛盾。在非机动车较多的情况下采用这种断面形式比较理想。缺点是用地面积较大。

（4）四板五带式。四板五带式即利用 3 条分隔带将车道分成 4 条，使各种车辆均形成上下行、互不干扰（见图 5-25）。这种形式多在宽阔的街道上应用，是城市中比较完整的道路绿化形式。优点是保证了交通安全和行车速度，绿化效果显著，景观性极强，生态效果明显。缺点是用地面积大，经济性差。有时可采用栏杆代替中间分车绿带以节约用地。

图 5-25　四板五带式道路绿地断面图

5.2.2　城市道路景观规划设计原则和要求

（1）依据道路类型、性质功能与地理、建筑环境进行合理规划布局，形成优美的城市景观。

（2）要符合人们的行为规律和视觉特性，同时充分考虑行人人身安全和驾驶者行车安全。

（3）提供尽可能多的遮阴面积，创造舒适的行走环境。

（4）适地适树，选择适宜的园林植物，以乔木为主，乔灌草相结合，形成丰富多彩、独具特色的园林景观。

5.2.3　城市道路景观设计的内容和规划设计要点

1. 城市道路绿带设计

（1）人行道绿地设计。

1）行道树种植方式。

树带式：在人行道和车行道之间留出一条不加铺装的种植带，为树带式种植形式（图 5-26）。这种种植带宽度一般不小于 1.5m，以 4 ~ 6m 为宜，可植 1 行乔木和绿篱或视不同宽度可多行乔木和绿篱相结合，靠近车行道一侧以防护为主，近人行道一侧以观赏为主。一般在交通、人流不大的情况下采用这种种植方式，有利于树木生长。在种植

图 5-26　树带式种植设计

带树下铺设草皮，以免裸露的土地影响路面的清洁，同时在适当的距离要留出铺装过道，以便人流通行或汽车停站。

树池式：在交通量较大、行人多而人行道比较窄的路段宜采用树池式，形状可方、可圆，边长或直径不得小于 1.5m。行道树宜栽植于几何形的中心，树池的边石有高出人行道 8 ~ 10cm 的，也有和人行道等高的。前者对树木有保护作用，后者行人走路方便，现多采用后者。在主要街道上还覆盖特制混凝土盖板或铁花盖板保护植物，对行人更有利（见图 5-27 ~ 图 5-28）。

2）行道树的株距。行道树的株距确定要根据树种的不同特点、苗木规格、生长速度、交通和市容要求等因素来确定。目的是充分发挥行道树的作用，方便苗木管理，保证植物生长需要的空间。一般采用 5m 为宜。但在南方如用一些高大乔木，也采用 6 ~ 8m 株距。故视具体条件而定，以成年树冠郁闭效果好为准。

3）行道树的定干高度。行道树的定干高度应根据其功能要求、交通状况、道路的性质、宽度及行道树距车行道的距离、树木分枝角度而定。行道树树冠越大，分枝点越低，对改善和保护环境卫生作用就越显著。但最低不能低于 2m，以免影响行人通行。交通干道上的行道树为了行车安全和接送乘客方便，定干高度不宜低于 3.5m。

图 5-27　树池式种植设计 a

图 5-28　树池式种植设计 b

（2）路侧绿带设计。路侧绿带是指车行道边缘至建筑红线之间的绿化地段，是道路绿化的重要组成部分。路侧绿带与沿路的用地性质或建筑物关系密切，路侧绿带设计要兼顾街景与沿街建筑需要，应在整体上保持绿带连续、完整、景观统一。应考虑绿化带对视线的影响，树木的株距应当不小于树冠直径的 2 倍。根据绿带宽度的不同，可以选择不同的绿化方式，如宽度大于 2.5m 以上的可以种植一行乔木一行灌木，宽度大于 6m 的可种植两行乔木或采用大小乔木和灌木配搭的复层方式，宽度大于 10m 的甚至可以多行或者布置成花园林荫路（见图5-29 ～图 5-31）。

沿路植物组团　　人行道　车行道

图 5-29　路侧绿带设计剖面图

图 5-30　大连滨海大道路侧绿带设计

图 5-31　路侧绿带设计效果图

（3）分车绿带设计。分车绿带又称隔离绿带。分车带的宽度依行车道的性质和街道的宽度而定，高速公路分车带的宽度可达 5 ~ 20m，一般公路的分车带宽度为 4 ~ 5m，最低宽度不能小于 1.5m。分车绿带位于道路中间，位置明显而重要，因此在设计时应注意它的技术效果。

分车绿带起到分隔组织交通与保障安全的作用，绿化形式要求简洁、树木整齐一致，其绿化应形成良好的行车视野环境。如分车带上种植乔木，其树干中心至机动车道路缘石外侧距离不宜小于 0.75m。在行车速度较慢的区域可采用乔、灌、草搭配的方式布置分车带，根据植物种植密度高低和通透性不同可分为封闭式和开敞式两种布置方式，不管哪种方式都应当以安全为首要的考虑（见图 5-32）。

2. 交叉口绿地设计

交叉路口指两条或者两条以上道路相交之处，是交通咽喉。交叉口绿地由道路转角处的行道树、交通岛以及一些装饰性的绿地组成。为了保证行车安全，在进入道路的交叉口时，必须在道路转角空出一定的距离，使司机在这段距离内能看到对面开来的车辆，并有充分的刹车和停车的时间而避免撞车。这段从发现对方立即刹车到刚好停车所经过的距离，称为"安全视距"。根据两相交道路的两个最短视距，可在交叉口平面图上绘出一个三角形，称为视距三角形。在此三角形内不能有建筑物、构筑物、树木等遮挡司机视线的地面物。在布置植物时其高度不得超过 0.65 ~ 0.70m，宜选择低矮灌木、丛生花草种植，或者在三角形视距之内不要布置任何植物。视距的大小，随着道路允许的行驶速度、道路坡度、路面质量情况而定，一般采用 30 ~ 50m 的安全视距为宜（见图 5-33）。

图 5-32 分车绿带设计

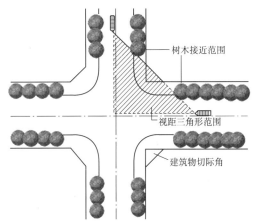

树木接近范围

视距三角形范围

建筑物切际角

图 5-33 视距三角形示意图

交通岛俗称转盘。交通岛主要起组织环形交通的作用，使驶入交叉口的车辆一律绕岛作逆时针单向行驶。设在车辆流量大的主干道或者交通关系复杂的交叉口，一般直径在 40 ~ 60m（见图 5-34）。需要特别注意的是：交通岛一般为封闭式绿化，不能布置成供行人休息用的小游园、广场或吸引人的地面装饰物，而常以嵌花草皮花坛为主或以低矮的常绿灌木组成色块图案或花坛，切忌用常绿小乔木或灌木充塞其中以免影响视线。花坛中心可以布置雕塑或者是姿态优美、观赏价值高的乔、灌木加以强调。但是，在居住区内部由于人流、车流较少，主要以步行为主。这时，交通岛就可以布置成小游园或广场的形式，增加群众的活动场地，以方便居住区的人们休闲活动（见图 5-35）。

3. 停车港、停车场绿地设计

（1）停车港的绿化在城市中沿着路边停车，将会影响交通，可在路边设凹入式的"停车港"，并在周围植树，使汽车在树阴下可以避晒，既解决了停车的要求，又增加了街景的美化效果（见图 5-36）。

（2）停车场的绿化随着人民生活水平的提高和城市发展速度的加快，机动车辆越来越多，对停车场的要求也越来越高。一般在较大的公共建筑物如剧场、体育馆、展览馆、影院、商场、饭店等附近都应设停车场。停车场的绿化可分为 3 种形式，多层的、地下的和地面的。目前我国以地面停车场较多，具体可分为以下 3 种形式。

图 5-34 交通岛绿地　　　　　　　　　　　　　　　　图 5-35 交通岛绿地效果图

1）周边式：较小的停车场适用于周边式，这种形式是四周种植落叶乔木、常绿乔木、花灌木、草地、绿篱或围以栏杆，场内地面全部硬质铺装。近年来，为了改善环境，提高绿化率，停车场纷纷采用草坪砖作铺装材料。

2）树林式：较大的停车场为了给车辆遮阳，可在场地内种植成行、成列的落叶乔木，除乔木外，场内地面全部铺装或采用草坪砖铺装。这种形式有较好的遮阳效果，车辆和人均可停留，创造了停车休息的好环境（见图5-37）。

图 5-36 停车港绿地设计　　　　　　　　　　　　　　图 5-37 树林式停车场绿地设计

3）建筑前的绿化带兼停车场：因靠近建筑物而使用方便，绿化布置较灵活，是目前运用最多的停车场形式。这种形式的绿化布置灵活，多结合基础栽植、前庭绿化和部分行道树设计。设计时绿化既要衬托建筑，又要能对车辆起到一定的遮阳和隐蔽作用，故一般种植乔木和高绿篱或灌木结合。

4. 滨河路绿地设计

滨河路绿地是城市中临河流、湖沼、海岸等水体的道路绿地。由于一面临水，空间开阔，环境优美，再加上进行绿化、美化，是城市居民休息的良好场地。

（1）如果水面不太宽，对面又无风景时，滨河路绿地可以布置得较为简单，除车行道和人行道之外，临水一侧可修筑游步道，最好能尽量接近水边，因为行人是习惯于靠近水边行走。树木种植成行，驳岸地段可设置栏杆，树间设安全座椅，供游人休息（见图5-38）。

（2）若水面宽阔，沿岸风光绮丽，对岸风景点较多，沿水边就应设较宽阔的绿化带，适当设计成小广场或凸出水面的平台，同时布置游步道、草地、花坛、座椅等园林设施，供游人远眺和摄影。在水位较低的地方，可以因地势高低，设计成两层平台，以阶梯相连，驳岸应尽可能砌得低一些，满足游人的亲水需求（见图5-39）。

（3）如果水面非常开阔，适于开展游泳、划船等活动时，可设置成滨江公园，以容纳更多的游人活动。

（4）林荫道的规划形式，取决于自然地形的影响。地势如有起伏，河岸线曲折及结合功能要求，可采取自然式布置；如地势平坦，岸线整齐，与车道平行，则可布置成规则式。

（5）滨河绿地除采用一般街道绿化树种外，在低湿的河岸或一定时期水位可能上涨的水边，应特别注意选择能适应水湿和耐盐碱的树种。

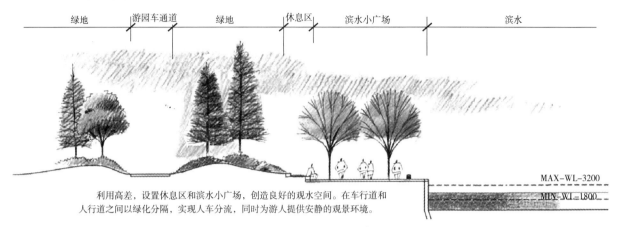

利用高差，设置休息区和滨水小广场，创造良好的观水空间。在车行道和人行道之间以绿化分隔，实现人车分流，同时为游人提供安静的观景环境。

图 5-38　某滨水绿地剖面示意图

图 5-39　滨水绿地的亲水平台效果图

（6）滨河绿地的绿化布置既要保证游人的安静休息和健康安全，靠近车行道一侧的种植应注意能减少噪声，临水一侧不宜过于闭塞。林冠线要富于变化，乔木、灌木、草坪、花卉结合配置，丰富景观。另外，还要兼顾防浪、固堤、护坡等功能。

5. 公路绿地设计

公路是指城市郊区的道路以及城乡之间的交通道路，它是联系城镇乡村及风景区、旅游胜地等的交通网。公路绿化的主要目的在于美化道路，防风、防尘，并满足行人车辆的遮阳要求，再加上其地下管线设施简单，人为影响因素较少。因此在进行绿化设计时往往有其特殊之处，主要应注意以下几个方面：

（1）公路绿化要根据公路等级、路面宽度来决定绿化带的宽度和树木的种植位置。路面宽度大于 9m 的公路，可以在路肩上种树；当路幅在 9m 或 9m 以下时，则不适合在路肩上种树，而要种在边沟以外，距外缘 0.5m 为宜。

（2）公路交叉口应留出足够的视距，在遇到桥梁、涵洞等构筑物时 5m 以内不得种树。

（3）如果公路线很长，应在 2 ～ 3km 处变换树种，以避免绿化单调，增加景色变化保证行车安全，同时也可防止病虫害蔓延。

（4）在公路绿化树种选择上，应适地适树，注意乔灌结合，常绿落叶结合，速生树与慢生树结合，但都应以乡土树种为主。

（5）公路绿化应尽可能结合生产或农田防护林带结合，做到一林多用，节省用地。

5.2.4 城市道路绿化树种选择和植物配置

1.城市道路绿化树种的选择原则

（1）道路绿化应选择适应道路环境条件、生长稳定、观赏价值高和环境效益好的植物种类。

（2）寒冷积雪地区的城市，分车绿带、行车道绿带种植的乔木，应选择落叶树木。

（3）行道树应选择深根性、分枝点高、冠大荫浓、生长健壮、无毒无刺、适应城市道路环境条件，且落果对行人、车行交通不会造成危害的树种。

（4）花灌木应选择枝繁叶茂、花期长、生长健壮、苗木来源容易和便于管理的树种。

（5）地被植物应选择茎叶茂密、生长势强、病虫害少和易于管理的木本或草本观叶、观花植物。其中草坪地被植物上应选择萌蘖力强、覆盖率高、耐修剪和绿色期长的种类。

（6）选择的植物应与空间的氛围、主题协调统一。

（7）尽量选用乡土树种。

2.道路绿化树种选择条件

（1）能适应当地生长环境，移植时容易成活。

（2）管理省工，对土、肥、水要求不高，耐修剪，病虫害少、抗性强的树种。

（3）树干挺直，绿荫效果好。

（4）发芽早，落叶晚而整齐，叶色富于季相变化。

（5）花果无毒，落果少，没有飞絮。

（6）树龄长，材质好。

（7）在沿海受台风影响的城市或一般城市的风口地段最好选用深根性树种。

5.2.5 城市道路绿化规划设计的方法与程序

道路绿化设计的工作内容包括前期策划、中期设计和后期指导等几个阶段的内容。道路绿化设计专业人员应尽可能参与前期城市道路规划设计的策划工作，使绿化与道路从规划开始就彼此紧密联系，整体考虑其交通、景观、生态等方面的功能互补关系。中期设计是道路绿化设计的主体，设计人员应在现状调查与资料收集的基础上进行方案设计和造价概算，并向有关部门汇报，征求意见，根据意见进行修改和完善。方案设计经主管部门和相关专业部门会审同意后，进行施工图设计和造价预算，最后进行图纸文件的汇编、上交。后期指导是为了更好地使设计的理念和效果得到很好的体现，使道路绿化施工以及施工后的养护能达到设计的要求。

道路绿化设计的工作内容和程序包括现状调查、方案设计和施工图设计3个方面。

1.调查研究阶段

包括基础资料的收集与现状踏查。基础资料包括设计任务书，现状地形图，地质、地貌、土壤、水文、气象、文物、古迹、地方民俗、传统文化等调查资料。现状踏查时应认真分析区域位置、地形特点，周边建、构筑物等现状条件。分析的主要范围有：周围的绿化现状（绿化的布局、树种及长势）、土壤的理化性质，空中、地下管线的位置及走向，相应地段建设内容及规模，对规划设计的原则及总体构想等进行仔细分析，为道路绿化设计打下良好的基础。

熟悉《城市绿化管理条例》及城市绿地系统规划的要求，设计要符合国家规范和行业的法令，并与各个城市绿地系统相衔接，设计人员要掌握规范好条例，做到心中有数，并严格执行。

2. 方案设计阶段

该阶段主要包括：设计理念的提出、植物选择、植物配置以及植物栽植技术方法与措施等几个方面：

（1）设计理念。道路绿化设计的理念应根据道路的交通、景观与文化三方面的功能定位关系来确定。在设计时应综合考虑协调这3个方面，确定主要功能，兼顾次要功能，使其绿化最符合该路段的实情和长远发展要求。

当道路属于交通性干道时，绿化首先考虑交通的顺畅和汽车尾气尽快地扩散，因此设计时靠近机动车道宜采用简洁、开敞的设计，植物选择以耐污染为主，靠近非机动车道、人行道及沿街建筑一侧宜采用自然紧密设计，以为行人和商住户隔离汽车尾气，同时为行人庇阴。通过城区重点位置的地段还需考虑城市景观的体现。如江西赣州市的红旗大道（见图5-40、图5-41），就是基于"规划设计要想得长远，不是10年20年，要考虑到50年后，甚至是百年后城市发展步伐"的想法，设计者郑正（现为同济大学建筑与城市规划学院教授）早在1958年就大胆地在白纸上画出了一条宽36m四车道，两边各留15m的绿化带，再往两侧分别设非机动车道、人行道，同时命名为"红旗大道"。它是赣州市老城区最主要的东西向交通干道，20世纪50年代规划建设的道路，绿地率就能达到40%。更为难得的是其绿化一直得以保留下来，半个多世纪以来，一直成为该市的骄傲和标志之一，其道路绿化水平至今仍是国内优秀道路绿化的典范。其优点可以概括为以下4个方面：①留出足够的绿化带宽度，绿地率高；②绿带尽量靠机动车道两侧布置，有利于行人和非机动车的遮阳，同时可隔离机动车道上的汽车尾气对行人的不利影响，做到空气的清污隔离；③植物主要采用樟树、夹竹桃、毛杜鹃等对空气具有杀菌、吸附粉尘作用的物种，可过滤和净化干道上空进入商住空间的空气；④在景观上可使两侧建筑后退，统一街景。

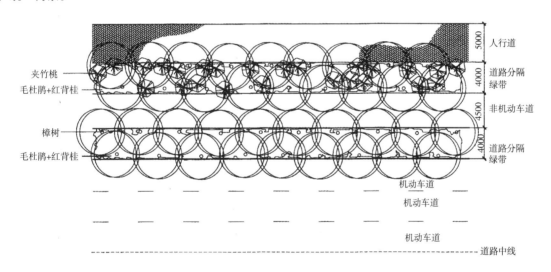

图5-40 赣州红旗大道某标准段绿化平面图（单位：mm）

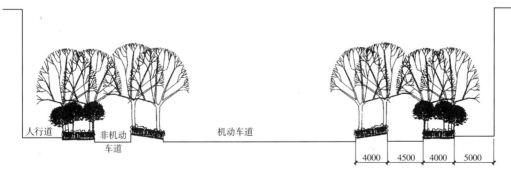

图5-41 赣州红旗大道某标准段绿化断面图（单位：mm）

当道路位于城市重要的政治、文化、历史地段或需表现当地的风俗特色时，道路绿化设计在满足交通功能的基础上，还需要重点考虑其意境和内涵，选择合适的植物，使其特色鲜明。如我国传统上对一些植物拟人化，对其赋予各种品格和特性，如松柏等象征不屈，因此常在纪念性较强的道路绿化上选用。植物自身的外貌特征等也可作为设计时运用的意境表现元素，如广场先烈中路，其路段上的黄花岗七十二烈士陵园，为广州新八景之一"黄花皓月"，故其道路绿化植物选择代表革命先烈具有"英雄树"之称的开红花的木棉和开黄花的大叶相思、黄槐来体现这一内涵。在道路绿化植物选择上，应充分考虑对市树市花的充分运用，市树市花往往是该城市生长表现优秀的地方特色树种，并成为一个城市的象征，反映城市市民的文化传统、审美观和价值观。如北京的国槐、侧柏，广州的木棉，上海的白玉兰，南京的雪松，杭州的香樟，呼和浩特的油松和丁香，海南的椰树等。

（2）植物配置方式的类型。

1）按树种组成成分，植物配置方式可分为纯林式和混交林式。选择单一树种进行成片种植或列植，称为纯林式，其特点是整齐划一、简洁明快，节奏韵律感强，但使用线路过长时容易感觉单调乏味，一般在绿化宽度狭窄、须统一街景、或与规则式的场所相接时采用。因纯林树种结构单一，易受病虫害侵袭，故不宜大面积种植。选择多种植物进行混植，称为混交林式。其特点是生态结构稳定，抵御恶劣环境能力强，不易受病虫害侵袭，常用于较宽的路侧绿带特别是防护林带，但节奏感不强，容易显得杂乱。较好地解决二者各自缺点的办法为将这两种种植方式结合，即以一段混交林式植物配置作为一个单元重复配置，这将是今后植物配置设计的一个趋势。

2）按平面构图形式，植物配置方式可分为图案式、自然式和混合式。图案式主要以平面构成为主，用植物材料组合成具体或抽象的图案，通过不同的图案表达一定的思想和文化内涵。图案种植的视觉效果好，视线吸引力强，使神经兴奋，因此常在分车带、广场、道路交叉口等路况较复杂、需要提振精神的地方使用。在分车带运用时，应避免图案过于繁杂，同时应根据道路的车速情况确定合理的图案和重复间距。另外，图案式种植由于需要定期修剪整形，尤其在南方城市植物生长速度快，其修剪的频度更高，因此绿化养护费用大，从经济成本方面考虑不宜提倡。自然式是模仿自然界中相对稳定的植物群落结构和分布方式，进行高低错落、疏密有致的搭配，形成种类、层次和色彩丰富，并向着顺行方向演替的人工植物群落。其特点是平面上的不规则性和立面上的起伏性，强调的是自然的林缘线和林冠线。按照顺行方向演替规律搭配的植物群落具有较强的环境适应性和生态稳定性，绿量高，生态效果好，且维护成本低，在绿化用地较宽或较大、对视线通透程度要求不高的空间宜采用此种配置方式。混合式是兼具图案式与自然式的一种复合式配置方式。

（3）植物栽植技术方法与措施。道路绿地由于受施工次序、所处位置及城市用地等问题的影响，普遍存在回填土多、上下管线多、用地狭窄和生长环境恶劣等问题。因此，在设计前应对道路绿地的现状进行调查，了解清楚诸如地下水位、疏排水、土层厚度和上下管线设施等现状，充分考虑植物生长发育对环境的要求，确定适宜的栽植技术方法与措施。

确定完上述各部分的内容后，设计人员需进行图纸文件的编制。文件包括设计说明、方案设计平面图、断面图、表达主要技术措施的详图、效果图和造价估算等。图纸应以能清楚表达设计者的创作意念，充分表现设计效果和主要技术措施为准。

3. 施工图设计阶段

施工图设计是在方案设计的基础上，以指导施工为目的的一系列图纸和说明，要求完整、详尽、科学、合理，其文件编制包括以下内容：

（1）区位图。用于说明所设计绿化道路在城市中的位置。

（2）总平面图。用于说明道路绿化的总体布局、定点放线、分段（或分区）关系、总图与下一级图纸（分段平面图）的索引关系、道路绿化总说明、苗木种植技术要求、苗木总表等。

（3）分段平面图。如果设计范围较大或路线较长，无法在一张图纸中表达清楚，往往要把整条道路分段进行图纸表达。分段绿化平面图说明植物的种植位置（包括点状种植的位置点、片状种植的边缘线）、植物种类、规格与种植施工技术要求。另外，图中还要表达清楚该路段在全路段中的位置，对于一些技术要求高，在本图的比例下无法表示清楚的细部，还需绘制主要节点大样图或施工详图，图纸用 1 ∶ 100 ～ 1 ∶ 300 的比例。

（4）标准段平面图、断面图。如果道路的平面布局形式一致，有多段平面、断面一致时，可用标准段的平面图与断面图来表达设计内容，图纸用 1 ∶ 100 ～ 1 ∶ 300 的比例。

（5）种植设计图。表示植物的种类、数量、种植形式、位置、间距等。

（6）放线图。一般情况下，可在种植设计图中表示植物的种植位置，但有时在一张图纸中很难表示清楚植物的种植位置时，可绘制放线图来准确表达植物种植的位置。

（7）竖向设计图。说明设计地形、坡度、排水方向等，可用等高线或断面图来表达。

（8）设计说明。说明项目的基本情况、设计依据、设计构思、施工技术要求以及一些在图纸上未表达清楚的问题。

5.3　项目设计实训

某中小城市迎宾路道路绿化设计。

5.3.1　实训条件

图 5-42 为迎宾路休闲路段示意图，该地形为中国北方某中小城市迎宾路休闲路段 100m 标准段，请根据下图所示，对道路作绿化。

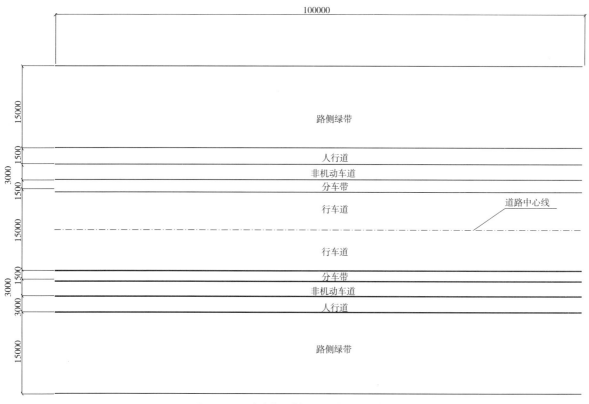

图 5-42　迎宾路休闲路段 100m 标准段示意图

5.3.2　实训内容与要求

（1）画出道路绿化平面图，比例自定。

（2）画出道路绿化道路断面图，比例自定。

（3）标明绿化植物名称。

（4）简要规划设计说明。

课题 6　城市广场规划设计

知识点、能力（技能）点

知识点

（1）城市广场的类型与特点；

（2）城市广场设计原则；

（3）城市广场的空间设计方法。

能力点

（1）能对城市广场绿地规划设计咨询前提条件和现状调查分析。

（2）能对城市广场绿地规划设计确定设计目标、设计主题。

（3）能对城市广场绿地规划设计平面功能合理布局和道路组织系统设计。

（4）能对城市广场绿地规划设计进行功能空间分区和植物绿化设计。

（5）能对城市广场绿地规划设计进行地形设计。

（6）会用手绘技法和 CAD、PS、3DMAX 表现规划设计方案。

6.1　项目案例与分析

人民广场——都江堰广场景观设计案例（由北京土人景观规划设计研究所设计）

6.1.1　项目概况

1. 基地位置

都江堰广场位于四川省成都都江堰市。城市因有 2000 多年历史的大型水利工程都江堰而得名。该堰是我国现存的最古老而且依旧在灌溉田畴的世界级文化遗产。广场所在地位于城市中心，柏条河、走马河、江安河 3 条灌渠传流城区。同时，城市主干道横穿东西，场地被分为 3 块，占地 $11hm^2$。

2. 规划设计思路

都江堰广场这一案例着重强调人在场所中的体验，强调普通人在普通环境中的活动，强调场所的物理特征、人的活动以及含义的三位一体的整体性。力求用现代景观设计语言，体现古老、悠远且独具特色的水文化，以及围绕水的治理和利用而产生的石文化、建筑（包括桥）文化和种植文化。使之成为一个既现代又充满文化内涵的、高品位、高水平的城市中心广场（见图 6-1）。

都江堰广场总平面图为一个展开的竹笼，扇形。视觉焦点是一个源于竹笼原形的雕塑。中部为一条斜向轴线，该轴向北指向岷山豁口中的都江堰，往南连接未来的步行街。

6.1.2　项目规划设计

1. 都江堰广场的功能具体体现在以下三方面

（1）文化功能。作为都江堰市的文化体验空间，它将作为标志性的城市文化景观，集数千年文化于一体，充分体现都江堰市的地方文化和地方精神。作为都江堰工程的一部分，将内江二分为四，使千万亩良田受其滋润。

（2）休闲功能。作为市民的身心再生空间，如果将水、石和植物相交融，广场可成为一处绝佳的生态与休闲环境，可成为市民休憩、交往、公共活动和亲近自然、享受大自然的理想场所。

（3）旅游功能。作为重要的旅游景点，都江堰以其悠远的历史、功垂万世的水利工程吸引了大批的游客，而广场是整体中的局部，它与其他旅游点一起，全面展现了都江堰工程的气势与风采，同时还可让游人领略蜀地的气息，体验当地的市井文化。

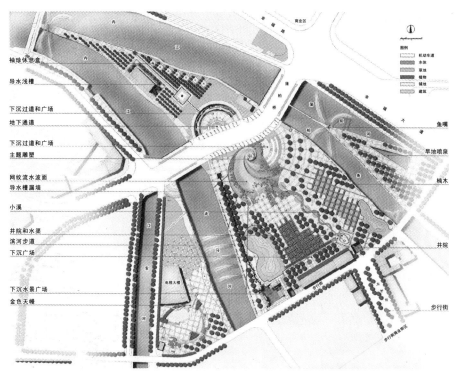

图6-1　都江堰广场总平面图

2. 设计构思：解决问题与营造场所

（1）广场主题构思。天府之源，投玉入波；鱼嘴竹笼，编织稻香荷肥。

在广场之中心地段，设一涡旋形水景，意为"天府之源"。中立石雕编框，内填白色卵石，取古代"投玉入波"以镇水神之意，又为竹笼博波之形，同时喻古蜀之大石崇拜，金生水，土（石）克水，相生相克，体现治水之要旨。石柱上水花飞溅，其下浪泉翻滚，夜晚彩灯之下，浮光掠金。彩灯光束呈枋槎之形，尤为动人（见图6-2）。"投玉入波"主题雕塑源于竹笼原形，高30m，基底为一波状水景，网纹与卵石镂刻相结合，是竹编结构的高度艺术化。

水波顺扇形水道盘旋而下，扇面上折石凸起，似鱼嘴般将水一分为二、二分为四、四分为八……细薄水波纹编织成一个流动的网，波光粼粼，意味深远，令人深思；蜿蜒细水顺扇面而下，直达太平步街，取"遇湾截角，逢正抽心"之意。

广场的铺装和草地之上是3个没有编织完的、平展开来的"竹笼"。竹笼（草带、水带或石带）之中心分别指向"天府之源"。中部"竹笼"为草带方格，罩于平静的水体之上，中心为圆台形白色卵石堆。东部的"竹笼"则以稻秧（后改为花岗石）构成方格，罩于白色卵石之上，中置梯形草堆（后改为卵石堆）。西边的"竹笼"则是红砂岩方格罩于草地之上（见图6-3）。

（2）问题的解决对策。

1）整合场地。针对水渠将广场分割的现状，以向心轴线整合场地。轴线以青石导流，喻灌渠之意，隐枋槎之形。可观、可憩、可滋灌周边草树稻荷。同时在各条水渠之上将水喷射于对岸，夜光中如虹桥渡波。

2）人车分流。干道处为避免人车混杂，以下沉广场和地道疏导人流。广场北侧半圆形水幕垂帘，茶肆隐于其中；南端水流盘旋而下，以扇形水势融于地面并成条石水埠之景。

3）强化鱼嘴。四射的喷泉展现了分水时的气势，突出了鱼嘴处水流的喧哗。水落而成的水幕又使鱼嘴及周围景致若隐若现，独具情趣。灯光之下，如彩虹飘带，挂于灌渠之上。

图6-2 "投玉入波"主题雕塑

图6-3 都江堰广场中心区效果图（Ⅱ区模型）

4）分散人流。广场四处皆提供小憩、游玩之地，市民的活动范围将不会再局限于现有的小游园处。

5）增强亲水性。设计后整个广场处处有水，注重亲水性的处理，重点有以下几方面。

内江处水车提水，引水流于地面，游人触手可及。

广场南部以展开的竹笼之形，阡陌纵横之态，引水以入，市民可在其间游玩。

蒲阳河上暗渠复现，但水薄流缓，人可涉而过之，倒影入水，人水交融。

6）重塑水闸。利用当地的石材——红砂岩，将闸房建筑进行改造。罩以红砂岩框，上悬垂藤植物，周围以白卵石铺装，兼悬水帘，将水闸以一种独具特色的建筑融入广场的环境与氛围。

7）创建生态环境。广场上水流穿插、稻香荷肥、绿草如茵、树影婆娑，一改以往水泥铺地的呆板，营造出一片绿意与生机，成为都江堰市一处难得的生态绿地，市民身心再生的极佳空间。

8）营造生活情趣。广场的设计因袭当地的市民文化和村落街坊共赏院落格局，注重意境的创造，强调精致的细节。茶肆遍布，处处隐于林中；南端小桥流水，别具情趣；阡陌中或石或水，妙趣横生；疏林草地上，座椅遍布，市民或坐或卧，或读或聊；青石渠，红砂路，水、树、人融于一体。

9）交通体系。将城市交通干线移出广场区域，限制穿越广场的车流。未来的停车场最好位于拟建博物馆一带，这样既便于参观博物馆和通达广场，又可减少车流对广场的干扰。

10）周边建筑。要注重风格的统一，并强化地方特色和时代感。拆除杂乱建筑，有重点、有目的地进行建设，同时要强化建筑周围环境绿化的效果。以凤凰宾馆为例，采用具地方特色的红砂岩框将其进行改造处理，古中有新，又很有时代感。

11）河畔处理。广场临水段预留不少于8m的步行道和草地，用作防洪抢险通道。同时建议加强沿河两侧的整体绿化工程，并延伸至下游，重建扇形绿色通道，以充分发挥水的生态作用，将其创建成都江堰市集休闲、娱乐、生态功能为一体的绿色生态走廊。

12）灯光及广告。灯光是为夜晚增添情趣和闪光点的关键。都江堰市气候较好，夜间活动可持续到很晚，因此可将广场设计为不夜之地，除一般照明外，要以艺术照明的手段点缀其间。

广场未来作为都江堰的核心和游客的集中地，在恰当的部位设置广告牌，有助于让游人了解都江堰的发展及工商业状况。部分广告牌可和灯柱结合，多媒体广告牌可设在现电视大楼之东侧的裙房屋顶。

3. 广场的艺术设计

广场的艺术设计来源于对地域自然和历史文化的体验和理解，也来源于对当地生活的体验，综合起来是对地方精神的感悟。李冰治水的悠远故事，竹笼和杩槎的治水技术，红砂岩的导水渠和分水鱼嘴的巧妙，川西建筑的穿斗结构和红木花窗，阳春三月走进川西油菜花地中的那种纯黄色彩和激动心情，还有那井院中的卵石和竹编的篱笆，老乡的竹编背篓，打牌或静坐的老人和青年，围坐在麻将桌边的姑娘，麻辣酸味的鱼腥草……一切都在为这场地的设计提供语言和词汇。

4. 作为一个实践案例，都江堰广场在唤起广场的人性与公民性方面，着重体现在以下几个方面

（1）多元化的空间。都江堰广场虽然也有一个作为中心的主雕塑，高30m，起到挈领被河水和城市干道分割的四个板块的作用，与雕塑成一直线的是一道导水镂墙，构成一条轴线。但这一中心和轴线更多的是起到空间组织联系和视觉参照的作用，并没有损害广场空间的多元化，形象地说，主题雕塑和镂墙在这里是个"协调者"而非"统治者"。

利用场地被河流和城市主干道切割后形成的四个区块，形成四个功能相对有别，但又互为融合交叉的区域，动中有静，静处有动，大小空间相套，既有联系又有区分（见图6-4）。

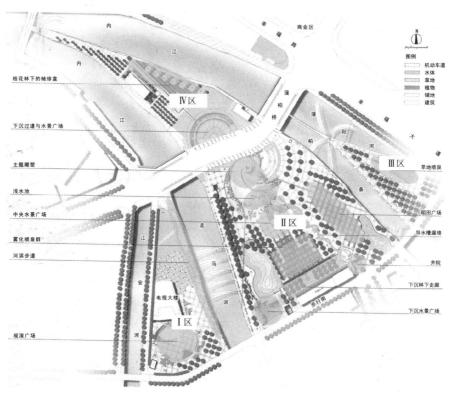

图6-4　都江堰广场分区图

Ⅰ区，以观演广场为主，设有舞台，常为热闹演艺场所和小群人晨练场所；同时又有滨河休闲带供使用者静处、散步或欣赏河流波涛，并有林下休闲区，供来自南部居民区的使用者小聚聊天，遛鸟晨练（见图6-5 ~ 图6-7）。

圆形露开演艺广场由高低锚落的花岗石铺装构成了一个富有情趣的观演场所。

金色开幔（杩槎开幔）由金属片和青铜柱构成。下垂的开幔源于对阳春三月川西油菜花的体验，而斜立的青铜柱则是源于古老的治水技术杩槎的灵感。

Ⅱ区，以水景和平地广场为主，早晨和傍晚常为多数人的群众性体育活动和舞蹈最爱处。平时则是儿童戏水的乐园，这里有雾泉、高塔落水、坡面流水、卵石水池。在南部和西南部设安静的林下休闲广场和下沉式水池空间，一条荫荫长廊将其与热闹的北部分开，大量的树荫、座凳、安静的空间，最受邻里居民的青睐。西侧临河，与对岸Ⅰ区的滨河休闲走廊相呼应，设大量石条凳，以供休憩、观赏河水。

Ⅲ区，以一组可参与的旱地喷泉为主，吸引大量儿童和大人观赏和游玩。南、西两侧为樟木林，为游客提供大量的林下休息空间。西侧滨河带则同样提供石条座凳，近观河水。

Ⅳ区，桂花林下的袖珍空间，5m×5m见方，最宜三五成群的麻将客和耍牌者，而这正是当地民众的喜好。在Ⅱ区和Ⅳ区之间，是一下沉广场，以隧道沟通两区，叠瀑环绕，形成另一种体验空间。

（2）参与交流和聚会的场所。广场的设计从总体到局部都考虑到人的使用需要，考虑到作为人与人交流和聚会的需要：

1）观演式交流：在Ⅰ区观演舞台的设计中，演出者、观众、伴奏和后台排练，都通过景观设计的空间处理手法，形成既有联系，又有分隔的空间（见图6-8）。

图6-5　圆形露天演艺广场

图6-6　金色天幔（杩槎天幔）

图6-7　金色天幔夜景

图6-8　竹林分隔的后台排演场地

2）集体自由交流：Ⅱ区则为不同时段和不同人群提供了更为灵活多样的交流与聚会机会。漏墙、水景、楠木林和草地，定义了多种富有情趣的空间。早晨是集体太极拳、舞剑和各种不知名的群众性集体活动的场所；傍晚，则可以看到在音乐的伴奏下，交谊舞爱好者的翩翩起舞和成群的围观者。这种集体自由式参与和交流还以水为媒进行，它发生在Ⅱ区的雾泉、浅水池和Ⅲ区的旱地喷泉中。

3）小群体交流：Ⅱ区南侧的樟树林下，Ⅳ区的桂花林"盒子"空间，最适于三五成群的牌友和聊天休闲者的驻留。

（3）人性化设计。都江堰广场从多个方面实现人性的设计，包括以下几点。

1）提供阴凉：结合地面铺装和座凳，在四个区内都设计了树阵，在瞬时人流量较大的Ⅰ、Ⅱ、Ⅲ区用分枝点较高的楠木和樟树，而在小群体交流为特征的Ⅳ区，则种以分枝点较低的桂花林。

2）座凳与台阶：广场上在合适的地方，包括广场和草地边沿、水际、林下设置大量的条石座凳，让以休闲著称的当地人有足够的休憩机会。台阶和种植池也是最好的座凳。

3）提供"瞭望"与"庇护"的机会：看和被看是广场上最生动的游戏，在林荫中和隐蔽处，在广场和草地边缘，是最佳的"窥视"场所，因而是设置桌椅，供休憩的合适场所。而在明处或广场中央则设计活跃的景观元素，如喷泉和水体，吸引人的参与，使其无意间成为被看的对象和"演员"。

4）避免光滑的地面：所有铺装地面都用火烧板或凿毛石材。

5）普适性设计：广场的设计考虑各种人的使用方便，包括年轻人、儿童、老人、残疾人。

6）尺度转换：一个11hm² 的广场尺度是超人的，如何通过空间尺度的转换使之亲人宜人，是本设计所面临的一大挑战。本项目主要从4个方面实现空间的尺度转换。

a. 通过30m 高的主题雕塑，使一个水平二维广场转化为三维视觉感知和体验空间。

b. 通过斜贯中心的长100多 m、高2～8m 的导水漏墙和灯柱、廊架以及乔木树阵，进一步分割空间，形成分而不隔的流动性空间体验。

c. 通过下沉广场，形成尺度适宜的围合空间。分别在Ⅰ区、Ⅱ区和Ⅱ区与Ⅲ区之间的地下通道处设计了4个下沉式小广场。

d. 用高达3m 左右的灯柱、雕塑（如"金色天幔"）和小型乔木（如桂花林和竹子），使广场空间和人体之间的关系进一步拉近。

沿轴线方向为三个灯柱，与主题雕塑同样由花岗石镂刻而成，内有光源（见图6-9）。

（4）可亲可玩的水景设计。玩水使人性中最根深蒂固的一种。水景的丰富多样性和可戏性是该广场设计的一个主要特色。设计之初的一个重要设想是提河渠之水入广场，从30m 的"竹笼"雕塑跌落，经过有微小"鱼嘴"构成的坡面，旋转流下，水流经过时编织出一张网纹水膜，滚落浅水池中。从水池溢出的水又进入蜿蜒于广场上的溪流，一直流到广场的最南端，潜入井院之中。坡面上、浅池中、溪流中和井院内，都有少年儿童尽情嬉戏其中（见图6-10～图6-16）。

图6-9 主题雕塑

图6-10 网纹水面

图6-11 中心轴线

在主题雕塑下为多条水道呈水涡状，基地微起众多鱼嘴，水流经过，泛起无数网纹，编制出一个极富动感的水纹"竹笼"。细微处暗示一个久远而亲切的故事。

Ⅱ区的雾泉、Ⅲ区的旱地音乐喷泉和Ⅳ区的跌瀑，都试图实现人与水的亲切交融，充分体现都江堰的水特色。

跨越Ⅱ区的导水槽使本来的水利工程设施成为一种独特的景观元素，一道银色的水流似乎从天而降，跌落到南端的井院之中，成为儿童戏耍的又一天堂。

由主雕塑、漏墙、3个灯柱和一条蜿蜒盘曲的溪流构成。漏墙实为一条导水槽，起分割广场空间的作用。

此外，横穿广场Ⅱ、Ⅲ区的浅水道，再次把水的亲切与缠绵带给每一个流连于广场的人。

广场上的漏墙起到分隔空间河的作用，使开敞的广场变得更加丰富。将中湍急之水提上广场，以供人们嬉戏。

图6-12 亲水性和玩水性设计（a）

图6-13 亲水性和玩水性设计（b）

图6-14 亲水体验（a）

图6-15 亲水体验（b）

为了能更深入地分析，可以把土人景观这一设计概括为五个区域。

（1）序曲/阡陌。作为从市内进入广场的南门户和主要入口之一，"序曲"或称为进入广场的南入口部分，为这个新广场中随后经历的一系列步行空间和场景的展开设定了一个舞台。在这个令人激动不已的作品中，这个序曲空间尺度不算大，但它却起到了作为水景区的起点和指向作用。

（2）楠木园。这个地块的特性会使人想到它所在地域的农业传统。在楠木园中有一系列丰富多样的观看河水的角度。沿着楠木园的一侧放眼望去，视觉焦点处的雕塑凸显于场地的中心。楠木园的"边界"是由导水渡槽的石质漏墙定义的，漏墙从南边的地平斜向向北延伸，终结于30m高的石制水塔。漏墙是步行者在不同地块间穿行的"屏风"，也是不同空间之间的过渡。

（3）水景区。都江堰广场的高潮景观是坐落在中央位置的水塔。它是一座30m高的规则式雕塑，镂刻的斜向网格肌理，象征都江堰水利工程中用来装卵石的竹笼，或许可以说，它好像在回应着从都江古堰传来的水声。

作为Ⅱ区广场西侧溪流的汇集，提供一个安静而富有情趣的休息空间。

（4）盒子。广场东北部桂花林和林下的多个围合空间是整个广场的另一个兴趣点，它为人们观赏水景、集会活动或即兴表演提供了场所。那些方形的围合空间，为三五成群的人们耍牌和游戏，甚至野餐提供了理想之地。向前走是用树丛和巨石构成的小型私密空间，这似乎为人们追忆那个古老的水利灌溉工程提供了一个场所。大树提供了充足的阴凉，让人体验到在大自然中所能够得到的享受。

在广场北端有一系列5m左右见方的、由石座凳围成的空间，它们正是一家人休闲或打牌的适宜场所（见图6-17）。

图6-16　下沉式水景广场

图6-17　盒子作为人的空间

（5）绿与蓝的对比区。位于广场西南部，"绿与蓝的对比"区域实际上是个隐喻，比喻的是农业和都市生活之间的对比。大面积的绿地与附近水流的对比，当它被视作农业的象征符号时，它和附近包括露天舞台、金色天幔和更多城市化硬质景观形成强烈对比。

都江堰广场的设计被地域场所的文化气息和乡土气息所强化。贯穿整个场地的水的设计，是该作品中最突出的元素，也是广场最与众不同之处。该作品与邻近河渠中奔腾的水流、浪涛声和各种设计元素有机地融为一体。雾喷泉、主雕塑、小溪、下沉式水广场等水元素的引入，构成一部交响乐，讴歌着都江古堰的水利盛事。这个新景观为城市的建筑物和都市风貌提供了一个独特的景观背景，并大大增强了城市本身的特色。

6.2　相关知识

6.2.1　城市广场的概念

城市广场是城市道路交通系统中具有多种功能的空间。现代城市广场是现代城市开放空间体系中最具公共性、最具艺术性、最具活力、最能体现都市文化和文明的开放空间。它是人们政治、文化活动的中心，也是公共建筑最为集中的地方。城市广场担负着满足政治、文化、商业、休憩等多种功能，从某种意义上说，体现了一个城市的风貌和灵魂，展示了现代城市的生活模式和社会文化内涵。

现代城市广场的定义是随着人们需求和文明程度的发展而变化的。今天我们面对的现代城市广场应这样理解：城市广场一般是指由建筑物、街道和绿地等围合或限定形成的永久性城市公共活动空间，是城市空间环境中最具公共性、最富有艺术魅力、最能反映城市文化特征的开放空间，有着城市"起居室"和"客厅"的美誉。

6.2.2　城市广场的常见类型及特征

1. 现代城市广场的类型

根据广场的功能性质可将广场分为：市政广场、纪念广场、交通广场、休闲广场和商业广场等。

（1）市政广场。用于政治、文化集会、庆典、检阅、礼仪、传统民间节日活动的广场。它往往布置在城市主轴线上，成为一个城市的象征。广场是室外的集会空间，其建筑和景观一般对称布局。

市政广场一般面积较大，为了让大量的人群在广场上有自由活动、节日庆典的空间，一般多用硬质材料铺装为主，如北京天安门广场、上海市人民广场、莫斯科红场、呼和浩特市新城区政府前广场等。市政广场应具有良好的可达性和流通性。同时，其布局形式一般较为规则，广场中不宜安排过多的娱乐性建筑和设施，以烘托广场庄严肃穆的气氛（见图6-18、图6-19）。

图6-18 上海人民广场

图6-19 呼和浩特市新城区政府广场

（2）纪念广场。纪念广场题材十分广泛，可以是纪念人物，也可以是纪念事件。通常广场中心或轴线以纪念雕塑（或雕像）、纪念碑（或柱）纪念建筑或其他形式纪念物为标志，主体标志物应位于整个广场构图的中心位置。纪念广场因为通常要容纳众人举行缅怀纪念活动，所以应考虑广场中具有相对完整的硬质铺装地，而且与主要纪念标志物（或纪念对象）保持良好的视线或轴线关系。例如：梵蒂冈广场、哈尔滨防汛纪念广场、呼和浩特新城区的成吉思汗广场、上海鲁迅墓广场等。

纪念广场的选址应远离商业区、娱乐区等，严禁交通车辆在广场内穿越，以免对广场造成干扰，并注意突出严肃深刻的文化内涵和纪念主题。纪念广场一般宜采用规则形，应有足够的面积和合理的交通，与城市主干道相连，保证广场上的车流畅通无阻，使行人与车互不干扰，确保行人的安全。广场在设计手法、表现形式、材质等方面，应与主题相协调统一，形成庄严、雄伟、肃穆的环境（见图6-20～图6-22）。

图6-20 纪念性广场——梵蒂冈广场

图6-21 呼和浩特市成吉思汗广场（a）

（3）交通广场。交通广场是城市交通系统的重要组成部分，是连接交通的枢纽，其目的是有效地组织城市交通，包括人流、车流等。设计交通广场时既要考虑美观又要考虑实用，使其能够高效、快速地分散车流、人流，保证广场上的车辆和行人互不干扰，顺利、安全地通行。广场尺寸的大小取决于交通流动量的大小、交通组织方式和车辆行驶规律等。通常分两类：一类是城市内外交通会合处，主要起交通转换作用，如火车站、长途汽车站前广场（即站前交通广场）；另一类是城市干道交叉口处交通广场（即环岛交通广场）。

站前交通广场是城市对外交通或者是城市区域间的交通转换地，设计时广场的规模与转换交通量有关，包括机动车、非机动车、人流量等，广场要有足够的行车面积、停车面积和行人场地。对外交通的站前交通广场往往是一个城市的入口，其位置一般比较重要，很可能是一个城市或城市区域的轴线端点。广场的空间形态应尽量与周围环境相协调，体现城市风貌，使过往游客和行人使用舒适，印象深刻（见图6-23～图6-24）。

图6-22 呼和浩特市成吉思汗广场（b）

图6-23 上海站前广场（a）

环岛交通广场地处道路交汇处，尤其是四条以上的道路交汇处，以圆形居多，三条道路交汇处常常呈三角形。环岛交通广场的位置重要，通常处于城市的轴线上，是城市景观、城市风貌的重要组成部分，形成城市道路的对景。一般以绿化为主，应有利于交通组织和司乘人员的动态观赏，同时广场上往往还设有城市标志性建筑或小品（喷泉、雕塑等），西安市的钟楼、法国巴黎的凯旋门都是环岛交通广场上的重要标志性建筑。

（4）休闲广场。在现代社会中，休闲广场已成为广大市民最喜爱的重要户外活动空间。它是供市民休息、娱乐、游玩、交流等活动的重要场所，其位置常常选择在人口较密集的地方，以方便市民使用为目的，如街道旁、市中心区、商业区甚至居住区内。休闲广场的布局往往灵活多变，空间多样自由，但一般与环境结合很紧密。

休闲广场以让人轻松愉快为目的，因此广场尺度、空间形态、环境小品、绿化、休闲设施等都应符合人的行为规律和人体尺度要求。其设计遵循"以人为本"的原则，体现人性化，以舒适方便为目的，让人乐在其中。利用地面高差、绿化、雕塑小品进行空间限定分割，达到空间的层次感，以满足不同文化、不同层次、不同习惯、不同年龄的人们对休闲空间的要求。如北京西单文化广场、大连星海文化休闲广场（见图6-25～图6-26）。

图6-24 上海站前广场（b）

图6-25 北京西单文化休闲广场

（5）商业广场。商业广场是指位于商店、酒店等商业贸易性建筑前的广场，是供人们购物、娱乐、餐饮、商品交易活动使用的广场，它是城市广场最古老的类型。商业广场的形态空间和规划布局没有固定的模式，但是商业广场必须与其环境相融、功能相符、交通组织合理，同时应充分考虑人们购物休闲的需要。当代商业广场通常与商业步行系统相融合，有时是商业中心的核心，如上海南京路步行街、杭州荷坊街中的广场就属于这一类（见图6-27）。

2. 现代城市广场的基本特点

现代城市广场不仅丰富了市民的社会文化生活，改善了城市环境，带来了多种效益，同时也折射出当代特有的城市广场文化现象，成为城市精神文明的窗口，主要体现在以下4个方面。

图6-26　大连星海广场　　　　　　　　　　　　　　　图6-27　杭州荷坊街边广场

（1）性质上的公共性。现代城市广场作为现代城市市民户外活动的一个重要组成部分，具有公共性。随着工作、生活节奏的加快，传统封闭的文化习俗逐渐被开放的现代文明所替代，人们越来越喜欢丰富多彩的户外活动。漫步在广场上，不论年龄、身份、性别有何差异，人人都具有平等的游憩和交往氛围。

（2）功能上的综合性。现代城市广场应满足的是现代人户外多种活动的功能要求，满足不同年龄、不同性别的各种人群多种功能需要，它是广场产生活力的最原始动力，也是广场在城市公共空间中最具魅力的原因所在。

（3）空间场所的多样性。现代城市广场功能上的综合性决定了其内部空间场所必然具有多样性特点，以达到实现不同功能的目的。不同的人群在广场所需要的空间不一样，如歌舞表演者需要有相对完整的空间，给表演者的舞台或下沉或升高；情人约会需要有相对郁闭私密的空间；儿童游戏需要有相对开敞独立的空间等，综合性功能如果没有多样性的空间创造与之相匹配，是无法实现的。

（4）文化休闲性。现代城市广场作为城市的"客厅"或是城市的"起居室"，是反映现代城市居民生活方式的"窗口"，注重舒适、追求放松是人们对现代城市的普遍要求，从而表现出休闲性特点。广场上精美的铺地、舒适的座椅、精巧的建筑小品加上丰富的绿化，让人徜徉其间流连忘返，忘却了工作和生活的烦恼，尽情地欣赏美景、享受生活。

现代城市广场是现代人开放型文化意识的展示场所，是自我价值实现的舞台。特别是文化广场，表演活动除了有组织的演出活动外，更多是自发的、自娱自乐的行为，如活跃在城市广场上的"老年人合唱团"、"曲艺表演组"、"秧歌队"等，它体现了广场文化的开放性。

现代城市广场的文化性特点，主要表现在两个方面：一是现代城市广场对城市已有的历史、文化进行反映；二是现代城市广场也对现代人的文化观念进行创新。即现代城市广场既是当地自然和人文背景下的创作作品，又是创造新文化、新观念的手段和场所，是一个以文化造广场、又以广场造文化的双向互动过程。

6.2.3　城市广场规划设计的原则

1. 人性化原则

人性化设计是当代城市广场和城市街道的基本价值取向，是环境行为和环境心理在城市公共空间设计中的具体表现。现代城市广场是人们进行交往、观赏、娱乐、休憩等活动的重要城市公共空间，其规划设计的目的就是使人们更方便、舒适地进行多样化活动。因此，其规划设计要贯彻以人为本的原则，要注重人在广场上活动的环境心理和行为特征，创造出不同性质、功能、规模、各具特色的广场空间，以适应不同年龄、阶层、职业的人的多样化需要。

2. 功能性原则

城市广场是为人的使用而建的，人是其中的主体。人的活动决定了城市广场的功能配置。作为城市意象"锚固点"的广场，从它们的历史演变中可以发现，曾经发生过的活动形式主要有：交通活动（通过、穿越和集结）、贸易活动（商品买卖）、政治性活动（集会、游行以及政治理念的表达）军事活动（和平时期的阅兵以及战时士兵的汇集和操练）、日常休闲（餐饮、游戏、体育文化活动）等，这一切活动都具有鲜明的社会性和公共性，这些活动因广场和街道的规模、地位、影响力的不同而有所差异，但总体上包括了城市市民活动的各个方面。如北京天安门广场是一个非常值得关注的实例。1949年中国人彻底结束战争走向和平建设时，天安门这个世界上最大的广场破土而建。它的格局沿袭了西方古典主义时期城市广场的特征，也遵循了中国城市空间的传统理念：居中、对称和超尺度，意在表达一代中国人民对改朝换代的喜悦和对美好未来的向往，同时也在客观上宣扬了新的权威。天安门广场从一建成便成了中国人民表达政治观念的政治舞台，阅兵、观礼、庆典、民众活动、外交仪式等所有重要的国家仪式都在这里上演，成了中国现代社会政治生活的大窗口（见图6-28）。

如今，休闲成了广大市民追求的目标，休闲时间的多少成了衡量生活品质的重要砝码。这种城市生活的演变从两个方面直接影响，甚至决定了城市公共空间的造型。传统的城市广场改变性质，变换新的面目，以适应现代生活的需求；各具特色的新的城市休闲广场、步行街道大规模出现（见图6-29）。在西方城市里，20世纪60年代以来新设立的城市广场几乎无一例外地充满了休闲色彩，相对历史广场，它们的休闲特色更加彻底、更加鲜明，因为它们不受传统权利的束缚，也不受现状的限制，可以无拘无束地反映生活需求。

图6-28　北京天安门广场　　　　　　　　　　　　　　图6-29　某休闲广场

3. 个性特色原则

广场与街道是城市形象的代表，承担着建立城市"意象"的重要作用，具有强烈的社会意识属性，个性特色是指广场在布局形态与空间环境方面所具有的与其他广场不同的内在本质和外部特征。个性特色的创造要求对城市广场和街道的功能、地形、区位与周围环境的关系以及在城市空间环境体系中的地位做全面分析，在符合功能特点、满足功能需要、协调环境文脉、创造自然生态等方面反复推敲、不断升华，使城市广场具有地方特色和时代特色，又与市民生活紧密结合、有机交融。有个性特色的城市广场，其空间构成有赖于它的整体布局和六个要素，即建筑、空间、道路、绿地、地形与小品细部的塑造，同时应特别注意与城市和园林整体环境风格的协调（见图6-30、图6-31）。

4. 生态和可持续发展原则

体现生态和可持续发展原则，就是要遵循生态规律，包括生态进化规律、生态平衡规律、生态优化规律和生态经济规律，体现"实事求是，因地制宜，合理布局，扬长避短"。现代城市广场的设计应从城市生态环境的整体环境出发，一方面要通过融合、嵌入、缩微、美化和象征等手段，在点、线、面不同层次的空间领域中，引入自然，再现自然，并与当地特定的生态条件和景观特点相适应，使人们在有限的空间中，领略和体会到无限自然带来的自由、清新和愉悦。另一方面要特别强调生态小环境的合理性，既要有充足的阳光，又要有足够的绿化，冬暖夏凉，趋利避害，为居民的各种活动创造宜人的空间环境。

图 6-30　某中国结式广场

图 6-31　呼和浩特市东河广场

6.2.4　现代城市广场客体要素设计

城市广场是为满足多种城市社会生活需要而建设的，是以建筑、水体、植物、道路等组合而成的一个具有多景观、多效益的室外公共活动场所，它集中表现了城市的面貌和城市居民的精神生活，因此，现代城市广场设计的一个重点就是它的客体要素设计。

1. 绿化

绿色空间是城市生态环境的基本空间之一，它使人们能够重新认识大自然，拥抱大自然，以补偿工业化时代和高密度开发对环境的破坏。绿化具有自然生长的形态和色彩，经过人工修整的树形更具有人文色彩，无论从生态角度、经济价值、艺术效果和功能涵义等方面，都应列入广场空间环境要素的首位。因此，任何一个广场的设计都应当有一定的绿色空间，而且应尽可能使绿色面积多一些，应充分发挥绿色使城市空间柔化剂的作用，使植物成为城市广场建设的主力军。

在广场绿化的设计手法上，一方面，在广场与道路的相邻处，可利用乔木、灌木或花坛起分隔作用，减少噪声、交通对人们的干扰，保持空间的完整性；还可利用绿化对广场空间进行划分，形成不同功能的活动空间，满足人们的需要；同时，由于我国地域辽阔，气候差异大，不同的气候特点对人们的日常生活产生很大影响，造就了特定的城市环境形象和品质。因此，广场中的绿化布置应因地制宜，根据各地的气候、土壤等不同情况采用不同的设计手法。例如，在天气炎热、太阳照射强的南方，广场应多种能够遮阳的乔木，辅以其他的观赏树种；北方则可用大片草坪来铺装，适当点缀其他绿化。另一方面，还可利用高低不同、形状各异的绿化构成多种多样的景观，使广场环境的空间层次更为丰富，个性得到应有的展示。不仅如此，还可以用绿化本身的内涵，既起陪衬、烘托主题的作用，又可成为主体控制整个空间（见图 6-32、图 6-33）。

图 6-32　绿色植物作背景

图 6-33　灌木作图案式绿篱模纹

2. 色彩

色彩是表现城市广场空间的性格和环境气氛，创造良好的空间效果的重要手段之一。一个有良好色彩处理的广场，将给人带来无限的欢快与愉悦。如商业性广场及休息性广场可选用较为温暖而热烈的色调，使广场产生活跃与热闹的气氛，加强广场的商业性和生活性；而纪念性广场则不宜有过分强烈的色彩，否则会冲淡广场的严肃气氛。

在广场色彩设计中如何协调、搭配众多的色彩元素，以免造成广场的色彩混乱而失去广场的艺术性是很重要的。如在白色基调的广场中配置一个红色构筑物或雕像，会在深沉的广场中透出活跃的气氛；在白色基调的广场中配置一片绿色的草地，将会使广场典雅而富有生气。每一个广场本身色彩不能过于繁杂，应有一个统一的主色调，并配以适当的其他色彩点缀即可，使广场色调在统一的基调中处于协调，形成特色，切忌广场色彩众多而无主题。

3. 水体

水体在广场空间中是游人观赏的重点，它的静止、流动、喷涌、跌落都成为引人注目的景观。因此，水体常常在闲静的广场上创造出跳动、欢乐的景象，成为生命的欢乐之源。那么在广场空间中水是如何处理的呢？水体可以是静止或滚动的：静止的水面，物体产生倒影，可使空间显得格外深远，特别是夜间照明的倒影，在效果上使空间倍加开阔；动的水体有流水及喷水，流水可在视觉上保持空间的联系，同时又能划定空间与空间的界限，喷水丰富了广场空间的层次，活跃了广场的气氛。

水体在广场空间的设计中有以下三种。

（1）作为广场主题，水体占广场的相当部分，其他的一切设施均围绕水体展开。

（2）局部主题，水景只成为广场局部空间领域内的主体，成为该局部空间的主题。

（3）辅助、点缀作用，通过水体来引导或传达某种信息。

设计水体时应先根据实际情况，确定水体在整个广场空间环境中的作用和地位后再进行设计，这样才能达到预期效果（见图6-34～图6-37）。

图6-34 游人开心地从喷泉间穿越

图6-35 跌水台阶

图6-36 规则式跌水作主景

图6-37 自然式水池

4. 地面铺装

对地面铺装的图案处理可分为以下几种（如图 6-38 ~ 图 6-45）。

（1）规范图案重复使用。采用某一标准图案，重复使用，这种方法有时可取得一定的艺术效果，其中方格网式的图案是使用最简单的一种图案，这种铺装设计虽然施工方便、造价较低，但在面积较大的广场中亦会产生单调感。这时可适当插入其他图案，或用小的重复图案再组织起较大的图案，使铺装图案较丰富些。

图 6-38　规范图案的重复使用

图 6-39　各色卵石拼成的特定图案

图 6-40　广场砖铺地造型

图 6-41　广场砖花岗岩铺地造型

图 6-42　板岩铺地造型（a）

图 6-43　板岩铺地造型（b）

（2）整体图案设计。指把整个广场作一个整体来进行整体性图案设计。把广场铺装设计成一个大的整体图案，将取得较佳的艺术效果，并易于统一广场的各要素和广场空间感。

（3）广场边缘的铺装处理。广场空间与其他空间的边界处理是很重要的。在设计中，广场与其他地界，如人行道的交界处应有较明显的区分，这样可使广场空间更为完整，人们亦对广场图案产生认同感；反之，如果广场边缘不清，尤其是广场与道路相邻时，将会给人产生到底是道路还是广场的混乱与模糊感。

103

图 6-44　整体图案设计（a）　　　　　　　　图 6-45　整体图案设计（b）

（4）广场铺装图案的多样化。单调的图案难以吸引人们的注意力，过于复杂的图案则会使人们的视觉系统负荷过重而停止对其进行观赏。因而广场铺装图案应多样化，给人们以更多的美感，同时，追求过多的图案变化也是不可取的，会使人眼花缭乱而产生视觉疲劳，从而降低了观赏的注意力与兴趣。

5. 建筑小品

建筑小品设计首先应与整体空间环境相协调，在选题、造型、位置、尺度、色彩上均要纳入广场环境的综合考虑因素中加以权衡，既要以广场为依托，又要有鲜明的形象，能从背景中突出；其次，小品应体现生活性、趣味性、观赏性，不必追求庄重、严谨、对称的格调，可以寓乐于形，使人感到轻松、自然、愉快；再次，小品设计宜求精，不宜求多，体量要适度。

在广场空间环境众多建筑小品中，街灯和雕塑所占的分量越来越重。街灯的存在不仅给市民在夜间活动提供方便，而且是形成广场夜景甚至城市夜景的重要因素。因此，广场环境中，必须设置街灯，或有此类功能的设施。在设计上要注意白天和夜晚，街灯的景观不同，在夜间必须考虑街灯发光部的形态以及多数街灯发光部形成的连续性景观，在白天则必须考虑发光部的支座部分形态与周围景观的协调对比关系。

随着时代的进步和社会文明的发展，现代雕塑向着大众化、生活化、人性化、多功能和多样化的方向发展，赋予了广场空间精神内涵和艺术魅力，已成为广场空间环境的重要组成内容之一。广场中的雕塑设计应注意以下几点：

（1）雕塑是供人们进行多方位视觉观赏的空间造型艺术。雕塑的形象是否能直接地从背景中显露出来，进入人们的眼帘，将影响到人们的观赏效果。如果背景混杂或受到遮蔽，雕塑便失去了识别性和象征性的特点（见图 6-46～图 6-47）。

图 6-46　厦门市书法广场雕塑（a）　　　　　　图 6-47　厦门市书法广场雕塑（b）

（2）雕塑总是置于一定的广场空间环境中，雕塑与环境的尺度对比会影响到雕塑的艺术效果。雕塑通常通过具体形象或象征手法表达一定主题，如果不与特定的环境发生一定的联系，则不易唤起人们普遍的认同，容易造成形单影孤。

（3）一般来说，一座雕塑总有主要观赏面和次要观赏面，不可能各个方位角都具有同质的形态，但在设计时，应尽可能地为人们多方位观赏提供良好的造型（见图6-48～图6-49）。

图6-48　西安市"爆米花"情景雕塑

图6-49　包头市友谊广场的童趣雕塑

（4）一件完美的雕塑作品不仅依靠自身的形态使广场有了明显的个性特征，增添了广场的活力和凝聚力，而且对整体空间环境起到了烘托、控制的作用（见图6-50）。

6.2.5　城市广场规划设计方法与设计程序

1. 设计过程与步骤

城市广场的设计是城市景观设计中综合性要求较高的专项课题设计，需要具备一定的专业设计基础知识和设计表达能力，主要环节由设计准备、设计构思、设计表达、文件整理四个方面组成。

（1）设计准备。设计准备包括两层含义。首先，需要储备一定的专业知识，也即本课程应该设在高年级阶段的原因，如场地设计知识，一般景观环境设计的知识，景观设计的基本方法和步骤，具有设计制图和效果图表现等必要技能；其次，对设计课题的认识和了解，为设计的展开准备必要的基础材料，其对进入设计的意义不能小视，它直接关系到设计的成败。具体来说，对课题的认识要通过以下工作完成：

图6-50　青岛市五四广场"5月的风"主题雕塑

1）场地调研：在领受设计任务、初步判度场地图纸和任务条件后，需要对设计环境进行实地踏勘，这是景观设计最为重要的环节之一。踏勘的主要内容包括：场地形态认识，了解场地的空间尺度感受和形态特征，对方位、标志性形态特征点、形态的意象以及竖向变化特点规律进行观测记录；周边环境调研，收集周边地形、建筑、山脉、水体等物理资料和居民构成、生活模式、群体习惯等社会状况资料；景观资源考察，对场地内的已有景观进行登记记录，包括历史遗迹、特色建筑构筑物、有意味的山势地貌、河流水体、动植物样本、远处有价值的景物和天空的特征；气候条件体验，对日照角度变化、风在场地内的运动轨迹、气温和空气质量的实际感受进行观测体验，获得第一手资料。

2）资料收集：包括课题项目相关的纵向横向资料，如广场和街道的历史材料和范围较大的当代城市街道广场的设计信息，项目所在地的政治经济、人文历史、风土人情、民间习俗等背景资料，在实际案例中，还应该了解业主的基本情况，以做到有的放矢。

3）资料分析：对收集的资料进行汇总分析，找到项目本身的特点，背景资料的支撑和项目要求的目标。

（2）设计构思。在充分了解课题的前提下，开始进入设计实施。

城市广场的特点决定其设计定位要求很高，对主题的确立、典型情节的提取、主导形态的生成和运用等有较高要求，是考验设计者综合知识储备的一道难题。构思过程要避免冥思苦想，提倡手脑并用的方法，随时记录思想的火花。有时候，信手涂鸦的图形会产生巨大的创意作用，构思阶段还应该主动交流，加强沟通，以便在交流中产生创意。

设计构思并不是一段固定不变的时间概念，好的设计师站在场地上的一瞬间就已经开始了设计的酝酿，而整个设计过程随时都贯穿着突发的奇思妙想和激情的自我修正，因此，当建立起初步的设计意图，有了一点点设计对策后，就应该马上进入设计的下一个阶段。

（3）设计表达。设计表达有两个目的，一是通过表现推敲设计，建立设计者自己对设计的信心；二是实现设计交流，将设计者的意图通过恰当的图形和文字向有关人员进行解说，最后使之成为设计成果向用户提交。设计表达涉及制图、透视描绘、设计说明编写等方面的工作，需要热情、耐心、毅力和专业技能的结合，这是环境艺术设计的普遍要求。

（4）文件整理。景观设计是系统性的设计活动，具有比较严谨的逻辑要求，也就是说，仅仅绘制了设计的图纸并没有完成设计工作，还需要对设计图纸进行归类、编辑和整理，使其满足设计文件的要求。文件整理过程首先要全面检查设计过程的逻辑安排，梳理在设计表现过程中被扰乱或遗忘的重要思考和理念，查漏补缺，完善设计。其次，要运用图形、符号、示意、文字等形象手段，对前期资料、场地调研、设计构思等内容加以分析说明，形成必要的分析图式。

2. 设计成果与文件

设计成果。具体来说，一个完整的景观设计方案成果应该包括以下内容。

1）设计图纸部分：场地现状平面图、场地位置关系图、设计总平面图、重要单体建筑和构筑物设计图、典型特征剖面图、必要的详图等（见图6-51）。

2）效果图部分：彩色总剖面图、总体环境鸟瞰图、重要建筑和构筑物透视效果图、重要景观透视效果图、必要的景观小品透视效果图、必要的彩色剖面图、详图等（见图6-52～图6-55）。

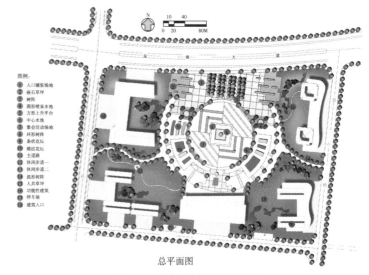

总平面图

图6-51　某市政广场规划总平面图

图6-52　某休闲广场规划鸟瞰图

图6-53　山东高密市梧桐购物休闲广场鸟瞰图

3）技术分析图部分：项目所在区位分析图、场地现状分析图、场地现状景观资源分析图、现状其他分析图、设计构思说明图、功能配置分析图、交通组织分析图、景观空间分析图等。

图 6-54　某休闲广场节点效果图　　　　　　　　　　图 6-55　某休闲广场景墙效果图

4）设计说明文字部分：以文字写作为主，主要就涉及的有关问题以文字方式进行阐述，是对设计图纸的必要补充。主要包括项目解读、设计原则划定、设计构思阐述、设计成果介绍等方面的内容。

3. 设计文件

一个景观项目的设计文件主要由项目设计书、展示图版和介绍文本 3 个内容组成。项目设计书是对整个设计全面完整阐述的文件，包括图文两方面的所有设计成果通常以 A3 幅面的图纸用彩色打印，按顺序装订。装订顺序的原则是：设计说明文字在前，辅助图纸在后；彩色图纸在前、黑白图纸在后。项目设计书应该设计封面，封面应包含项目名称、建设单位、设计单位以及文件形成时间等信息。为便于检索，设计书还应该编制目录、页码以便索引。展示图版用于概要介绍设计，对重要设计成果予以展示，也可向有关方面进行公示，以征求意见，完善设计。展示图版的尺寸常常根据用户要求而定，常用的图版尺寸为 A2 ~ A0 号规格的图幅。展示图版不应该是设计书的简单放大，而需要根据要求和设计特点，选择重点加以介绍。介绍文本为电子文件式样，多采用 PPT 软件进行编辑和演示，可以与图版、文件有所不同，但主要内容要完善、充实，以超过设计文件的分量为好，以便更深入地对设计进行阐述。现在也有以漫游动画作介绍文件的情况，这种方法或许就是下一轮设计介绍的主导方向。

6.2.6　城市广场规划设计的成果

1. 规划设计说明书

（1）方案特色。

（2）现状条件分析（包括区域位置、用地规模、地形特色、现状建筑构筑物、周边道路交通状况、相邻地段建设内容及规模）。

（3）自然和人文背景分析。

（4）规划原则和总体构思（包括建设目标、指导思想、规划原则、总体构思）。

（5）用地布局（包括不同用地功能区主要建设内容和规模）。

（6）空间组织和景观设计（包括不同功能所要求的不同尺度空间的组织、不同空间的景观设计）。

（7）道路交通规划（包括道路等级、道路编号表、地上机动车流、地上人流、地上人流聚散场地、地上机动车非机动车停车位、地下机动车流、地下商业停车等建筑位置及垂直交通位置、消防车道）。

（8）绿地系统规划（包括不同性质绿地，如草地、自然林地、疏林草地、林下广场、人工水体、自然水体、屋顶绿地等的组织）。

（9）种植设计（包括种植意向、苗木选择）。

（10）夜景灯光效果设计（包括设计意向、照明形式）。

（11）主要建筑构筑物设计（包括地上地下建筑功能及平面立面剖面说明、主要构筑物如雕塑、通风口、垂直交通出入口等）。

（12）各项专业工程规划及管网综合（包括给水排水、电力电信、热力燃气等）。

（13）竖向规划（包括地形塑造、高差处理、土方平衡表）。

（14）主要技术经济指标，一般应包括：总用地面积；总绿地面积、分项绿地面积（包括水体、疏林草地、屋顶绿地、绿化停车场绿地、林荫硬地）、道路面积、铺装面积；总建筑面积、分项建筑面积（包括地下建筑面积、地上建筑面积等）；容积率、绿地率、建筑密度；地上地下机动车停车数、非机动车停车数；工程量及投资估算。

2. 图纸

（1）方案阶段图纸（彩图）

1）规划地段位置图。标明规划地段在城市的位置以及和周围地区的关系。

2）规划地段现状图。图纸比例为 1：500 ～ 1：2000，标明自然地形地貌、道路、绿化、水体、工程管线及各类用地建筑的范围、性质、层数、质量等（包括现状照片）。

3）场地适宜性分析图。通过对场地内、外自然和人工要素的分析，标明各地块主要特征以及建设适宜性。

4）广场规划总平面表现图。图纸比例 1：300 ～ 1：1000，图上应表明规划建筑、草地、林地、道路、铺装、水体、停车、重要景观小品、雕塑的位置；应标明主要空间、景观、建筑、道路的名称。

5）广场与场地周边环境联系分析图。从交通、视线、轴线、空间等方面分析广场与周边环境的关系。

6）景点分布及场地文脉分析图。标明主要景点位置、名称、景观构思以及场景原型。

7）功能布局与空间特色分析图。标明不同尺度、不同功能、不同性质空间的位置和范围，表示出各个景点的位置和规模。

8）景观感知分析图。分别表示出广场上宏观、中观和微观 3 个不同尺度上的景观感知范围。

9）广场场地及小品设施分布图。图纸比例自定，标明广场上硬地铺装、绿地、水体的范围；景观小品（含标识、灯具、座椅、雕塑等）、服务性设施、垂直交通井、公共厕所、地下建筑出入口及通风口位置；地下建筑范围。

10）广场夜间灯光效果设计图。图纸比例自定，标明广场上各种照明形式的布置情况、灯光色彩、照度等。

11）道路交通规划图。图纸比例 1：500 ～ 1：1000，图上应标明道路的红线位置、横断面，道路交叉点坐标、标高、坡向坡度、长度、停车场用地界线。

12）交通流线分析图。标明地面地下人流车流、空中人流车流、地上地下机动车非机动车停车位置范围、地下车库人车出入口、地下建筑位置及出入口、各级聚散地范围。

13）种植设计图。图纸比例 1：300 ～ 1：500，标明植物种类、种植数量及规格，附苗木种植表。

14）绿地系统分析图。标明各类绿地的位置、范围和关系。

15）竖向规划图。图纸比例 1：500 ～ 1：1000，标明不同高度地块的范围、相对标高以及高差处理方式。

16）广场纵、横断面图。图纸比例 1：300 ～ 1：500，应反映出广场的尺度比例、高差变化、地面及地下空间利用、周边道路、乔木绿化等，标明重要标高点。

17）主要街景立面图。图纸比例 1：300 ～ 1：500，标明沿街建筑高度、色彩、主要构筑物高度。

18）广场内主要建筑和构筑物方案图。主要建筑地面层平面、地下建筑负一层平面、主要构筑物平立面剖面图。

19）综合管网规划图。图纸比例 1：500 ～ 1：1000。

20）表达设计意图的效果图或图片。一般应包括总体鸟瞰图、夜景效果图、重要景点效果、特色景点效果、反映设计意图的局部放大平立剖面图及相关图片、重要建筑和构筑物效果图。

（2）成果递交图纸（蓝图）

1）规划地段位置图。标明规划地段在城市的位置以及和周围地区的关系。

2）规划地段现状图。图纸比例 1：500 ～ 1：2000，标明自然地形地貌、道路、绿化、水体、工程管线及各类用地建筑的范围、性质、层数、质量等。

3）广场规划总平面图。图纸比例 1：300 ～ 1：1000，图上应表明规划建筑、草地、林地、道路、铺装、水体、停车、重要景观小品、雕塑的位置、范围；应标明主要空间、景观、建筑、道路的尺寸和名称。

4）道路交通规划图。图纸比例 1 ∶ 500 ~ 1 ∶ 1000，图上应标明道路的红线位置、横断面，道路交叉点坐标、标高、坡向坡度、长度、停车场用地界线。

5）竖向规划图。图纸比例 1 ∶ 500 ~ 1 ∶ 1000，标明不同高度地块的范围、相对标高以及高差处理方式。

6）种植设计图。图纸比例 1 ∶ 300 ~ 1 ∶ 500，标明植物种类、种植数量及规格，附苗木种植表。

7）综合管网规划图。图纸比例 1 ∶ 500 ~ 1 ∶ 1000。

8）广场小品设施分布图。图纸比例自定，标明广场上硬地铺装、绿地、水体的范围；景观小品（含标识、灯具、座椅、雕塑等）、服务性设施、垂直交通井、公共厕所、地下建筑出入口及通风口位置；地下建筑范围。

9）广场纵、横断面图。图纸比例 1 ∶ 300 ~ 1 ∶ 500，应反映出广场的尺度比例、高差变化、地面地下空间利用、周边道路、乔木绿化等，标明重要标高点。

10）主要街景立面图。图纸比例 1 ∶ 300 ~ 1 ∶ 500，标明沿街建筑高度、色彩、主要构筑物高度。

11）广场内主要建筑和构筑物方案图。主要建筑地面层平面、地下建筑负一层平面、主要构筑物平立剖面图。

3. 模型

总体模型比例为 1 ∶ 300 ~ 1 ∶ 600，重要局部模型比例为 1 ∶ 50 ~ 1 ∶ 300；总体模型应能反映出广场内各个空间的尺度关系、重要高差处理、绿地水体硬地等不同性质基面、绿化围合关系、广场与周边道路建筑环境的关系；局部模型要反映出质感、动感、空间尺度比例等。

6.3 项目设计实训

某市民休闲广场景观规划设计项目实训。

6.3.1 实训条件

该广场位于北方某城市，规划范围周边分别为景怡路、同济路、观乐路和小区围墙。该基地地势平坦，用地面积约 1.89hm²。广场基地条件如图 6-56。

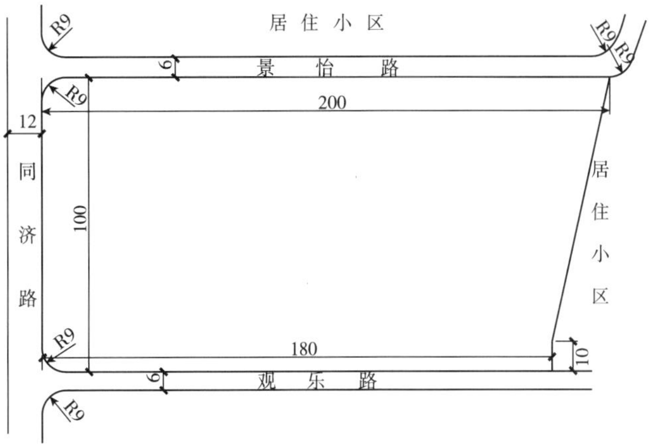

图 6-56 某休闲广场基地平面图

6.3.2 项目实训要求

该广场主要满足市民和游人户外休闲，无大型集会的需要。建筑、道路、水体、绿地的布局没有限制，但绿地率应控制在 60% 以上。应统筹环境生态绿化、视觉景观形象和大众行为心理 3 方面内容进行景观规划设计。

6.3.3 规划设计成果要求

（1）广场规划设计总平面图，1 ∶ 500。

（2）景点分布及场地文脉分析图，1 ∶ 500。

（3）功能布局与空间特色分析图，1 ∶ 500。

（4）广场场地及小品设施分布图，1 ∶ 500。

（5）交通流线分析图，1 ∶ 500。

（6）种植设计图，1 ∶ 500。

（7）竖向规划图，1 ∶ 500。

（8）广场纵、横断面图，1 ∶ 500。

（9）广场内主要建筑和构筑物方案图。

（10）绘出某局部效果图。

（11）简要规划设计说明。

6.3.4 实训考核

实训考核评分标准见表6-1。

表6-1　　　　　　　　　　　　　　　　　　实训考核评分标准

姓名：　　　　　　　　　　　　　　　　　　　　　　　专业班级：

实训内容										
序号	考核项目	考核标准					等级分值			
		A	B	C	D		A	B	C	D
1	实训态度	实训认真，积极主动，操作仔细，认真记录	较好	一般	较差		10	8	6	4
2	设计内容	设计科学合理，符合绿地设计的基本原则，具有可达性、功能性、亲和性、系统性和艺术性	较好	一般	较差		20	16	12	8
3	综合应用能力	结合环境，综合考虑，满足功能和创造优美环境，通过树木配置创造四季景观，同时充分考虑到植物的生态习性和对种植环境的要求	较好	一般	较差		30	25	15	10
4	实训成果	设计图纸规范、内容完整、真实，具有很好的可行性，独立按时完成	较好	一般	较差		25	20	15	8
5	能力创新	表现突出，内容完整，立意创新	较好	一般	较差		15	10	8	4
本实训考核成绩（合计分）										

课题 7　城市公园规划设计

> **知识点、能力（技能）点**
>
> **知识点**
>
> （1）公园的概念及发展状况。
>
> （2）综合性公园设置的内容。
>
> （3）公园容量分析。
>
> （4）公园各组成要素设计的原则和要点。
>
> **能力点**
>
> （1）能熟练完成综合性公园的景观设计方案。
>
> （2）能熟练完成综合性公园的景观扩初设计。
>
> （3）能完成公园的设计说明书。

7.1　项目案例与分析

牡丹江市江南文化公园（方案出自牡丹江规划设计院）

7.1.1　项目概况

牡丹江市江南文化公园位于牡丹江市江南新城区内，地处牡丹江南岸，穆棱河路东侧，南接六峰湖南路，东临六峰湖东路。是一处集文化、游乐、观赏、休憩于一体的综合性文化公园，占地面积 32.54hm²。该区原为苗圃用地，地势平坦，现有疏林草地及大型树木 160 余棵，其中树径大于 30cm 的有 57 棵，树高超过 10m 的有 18 棵。主要树种有黄菠萝、水曲柳、家榆、旱柳、白桦、糖槭等。已具备建园基础，自然景色较好。建成后公园内将碧水如玉、溪流潺潺、绿树成阴、芳草青美、百花争艳。将成为一个生态的、有文化内涵和娱乐性的现代城市公园（见图 7-1）。

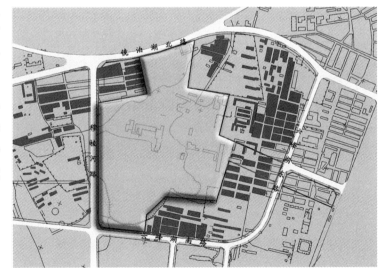

图 7-1　牡丹江市江南文化公园位置现状图

7.1.2　项目规划设计

1.调查研究阶段

（1）收集相关的设计资料作为依据

《中华人民共和国城市规划法》、《牡丹江市城市总体规划》、《公园设计规范》（CJ 48—92）、《风景园林图例图示标准》（CJJ 67—95）、《园林基本术语标准》（CJJ/T 91—2002）、《城市绿地分类标准》（CJJ/T 85—2002）、《城市用地分类与规划建设用地标准》（CBJ 173—90）及其他相关法规、条例、标准等。

（2）外业踏查，收集资料

111

结合建设单位提供的图样资料，设计单位组织人员由项目负责人牵头去基地勘察实情，尽快完成现场勘察报告。

1）自然条件调查。牡丹江市位于黑龙江省东南部，坐落在长白山脉老爷岭和完达山麓张广才岭之间，地理坐标为东经 128° 02′ 38″～131° 18′ 9″；北纬 43° 24′ 50″～45° 59′ 12″。气候类型属于寒温带大陆季风区中的牡丹江半山间温和半湿润区。气候特点是春季风大、干燥；夏季温热多雨；秋季降温迅速，霜冻较早；冬季漫长而严寒，雪少干燥。全年降水表现出明显的季风性特征。大气降水的主要来源是夏季东南季风所带来的暖湿空气，夏季雨量充沛集中，冬季在中高纬度大陆季风控制下，降雪较少，气候干燥。全市各地降水量差别不大，西部山区降水达 373.3mm，东部地区有 441.3mm 左右。辖区内地带性土壤为暗棕壤，同时由于地势特征，在不同地形部位发育不同的土壤类型，呈现土壤随地形变化的垂直分布规律。按成土条件、成土过程和土壤属性及本地区的自然地理条件，辖区内的土壤主要分为暗棕土、白浆土、草甸土、沼泽土、泥炭土和水稻土 6 个土类，14 个亚类。辖区自然植物主要属于长白山植物区系，地带性植被为针阔叶混交林。针阔叶林主要分布在海拔 500～900m 的山地或局部丘陵顶部；落叶阔叶林分布最广，主要分布在海拔 200～700m 的低山丘陵地带；灌丛与杂林主要分布在低海拔 200～400m 的丘陵、沟谷地带。其次还有部分草地、沼泽、灌草丛等分布。牡丹江是松花江的第二大支流，发源于吉林省长白山牡丹峰东麓西北岔，流经吉林省敦化市后进入我市的镜泊湖，流经宁安市、牡丹江市区、海林市的柴河镇、莲花湖、林口县的莲花镇，然后进入哈尔滨市的依兰县，在依兰镇西侧汇入松花江。牡丹江全长 725km，集水面积 37044km²，占松花江水系总集水面积的 6.7%。年平均径流量 87.94 亿 m³，最大 149 亿 m³，最少 43 亿 m³，约占松花江水系总径流量的 1/7。

2）人文资料调查。牡丹江是中国大陆最大的边贸城市之一，也是北方著名的旅游城市，素有"中国雪城"、鱼米之乡、塞北小江南、中国优秀旅游城市、《林海雪原》故事的发生地、中国国际木业之都、中国食用菌之城、2008 年中国对外贸易实力城市 13 强、2009 年度中国旅游竞争力百强城市、中国十大宜居城市之一、东北地区重点开发城市之一。

牡丹江是一座历史积淀非常厚重的城市，早在 3000 多年前，满族人的祖先肃慎人的一支就在这片土地上揭开了牡丹江流域人类历史的最早篇章。牡丹江境内有各类旅游区多处，其中唐代渤海国上京龙泉府遗址位于镜泊湖东北牡丹江畔，其建制和规模完全仿唐都长安城，距今有 1300 多年的历史。宁古塔系中国明末至清初统治东北边疆地区的重镇，是清代宁古塔将军治所和驻地。1903 年，沙俄在中国东北修筑的中东铁路，今海林市横道河子镇成为了当时哈尔滨之外中东铁路咽喉重镇，大量俄罗斯人涌入，纷纷在此经商建厂，修建别墅公寓，许多建筑都存留至今。目前横道河子镇有保存完好的东正教堂、大白楼、机车库和俄罗斯老街等建筑 200 余栋。在国务院日前公布的中国第六批全国重点文物保护单位名单中，中东铁路建筑群首次作为工业遗产名列其中。镜泊湖和火山口地下森林以及牡丹峰自然保护区均为旅游胜地。

3）现状分析。通过上述调查与分析，基地所处地区具有很丰富的自然资源和人文资源，设计上可考虑将"水"的要素引入其中，将牡丹江的历史与现代发展作为主设计轴。

2. 编制设计任务书阶段

根据以上调查研究，结合建设单位提出的设计要求和相关设计规范，编制如下设计任务书：

（1）设计目标与立意。综合各种设计条件，遵循因地制宜，生态设计，以人为本的原则，充分利用地域现有自然条件，充分挖掘地方人文特色，营造一处时代气息浓厚、地域特色鲜明，人性设施合理、生态环境优美的综合性文化公园。

（2）设计原则。

1）因地制宜，展现人文，突出场地的地域特色与时代特征，塑造历史与现代交辉的精品工程。

2）遵循生态学原则，尽量保留和利用原有地形、植被，使项目的主体能与大环境和谐共存，形成可持续的生态景观。

3）体现以人为本的思想，设计的内容和形式都要充分体现人性化设计。

3. 总体规划设计阶段

（1）总平面图设计：（见图7-2）。

（2）功能分区规划。根据总体设计目标与原则，结合交通组织、自然资源、文化特色等多种因素，进行合理的功能定位与区域划分，具体分为历史文化区、入口广场景观区、景观大道景观区、儿童活动区、老年人活动区、植物观赏区、中心广场区、休闲活动区、体育活动区九大景区。公园设计中力求突破、创新，体现时代潮流和历史渊源。利用现代公园规划理念，于自然之中见人工，于人工中见自然，于自然中突显人工的景致与壮美。规划过程中形成多个景观广场、音乐喷泉、雕塑小品、自然景观。使人与自然环境得以直接的对话，创造人与自然共生的现代公园空间（见图7-3）。

图7-2 牡丹江市江南文化公园设计总平面图

图7-3 功能分区图

（3）景观布局。在整体规划的前提下，进行景观空间序列的规划，确定不同的景观内容，以植物造景为主，合理设置景观分区。根据基地总体设计布局、功能分区等实际情况，结合本项目的地域文化，可将公园分为九大景区：历史文化区、入口广场景观区、景观大道景观区、儿童活动区、老年人活动区、植物观赏区、中心广场区、休闲活动区、体育活动区（见图7-4）。

图7-4 景观布局图

1）历史文化区。历史文化区以"牡丹江"为线索，设置了牡丹江微缩景观。历史文化区意在再现历史文化的精髓。通过雕塑、小品，介绍古代人的生活，事迹，生平等。向游人展现牡丹江的人文盛世。

全园遍植白桦、糖槭、红叶李、火炬树、鸡爪槭、水曲柳等色叶树种。深秋时节秋色树叶绚丽多彩，远远望去，火红一片，如一片彩霞轻浮水面，水中倒影隐约。穿过秋林，游人在历史文化中穿行，遥望水面波光粼粼，倾听瀑布轰鸣，与红叶交相辉映，绘成一幅秋之胜景（见图7-5）。

图7-5　历史文化区景观布局

　　a.商周素慎文化展示区。该展示区在黑龙江地区东部，即现在的牡丹江区域，在商周时期就居息着古老的素慎族，是现在满族人的先世。他们生活在宁安镜泊湖南湖头的荧歌岭遗址，屈服于中原朝廷，一直都向中原朝廷进贡一种用木若木做的箭杆、石头做箭镞的箭——"木若矢石弩"。在展区内紧紧抓住这一文脉设置用雕塑、碑文图案等方式展示"木若矢石弩"（见图7-6～图7-8）。

图7-6　商周素慎文化展示区位置图

图7-7　商周素慎文化展示区局部效果图（a）

　　b.唐渤海国历史文化展示区。唐渤海国文化遗址是牡丹江市重点的文物古迹之一。唐渤海国历史文化展示区以2000多年前的"渤海国"为历史文脉，展开景观序列，本区是公园的主要景观区。重要景点有人物雕塑展示区、福字石刻、虎踞龙盘、卧龙石、金龟成祥、图腾柱展示群（见图7-9～图7-14）。

　　c.明清女真人历史文化展示区。明清时期，女真人逐步强大，在努尔哈赤的努力下，统一了东北地区女真各部落，随后入关，建立了清朝。在设计过程中根据这一历史，建立了明清女真人历史文化展示区，区域内有山有水，象征着女真人在白山黑水中生活。区域内地形起伏，树林郁郁葱葱，在树林内设置女真人像雕塑、群马雕塑等，主要植物有白桦、樟子松、红松、黑松、紫叶李、锦带、榆叶梅、金银忍冬、水蜡等植物，植物设计力争做到三季有花、四季常绿（见图7-15和图7-16）。

　　d.近代革命历史文化展示区。抗日战争时期和国内革命战争时期，在牡丹江流域涌现了很多诸如"八女投江"、"智取威虎山"这样可歌可泣的英雄事件，景区在设计过程中根据这些历史事件展开联想，设置景点，从而突出近代革命历史。在景区内，潺潺的流水象征着牡丹江，岸边的人物雕塑象征着在丹江热土上发生的感人事件，通过这些使游人在游览的过程中感怀历史。植物配置方面，种植花楸、紫叶李、白桦等彩叶树种来突出景观，植物的主基调为松柏类植物，象征着革命精神万古长青（见图4-17和图7-18）。

图 7-8　商周素慎文化展示区局部效果图（b）

图 7-9　唐渤海国历史文化展示区位置图

图 7-10　唐渤海国历史文化展示区人物雕塑效果图（a）

图 7-11　唐渤海国历史文化展示区人物雕塑效果图（b）

图 7-12　唐渤海国历史文化展示区福字石刻效果图

图 7-13　金龟成祥效果图

图 7-14　图腾柱展示效果图

图 7-15　明清女真人历史文化展示区位置图

图7-16 女真人群马雕塑效果图

图7-17 近代革命历史文化展示区位置图

2）入口广场景观区。与主要出入口紧紧相连的是入口广场景观区，该区主要作用是供人流集散，以及早晚开展文体活动。广场上设有旱地喷泉，当早起晨练的人民在广场上翩翩起舞时，音乐喷泉适时响起，泉随人舞，更能增添韵律。植物广场周围设置花台，除了具有一定观赏作用外，还可以供游人短暂休息，交谈（见图7-19 ~图7-21）。

图7-18 历史人物雕塑效果图

图7-19 入口广场景观区位置图

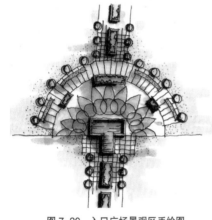

图7-20 入口广场景观区手绘图

图7-21 入口广场景观区效果图

3）景观大道。与入口广场景观区相连的是景观大道，是一条历史景观轴。景观轴的特色是用表现历史的小品突出历史，渤海古国石灯塔造型典雅，雕琢技艺精巧，两侧的景观灯就是仿渤海国石灯塔造型。漫步景观大道之上，欣赏着古灯塔，闻着阵阵花香，使人仿佛畅游历史长河（见图7-22和图7-23）。

4）儿童活动区。儿童是公园的主要活动对象，为了方便孩子们游乐，儿童活动区设置在主要出入口和次要出入口之间。该区的设计进行了创新尝试，儿童玩具以动物造型为主，使雕塑和玩具寓于一体。小巧的滑梯、亭子、涉水池等都会给孩子们带来无尽的快乐。植物应用较少，给予孩子最大的空间交流玩耍（见图7-24和图7-25）。

图7-22　景观大道位置

图7-23　景观大道效果图

图7-24　儿童活动区位置图

图7-25　儿童活动区效果图

5）老年活动区。老年活动区位于六峰湖东路，临近六峰湖小区。是由密林和花架构成一个半封闭的空间，供老人在院内休息、健身，也可以在此开展文艺活动。植物呈自然式布置，主要有早春开花植物：连翘、毛樱桃、榆叶梅；初夏开花植物：暴马丁香、牡丹、锦带；秋天观果植物：山楂、海棠、花楸等；冬天赏形植物：白桦、油松、红皮云杉。这样设计可以在不同季节给老年人带来不同的心里感觉，让他们更加热爱生活，对生活充满希望，使他们在此怡然自乐，分享"松鹤遐龄"的乐趣（见图7-26～图7-27）。

图7-26　老年活动区位置图

图7-27　老年活动区效果图

6）植物观赏区。与儿童活动区相邻的是植物观赏区，该区分为春、夏、秋、冬四部分。园内溪流潺潺，清可见底，白沙乱石，曲折蜿蜒。春园内种植连翘、樱花、桃花、旱柳、梨花等早春植物，每当春回大地的时候，可感受浓浓的春意。夏园内乔木郁葱，群葩敛实。杜鹃啼血，榴花烘天，葵花向日，地锦登架。绿树成荫，百草丰茂。秋园内硕果累累，红叶胜火。金风送爽，果实飘香，层林尽染，鸿雁南飞。菊花东篱下，山楂闹枝头。冬园万物休眠，孕育生机。忍冬累玉，白桦展枝，瑞木妖娆，花楸逞四时之丽，松骨、竹韵、梅风尽现。4个园区各具特色，让人充分感受四季浪漫（见图7-28 ~ 图7-30）。

图7-28 植物观赏区位置图

图7-29 植物观赏区效果图（a）

7）中心广场区。中心广场位于历史景观轴和现代景观轴的交叉点，代表着历史和现代的交叉。中心广场是一个下沉式广场，广常周围立着24个节气柱，代表一年二十四个节气，每个节气柱上刻着各个节气的来历。根据广场周围的地形条件，设置下沉式的台阶，在举行活动的时候，可以充当座椅。中央的彩色铺装是一处音乐喷泉，该喷泉以声、光、动、形、韵的和谐及游人参与性强为特征，体现了乐起行变，音变水舞的无穷变化，具有较强的观赏性和多视角的艺术性。它的设计理念采用了几何图形排列，可调直流喷头以1.33m等距排列，采用一泵一喷头，多媒体电脑变频控制，随着音乐筑起了魔幻般水体的三维立体变化之形，给人以乐起水腾、音停水息的境界。每个喷头下又设3只不同色彩的专用防水灯，208个喷头和600只彩灯使光和水柔和一体，达到了完美境界。广场临近水体，是市民举行各种文艺活动的良好场所。炎炎夏日，丹江之滨，随着乐声，人们翩翩起舞，既可消暑纳凉，又可丰富市民的文化生活（见图7-31 ~ 图7-33）。

图7-30 植物观赏区效果图（b）

图7-31 中心广场区位置图

图7-32 中心广场区手绘平面图

图7-33 中心广场区手绘效果图

8）休闲活动区。休闲活动区考虑到儿童、青年、老人的活动需要，而专门规划了休闲活动区，满足人们的日常生活需要。儿童是公园的常客，因而规划专门考虑了儿童活动的场地和设施。地坪中部分用软胶铺装、部分设置沙坑。休闲活动区设有休息座椅、休闲棚架，供家长聊天使用（见图 7-34 ~ 图 7-35）。

9）体育活动区。体育活动区位于公园西角一处地域开阔的地段，这里有运动所需的阳光、空气。该区主要布置一些群众性体育活动设施，包括网球场、羽毛球场、篮球场等活动场所。除此以外，还设计了休闲游玩之处，做到"运动"、"休闲"两者兼具（见图 7-36）。

图 7-34　休闲活动区位置图

图 7-35　休闲活动区——休闲棚架

图 7-36　体育活动区位置图

7.2　相关知识

城市公园是随着近代城市的发展而兴起的，是城市中的"绿洲"和环境优美的游憩空间。城市公园不仅为城市居民提供了文化休息以及其他活动的场所，也为人们了解社会、认识自然、享受现代科学技术带来了种种方便。此外，城市公园绿地对美化城市面貌、平衡城市生态环境、调节气候、净化空气等均有积极作用。因此，无论在国内或国外，在作为城市基础设施之一的园林建设中，公园都占有最重要的地位。城市公园的数量与质量既可以体现某个国家或地区的园林建设水平和艺术水平，同时也是展示当地社会生活和精神风貌的橱窗。

7.2.1　城市公园的概念及功能

城市公园是城市园林中的一大类型，它一般是位于城市范围之内，经专门规划建设的绿地，供居民日常进行游览、观赏、休息、保健和娱乐等活动，并起到美化城市景观面貌、改善城市环境质量、提高城市防灾减灾功能等作用。按 2002 年我国颁布的《城市绿地分类标准》（GJJ），公园绿地的定义为："向公众开放、以游憩为主要功能，兼具生态、美化、防灾等作用的绿地"。

城市公园对城市面貌、环境保护、市民的文化生活都起着举足轻重的作用。因此欧美、日本等发达国家普遍采用"人均公园面积"指标来反映绿地建设水平。在 1995 年的世界公园大会宣言上明确指出"公园必须继承该地域的地方景观与文化。公园在整体上作为一种文明财富存在，必须保持它所在地方的自然、文化和历史方面的特色"。

城市公园的具体功能体现在以下几点。

1. 社会文化功能

城市公园的社会文化功能首先体现在休闲游憩功能上。城市公园是城市的起居空间，作为城市居民的主要休闲游憩场所。其活动空间、活动设施为城市居民提供了大量的户外活动的可能性，承担着满足城市居民休闲游憩活动需要的主要职能，这是城市公园最主要、最直接的功能。其次，是城市精神文明建设和科研教育的基地。城市公园容纳着城市居民大量的户外活动。随着全面健身运动的开展和社会文化的进步，城市公园在物质文明建设的同时也日益成为传播精神文明、科学知识和进行科研与宣传教育建设的重要场所。各种社会文化活动如舞蹈、唱歌、建设、联谊等活动在城市公园中也陆续开展。不仅起到了锻炼身体的作用，同时陶冶了市民的情操，逐步形成一种独特的大众文化，这使得公园在社会主义精神文明建设中的作用越来越突出。例如，杭州西湖柳岸闻莺景点中的戏曲角，上海杨浦公园中的歌咏队。

2. 经济功能

（1）城市公园的经济功能首先体现在防灾、减灾功能上。城市公园中有大面积的开放空间，在这些开放空间中不仅仅是居民平时聚集活动的场所。同时，当城市发生地震、火灾的时候还可以成为城市的防灾避难所。一些面积比较大的公园可以成为救援飞机的降落地、救灾物资的集散地、救灾人员的驻扎地和临时医院的所在地。据北京园林局统计，1976 年唐山大地震期间，北京近 200 万人进入到各类公共绿地中进行避震。城市公园在灾中的避难和灾后的安置起到了至关重要的作用。尤其像北京、上海这样拥有上千万人口的城市，公园的防灾、减灾功能更不容忽视。

（2）可作为预留城市用地，为建设未来城市公共设施之用。城市公园的兴建，在短期内可为城市居民提供休闲活动场所，在远期范围内，作为城市公共用地的公园又可以作为城市预留土地。

（3）可以带动地方、社会经济的发展。由于城市人口的增加，城市环境的恶化，城市公园作为城市中的"绿肺"在带动社会经济发展中的作用越来越明显。这点我们从报纸、电视、网上经常出现的房产广告以楼盘毗邻某公园作为提高身价的宣传上可以看出。此外，公园也使得周边地区的工商业、旅游业、房产业等生产、服务性行业得到良好、迅速的发展。例如：上海"豫园"带动了城隍庙旅游商业街的发展。上海的"静安"公园带动了静安寺地区酒店服务业的发展等。

（4）促进城市旅游业的发展。随着社会的发展，经济的发展，人们物质文化水平的提高，旅游业日益成为现代社会中人们精神生活的一个重要的组成部分，当前城市公园也成为各大城市都市旅游业所需的旅游资源最重要的一个部分。一些既有传统古典园林，又有殖民色彩的现代公园，同时还具有中国特色的现代公园的城市越来越能吸引各地的游客。此外，城市公园为旅游者游览的参与性提供了一个动态的活动场所。例如，上海、北京、青岛等城市的旅游节中，在公园内举行各种花展、风情展、焰火晚会、音乐会等活动便能看出公园在城市旅游业发展中的作用。

3. 环境功能

城市公园的环境功能首先体现在维持城市生态平衡的功能。生态平衡主要靠绿化来完成，城市公园由于具有大面积绿化，无论是在防止水土流失、净化空气、降低辐射、杀菌、滞尘、防噪音、调节小气候、降温、防风引风、缓解城市热岛效应等方面都具有良好的生态功能。其次，具有美化城市景观的功能。城市公园是城市中最具有自然特性的场所，往往具有水体和大量的绿化，使城市的绿色软质景观形成鲜明的对比，使城市景观得以软化。同时公园也是城市的主要景观所在。因此，其在美化城市景观中具有举足轻重的地位。

4. 其他功能

除上述社会文化、经济、环境功能外，城市公园在阻隔相互冲突的土地使用、降低人口密度、节制过度城市化发展、有机地组织城市空间和人的行为、改善交通、保护文物古迹、减少城市犯罪、增进社会交往、化解人情淡漠、提高市民意识、促进城市的可持续发展等方面都具有不可忽视的功能和作用。

7.2.2 城市公园性质与种类

根据公园绿地的性质和功能的不同，通常将其分为综合性公园、纪念性公园、儿童公园、体育公园、植物园、动物园、古典园林、居住区公园、森林公园、主题公园。

7.2.3 国内外城市公园发展概况

1. 国外城市公园的发展

城市公园是城市中最重要和最具代表性的绿地。今天我们通称的"城市公园"这种园林形式，是由古代的城市公共园林逐步演变而成。在 17 世纪之前，无论中国还是外国都存在着一些城市公共园林，这些公共园林是城市公园产生的基础。古希腊人在体育场周围建了美丽的园地，并向公众开放。这些向公众开放的、园林化的体育场，可以说已具备了现代公园的一些雏形。古罗马帝国的一些城市中的广场或墓园允许平民公众进行游憩活动，就具有了一些公共园林的性质。

资本主义社会初期，欧洲国家的一些专属于皇家贵族的城市新园和宫苑逐渐定期向公众开放，如英国伦敦的海德公园。在意大利还出现了专门的动物园、植物园、废墟园、雕塑园等。随着 17 世纪资产阶级革命的胜利，在"自由、平等、博爱"的旗帜下，新兴的资产阶级统治者没收了封建领主及皇室的财产，把大大小小的宫苑和新园都向公众开放，并统称为"公园"。

进入 19 世纪，大部分皇家猎园已成为公园，由于城市扩大，原有城墙已失去作用，许多城垣迹地也被改建为公园。19 世纪 30 年代以后，原有皇家园林已不能满足大众游人的需求，于是各城市都大量建造新公园。1843年，英国利物浦市利用税收建造了公众可免费使用的伯肯海德公园，标志着第一个城市公园的正式诞生。

然而，对后世影响最大的近代城市公园，则是由美国著名的风景园林师（LandscapeArchitect）奥姆斯特德（F.L. Olmsted）规划设计的美国的纽约中央公园。该公园占地约 340hm^2，采用了回游式环路和波浪系统相结合的园路系统，有 4 条园路与城市街道立体交叉相连。游人在园内可自由自在地散步、骑马、驾车、游戏，该园建设十分成功，利用率很高。据统计，1871 年的游人量达 1000 万人次，平均每天有 3 万人，而当时纽约市的人口尚不足 100 万人。受纽约中央公园的影响，全美掀起了一场城市公园运动，时隔不久的 1892 年，风景园林师奥姆斯特德在波士顿市规划建立了第一个公园系统。

英、美两国是西方国家中发展城市公园的先驱，进入 20 世纪后，他们在许多城市兴建了公园、动物园、植物园、游乐园等公共园林，并且为满足现代工业城市中的人们对自然的需求，建立了更大规模的自然游憩地——国家公园（National Park）。英、美两国公园建设的原则和方法，在很长一段时间内是各国学习的范例。十月革命以后，苏联在社会主义制度下出现了城市公园的新形式——能满足大量游人多种文化生活需要的、真正属于人民的文化休息公园及专设的儿童公园。1929 年建于莫斯科的高尔基文化休息公园是第一个为大多数普通群众建造的公园。

日本在 1873 年制定了公园制度，当年开放的大阪市住吉公园是日本最早建立的城市公园。20 世纪 60 年代起，随着日本经济的迅速发展，其公园建设突飞猛进，各个城市都已建立了公园绿地系统，到 1992 年城市人均公园面积达到 6.25m^2。

2. 我国城市公园的发展

（1）近代公园。自 1840 年第一次鸦片战争以后，我国沦为半殖民地半封建社会。随着资本主义经济的发展，封建社会经济逐渐解体，城市生活的内容与城市结构的形式也发生了相应变化，在一些沿海城市也开始正式建设公园。我国第一个公园是 1868 年由西方国家的商人在上海建成开放的只为外国人服务的上海外滩公园。

此外，在一些租界地内兴建的公园还有：上海虹口公园（1902 年）、法国公园（1908 年）及天津法国公园（1917 年）等。尽管这些公园主要是为适应殖民者的生活娱乐需要而建立的，但在客观上也促进了中国近代城市公园的发展。它们在为众多游人提供社交、娱乐、运动、休息等功能方面，以及平面构图、空间布局、景观组织方面，都显示了与中国古典园林艺术不同的特色，成为后来中国风景园林艺术家进行园林营建的借鉴。

随着资产阶级民主思想在中国的传播，清末也出现了中国人自己营建的公园，如齐齐哈尔的仓西公园（1897年），无锡的城中公园（1906 年），北京农事试验场附设公园（1906 年），成都的少城公园（1911 年）等。

辛亥革命推翻了清王朝的统治，中国民族资产阶级得到较大的发展，工业经济的扩大带来了城市的繁荣，公园建设也有所进展，一些皇家园林陆续开放，成为可供公众游憩的城市公园，同时全国各地政府、商会通过各种方式亦开始进行公共园林的建设。如当时的北平于1912年将先农坛作为城南公园开放，1914年将社稷坛作为中央公园（今中山公园）开放，1924年颐和园开放，1925年将西苑三海辟为北海公园和中南海公园。南京自1928年起先后开辟了白鹭洲公园、莫愁湖公园、五洲公园（今玄武湖公园）等。上海建设了面积较大的梵航渡公园（19.3hm^2）、虹口公园（17.7hm^2）等。广州自1918年后建设了中央公园、黄花岗公园、越秀公园、白云山公园等。昆明整理开放了金殿公园、黑龙潭公园、翠湖公园、圆通公园、大观公园等。杭州将整个孤山辟为中山公园，并沿西湖建成6个湖滨公园。长沙在1925年兴建了天山公园，后又陆续建造了革命纪念公园。

在此期间，中国共产党领导下的革命根据地所在城镇里，也有过营造公园的活动，如1930年在闽浙赣革命根据地兴建的列宁公园，1941年3月在延安中共中央军委和八路军总部所在地修建的桃林公园。这两个公园布局有序，生机盎然，为战争年代的军民增添了许多生活的乐趣。虽然这两个公园后来都毁于战火，但却有着重要的纪念意义。

中国近代公园的建设，就总体而言是少而差，其主要原因是由于战争的不断破坏，社会生产力低下和人们对城市环境的认识处于初级阶段，没有认识到公园绿地的效益。但是，毕竟公园这种可供大多数游人使用的绿地类型已开始在中国土地上出现，并且在一定时期内有了一定程度的发展，对我国现代城市公园的发展产生了巨大推动作用。

（2）现代城市公园的发展。新中国成立以来，我国城市公园的建设事业开始了新纪元。不仅恢复、整修了新中国成立前留下的近代公园和一些历史园林，而且还大量建设了为广大劳动人民服务的各类新公园，公园的形式也发生了很大变化。公园主题内容、活动项目、布局形式、景观艺术开始丰富多彩，深受人民大众的欢迎。

自1979年始，我国城市开始全面经济体制改革，加强城市建设，促进对外开放，园林绿地建设呈现欣欣向荣、蓬勃旺盛的新景象，一些新的公园形式开始出现，公园的规划设计开始多元化，造园手法不拘一格，丰富多彩。城市公园事业的发展直接刺激和促进了城市旅游事业的发展，公园的数量大幅度增长，类型丰富多样，新的公园形式、内容得以进一步探索与深入，公园建设的范围也逐渐由大、中城市扩大到小城镇和乡村，不仅丰富了城乡居民的业余生活，也促进了地方的经济发展和精神文明建设。

新中国成立后，由于党和政府对城市园林绿地建设的重视，对人民文化休息活动的关心，使城市公园有了较大的发展。全国各地城市不仅恢复、修整了新中国成立前留下的近代公园和历史园林，而且还新建了各种类型的公园，使公园的数量不断增多，种类日趋丰富，规划建设、经营管理的水平亦不断提高和完善。

另外，一些大、中城市还建立了公园绿地网，使公园在城市的绿地系统中有了比较合理、均匀地分布，如北京、上海、广州、合肥和西安。

我国城市公园的发展时起时落，主要有以下6个发展阶段。

1）1949～1952年，这阶段的主要特点是：全国各城市以恢复、整理旧有公园和改造、开放私家园为主，很少新建公园。如北京市修缮了中山、北海两公园，抢修颐和园的古建筑；广州市扩建越秀公园，新辟文化公园；南京市恢复了中山陵园、和平公园，修复整理了玄武湖、莫愁湖、鸡鸣寺等公园。这一时期新建的公园较少，仅有南京雨花台烈士陵园和浦口公园，长沙烈士公园，合肥逍遥津公园，郑州人民公园和天津人民公园等。

2）1953～1957年，这阶段的主要特点是：全国各城市结合旧城改造和新城开发，大量新建公园。如北京市新建了陶然亭、东单、什刹海、宣武等公园，并利用名胜古迹改建开辟了日坛、月坛等公园。上海市利用废弃荒芜的垃圾堆地，改造建设了蓬莱公园、海伦公园等，利用水洼和沼泽地改建了杨浦公园等。其他城市新建的公园如下。

南京：绣球、太平、午朝门、九华山、栖霞山等区级公园。

哈尔滨：哈尔滨公园（今动物园）、斯大林公园、儿童公园、水上体育公园、太阳岛公园等。

武汉：解放公园、青山公园、汉阳公园和东湖听涛区。

杭州：花港观鱼公园。

1958～1965 年，这阶段的主要特点是：全国各城市公园建设的速度减慢，工作重心转向强调普遍绿化和园林结合生产，出现了把公园经营农场化和林场化的倾向。如北京市在紫竹院公园内挖湖 8.7hm²，用以发展养鱼生产，中山公园也建起了果园，减少了实际游览面积。此时期新建的公园不多，主要有：上海长风公园，广州流花湖、东山湖和荔湾湖公园，西安兴庆公园，桂林七星公园等。

3）1966～1976 年，这阶段的主要特点是："文化大革命"给全国城市公园建设事业造成了灭顶之灾，1968年，全国新建公园数降到了零。

4）1977～1984 年，这阶段的主要特点是：全国各城市的公园建设在医治"文化大革命"创伤的基础上重新起步，数量增加，质量提高，建设速度普遍加快。

5）1985～2001 年，这十几年是我国公园建设大发展的最好时期，尤其是旅游事业的发展直接刺激和促进了城市公园的发展，使城市公园的数量猛增，公园建设的范围也由大、中城市扩大到小城镇。至 1998 年，全国 668座城市共有各类绿地面积 745654hm²，全国城市建成区平均绿地率 21.8%，建成区绿化覆盖率 26.6%，其中公园绿地面积 120326hm²，人均公园绿地 6.1m²。我国风景名胜区已发展到 515 处，其中国家重点风景名胜区 119处，面积达 9.6 万 hm²，约占国土面积的 1%。

7.2.4　城市公园景观规划设计的原则

（1）根据国家、地方的政策与法规，以城市总体规划为基础，进行科学设计，合理分布。

（2）因地制宜，充分利用自然地形和现有人文条件，有机组合，合理布局。

（3）充分体现以人为本的思想，为不同年龄的人创造优美、舒适，便于健身、娱乐、交往的公共绿地环境，设置人们喜爱的活动内容。

（4）充分发掘地方民俗风情，借鉴国内外优秀造园经验，创造出有特色、有品位、具时代特征的新园林。

（5）正确处理好近期规划与远期规划的关系，考虑园林的健康、持续发展。

7.2.5　现代城市公园景观规划设计要点

1. 入口设计

公园出入口一般包括主要出入口、次要出入口和专用出入口 3 种。主要出入口的确定，取决于公园和城市规划的关系，园内分区的要求，以及地形的特点等。一般出入口应与城市主干道、游人主要来源以及公园用地的自然条件等诸因素协调后确定。为了满足大量游人短时间内集散的功能要求，公园内的文娱设施如剧院、展览馆、体育运动等多分布在主入口附近，而且入口处常设有园内和园外的集散广场。

公园主要出入口的设计内容有集散广场、园门、停车棚、售票处、围墙等，还设立一些装饰性的花坛、水池、喷泉、雕塑、宣传牌、公园导游图等，如某城市公园主入口设计（见图 7-37）。

次要出入口主要是为了方便附近居民，结合公园内布置的儿童乐园或小型动物园等专类园而设置的，一般应设计在城市交通流量不大的街道上，也应考虑有集散广场。专用出入口主要为园务管理人员而设置，一般不对外开放，入口只需要考虑回车的空间。

公园出入口分为对称均衡和不对称均衡（见图 7-38）。

2. 地形景观设计

地形设计应遵循因地制宜的原则，除了考虑利用地形、地貌造景外，还应充分利用地形为植

图 7-37　某城市公园主入口设计

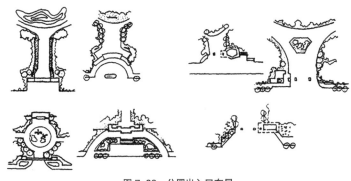

图 7-38　公园出入口布局

物生长创造良好的环境。具体设计要点如下。

（1）地形处理应以公园绿地需要为主要依据，充分利用原有地形、景观，创造出自然和谐的景观骨架。平地应铺设草坪或铺装地，供游人开展娱乐活动；坡地应尽量利用原有山丘改造，与配景山、平地、水景组合，创造出优美的山体景观。例如：上海长风公园铁臂山，是以挖银锄湖的土方在北岸堆起的土山，主峰高达 26m，是全园的制高点，与开阔的水面形成了鲜明的对比。铁臂山周围布置了高低起伏的次峰，期间有幽谷、泉流、洞壑。游人可在不同的方位和距离上看到有变化的山体景观，同时高低起伏的地形也为园林植物营造了良好的生长环境。

（2）因地制宜，合理地安排活动的内容和设施。如广州越秀公园，利用山谷低地建游泳池、体育场、金印青少年游乐场，利用坡地修筑看台，开挖人工湖，在岗顶建五羊雕塑等。

（3）公园地形设计中，竖向控制应包括以下内容：山顶标高，湖池的最高水位、常水位、最低水位、池底、驳岸顶部等标高、园路的主要转折点、交叉点、变坡点、主要建筑物的底层、室外地坪，各出入口内外地面、地下工程管线及地下构筑物的埋深。为了保证公园内游人的安全，水体深度一般控制在 1.5 ~ 1.8m 之间，硬底人工水体在近岸 2m 的范围内水深不得超过 0.7m，超过者应设护栏。

3. 园路设计

从公园的主题定位和规模出发，园路应与规划的地形、水体、植物、建筑、铺装场地及其他设施结合，形成完整的风景构图，走向符合游人的行为规律，方便地引导游人到主要观赏点。根据公园的规模和功能，一般可将园路分为主路、支路和游步道。

（1）主路：联系各个景区、主要风景点和活动设施的道路。一般路面宽度 4 ~ 6m，可供机动车通行。

（2）支路：设在各个景区内部的道路，联系各个景点，对主路起辅助作用。一般路面宽度为 2 ~ 4m，可供游览自行车通行。

（3）游步道：是深入到山间、水际、林中、花丛，供人们徒步游赏的道路。一般路面宽度为 0.9 ~ 2m。无论主路、支路、游步道，在平面上宜弯曲变化，立面上宜高低起伏，形成优美的园林曲线，增强景观的多样性。

园路的铺装可根据道路的等级和性质进行区分，一般主、支路应采取比较平整、耐压力较强的铺装面，如钢筋混凝土、沥青整体路面等，游步道则选用块料路面，如冰纹石、花岗石、卵石等。

4. 园林建筑与小品设计

（1）设计原则：建筑设计要结合基址的地形、地貌及周边环境，在其基址上做风景视线分析，"俗泽屏之，佳则收之"。

（2）建筑风格：建筑风格的确定既要有浓郁的地方特色，又要与公园的性质、规模、功能相适应。古典园林的修复、改建要以古为主，尽可能地表现出原有的风貌；新建公园要尽可能选用新材料，采用新工艺，创造新形式。

（3）常用建筑类型：我国古典园林主要采用亭、廊、楼、阁、榭、舫、厅、馆、塔、牌坊等建筑体，而现代园林多用花架、结构亭、柱、景墙、景灯、园椅（凳）等建筑小品或设施。设计中，各类建筑及小品的风格要紧扣主题，大体保持一致。

（4）设计要点：公园中建筑形式要与其性质、功能相协调，全园的建筑风格应保持统一。公园的建筑功能是开展文化娱乐活动，创造景观，防风避雨，甚至体现主题。景观建筑设计应讲究尽善尽美，在使用功能、造型、材质及色彩的运用和处理上，更加符合人体工程学和具备较好的视觉效果，因此设计者必须了解建筑的实质特征

（大小、体量、材料等）、美学特征（造型、色感、质感等）及机能特征，使其在应用中确实发挥其功效，丰富环境寓意。而管理和服务性建筑在体量上应尽量小，位置要隐蔽，利于创造景观。此外，还应考虑残疾人及老人、儿童的特殊设备、设施的设计，充分体现以人为本的设计思想。

5. 园林植物配置

（1）满足功能要求，并与山水、建筑、园路等自然环境和人工环境相协调。如南京玄武湖公园广阔的水面、湖堤、栽植大片荷花和婀娜多姿的垂柳，与周围的山水城墙相映成趣。

（2）宜选用乡土树种为公园的基调树种，适当引进新品种作为新的观赏内容。不同城市公园宜选用乡土树种为基调，既经济又有地方特色，如上海复兴公园的悬铃木、武汉解放公园的池杉林等。

（3）利用植物的季相变化和生命周期现象，营造优美的植物景观。如杭州花港观鱼春夏秋冬四季景观变化鲜明：春有牡丹、樱花、桃花；夏有广玉兰、荷花；秋有桂花、槭树；冬有腊梅、雪松。

（4）通过乔、灌、草的有机组合，形成自然式的人工混交林，充分发挥植物的生态效益。

6. 水景设计

公园内的水体往往是城市水系中的一部分，起着蓄洪、排涝、卫生、改良气候等作用。公园中的大水面可开展划船、游泳、滑冰等水上运动，还可养鱼、种植水生植物，创造明净、爽朗、秀丽的景观，供游人观赏。

（1）水体处理：首先要因地制宜的选好位置，"高方欲就高台，低凹可开池沼"是历代造园家常用的手法。其次，要有明确的来源和去脉，因为无源不持久，无脉造山水灾。池底应透水，大水面应辽阔、开朗，以利于开展群众活动；可分隔，但隔不可居中；四周要有山和平地，以形成山水风景。小水面应迂回曲折，引人入胜，有收有放，层次丰富，增强趣味性。水体与环境配合，创造出山谷、溪流；与建筑结合，造成园中园、水中水等层次丰富的景观。

（2）驳岸设计：水体驳岸多以常水位为依据，岸顶距离常水位差不宜过大，应兼顾景观、安全与游人进水心理。从功能需要出发，定竖向起伏。如划船码头宜平直，游览观赏宜曲折、蜿蜒、临水。还应防止水流冲刷驳岸工程设施。水深应根据原地形和功能要求而定，无栏杆的人工水池、河湖近岸的水深应在 0.5～1m，汀步附近的水深应在 0.3～0.6m，以保证当地最高水位时，公园各种设施不受水淹。水池的进水口、排水口、溢水口及附近河湖间闸门的标高，应保证适宜的水面高度，以利于泄洪和清塘。按公园的水量、水位、流向，水闸或水井、泵房的位置，各类水体的形状和使用要求，游船水面应按船的类型提出水深要求和码头位置。游泳水面应划定不同水深的范围。

（3）河湖水系设计：应根据水源和现状地形等条件，确定园中河湖水系观赏水面各种水生植物的种植范围和不同的水深要求。公园内的河湖最高水位，必须保证重要的建筑物、构筑物和动物笼舍不被水淹。

7.2.6 城市公园景观规划设计的方法与程序

进行一个完整的城市公园设计，需要采取的步骤如下。

1. 编制设计任务书阶段

作为一个建设项目的业主（称"甲方"）会邀请一家或几家设计单位进行方案设计。作为设计方（称"乙方"）在与业主初步接触时，要了解整个项目的概括，包括基地性质、建设规模、投资规模、可持续发展、设计周期等方面，特别要了解业主对这个项目的总体框架方向和基本实施内容。总体框架方向确定了这个项目是一个什么性质的绿地，基本实施内容确定了绿地的服务对象。

乙方根据所收集到的文件，结合甲方提供的设计任务书（内容包括：规划设计目标、用地概况、规划要求、设计依据、设计要点和设计成果要求等），经过分析内容，定出总体设计原则和目标，编制出公园设计的要求和说明，即总体设计任务文件。主要内容包括：公园在城市绿地系统中的关系，公园所处地段的特征和四周环境，公园面积和游人总量，公园总体设计的艺术特色和风格要求，公园地形设计、建筑设计、道路设计、水体设计、种植设计的要求，拟定出公园内应设置的项目内容与设施部分规模大小，公园建设的投资概算，设计工作进度安排。

2. 基地调查和分析阶段

业主会选派熟悉基地情况的人员，陪同设计师到现场踏查，收集规划设计前必须掌握的资料有：

（1）基础资料。公园所在城市及区域的历史变革、城市的总体规划与各个专项规划（城市经济发展计划、社会发展计划、产业发展计划）城市环境质量、城市交通条件等。

（2）公园外部条件。

地理位置：公园在城市中与周边其他用地的关系。

人口状况：公园服务范围内的居民类型，人口组成结构、分布、密度、发展及老龄化程度。

交通条件：公园周边的景观及城市道路的等级，公园周围公共交通的类型与数量，停车场分布，人流集散方向。

城市景观条件：公园周边建筑的形式、体量、色彩。

（3）公园基地条件。

气象状况：年最高、最低及平均气温，历年最高、最低平均降水量，温度，风向与风速，晴雨天数，冰冻线深度，大气污染等。

水文状况：现在水面与灌溉系统的范围，水底标高，河床情况，常水位，最高与最低水位，历史上最高洪水位的标高，水流方向、水质、水温与岸线情况，地下水的常水位与最高、最低水位的标高，地下水的水质情况。

地形、地质、土壤状况：地质构造、地基承载力、表层地质、冰冻系数、自然稳定角度，地形类型、倾斜度、起伏度、地貌特点，土壤种类、排水、肥沃度、土壤侵蚀等。

山体土丘状况：位置、坡度、面积、土方量、形状等。

植被状况：现有园林植物、生态、群落组成，古树、大树的品种、数量、分布、覆盖范围、地面标高、质量、生长情况、姿态及观赏价值。

建筑状况：现有建筑位置、面积、高度、建筑风格、立面形式、平面形状、基地标高、用途及使用情况等。

历史状况：公园用地的历史情况，现有文化古迹的数量、类型、分布、保护情况等。

市政管线：公园内及公园外围供电、给水、排水、排污、通信情况，现有地上地下管线的种类、走向、管径、埋设深度、标高和柱杆的位置高度。

造园材料：公园所在地区优良植被品种、特色植被品种及植被生态群落生长情况，造园施工材料的来源、种类、造价等。

（4）图样资料。在总体规划设计时，应由甲方提供以下图样资料。

地形图根据面积大小提供 1：2000、1：1000 或 1：500 园址范围内总平面地形图。

要保留使用的建筑物的平、立面图；其中，平面位置注明室内、外标高，立面图标明建筑物的尺寸、颜色、材质等内容。

现状植物分布位置图：比例尺在 1：500 左右，主要标明要保留林木的位置，并注明品种、胸径、生长状况。

地下管线图：比例尺一般与施工图比例相同，图内包括要保留的给水、雨水、污水、电信、电力、散热器沟、煤气、热力等管线位置以及井位等，提供相应剖面图，并需要注明管径大小、管底管顶。

（5）实地勘察。实地勘察也是资料收集阶段不可缺少的一步。设计者到基地现场勘察，有助于建立直观认识，激发创作灵感，同时对园址周边的景物也有了更深的认识，在将来的规划设计中可以有的放矢地采用屏蔽的手法，确定公园景观的主要取向。在勘察过程中，最好请当地有关部门的人员陪同解说，有助于设计者对公园场地植物、地形地貌、人文历史的全面了解，把握公园所在地的文脉与特色，创造有个性的公园。在勘察过程中，综合使用照相机、摄像机，拍摄一些基地环境的素材，供将来规划设计时参考，以及后期制作多媒体成果时使用。

3. 总体规划（方案设计）阶段

确定公园的总体布局，对公园各部分作全面的安排。常用的图样比例为 1：500、1：1000 或 1：2000。

（1）公园的范围，公园用地内外分隔的设计处理与四周环境的关系，园外借景或障景的分析和设计处理。

（2）计算用地面积和游人量、确定公园活动内容、需设置的项目和设施的规模、建筑面积和设备要求。

（3）确定出入口位置，并进行园门布置和机动车停车场、自行车停车棚的位置安排。

（4）公园的功能分区、活动项目和设施的布局、确定公园建筑的位置和组织活动空间。

（5）景色分区：依据某种景观特性进行合理划分，如按照植物四季更替变化，可简单地将公园分为春景区、夏景区、秋景区和冬景区。

（6）公园河湖水系的规划、水底和水面标高的控制、水中构筑物的设置。

（7）公园道路系统、广场的布局及组织游线。

（8）安排平面及立面的构图中心和景点，组织视线和景观空间。

（9）地形处理和竖向规划，估计填挖土方的数量和运土方向、距离并进行土方平衡。

（10）造园工程设计：护坡、驳岸、挡土墙、围墙、水塔、水中构筑物、变电间、厕所、化粪池等工程和消防用水、灌溉和生活给水、雨水排水、污水排水、电力线、照明线、广播通信线等管网的布置。

（11）植物群落的分布和树木种植规划，制订苗木计划并估算树种规格与数量。

（12）做公园规划设计意图的说明、土地使用平衡表、工程量计算、设计概算、分期建园计划。

4. 详细设计阶段

详细设计又称扩初设计，是指同业主和评审专家组共同商议设计方案，依商讨结果对方案进行修改和调整。常用的图样比例为 1：500 或 1：200。主要任务是完成各局部详细的平立剖面图、详图、园景的透视图、表现整体设计的鸟瞰图等。

（1）主要出入口、次要出入口和专用出入口的设计，包括园门建筑、内外广场、服务设施、景观小品、绿化种植、市政管线、室外照明、汽车停车场和自行车停车棚的设计。

（2）各功能区的设计：各区的建筑物、室外场地、活动设施、绿地、道路广场、园林小品、植物种植、山石水体、园林工程、构筑物、管线、照明等的设计。

（3）确定园内各种道路的走向，纵横断面，宽度，路面材料及做法、道路中心线坐标及标高、道路长度及坡度、曲线及转弯半径、行道树的配置、道路透景视线。

（4）公园各种建筑初步设计方案：平面、立面、剖面、主要尺寸、标高、坐标、结构形式、建筑材料、主要设备。

（5）确定各种管线的规格，管径尺寸、埋置深度、标高、坐标、长度、坡度或电杆的位置、形式、高度，水、电表位置，变电或配电间，广播室高度位置，音箱，室外照明方式和照明点位置，消火栓位置。

（6）地面排水设计：分水线、汇水线、汇水面积、明沟或暗管的大小、线路走向、进水口、出水口和窨井位置。

（7）土山、石山设计：平面范围、面积、坐标、等高线、标高、立面、立体轮廓、叠石的艺术造型。

（8）水体设计：河湖的范围、形状、水底的土质处理、标高、水面控制标高、岸线处理。

（9）确定各种园林建筑及小品的具体位置、平面形状、立面效果。

（10）园林植物的品种、位置和配植形式：确定乔灌木的孤植、丛植、群植或篱植的位置，花卉群体的布置形式（通常有花坛、花镜、花丛等），草坪植物的种植形式（单一草坪、混合草坪、缀花草坪等）。

5. 施工图设计阶段

施工图设计是将设计与施工连接起来的重要环节，按详细设计的意图，对部分内容和复杂工程进行结构设计，制定施工图样与说明，常用的图样比例为 1：100、1：50 或 1：20。

施工图设计要求图面能清楚且准确地表示出各项设计内容的尺寸、位置、形状、材料、种类、数量、色彩以及构造。主要设计任务是完成施工平面图、竖向设计图（地形设计图）、种植设计图、园林建筑施工图、给排水管网布置图、照明系统总平面布置图等。

其中种植设计图样的内容包括以下几项。

（1）乔灌木种植的位置、标高、品种、规格、数量。

（2）乔灌木配植的平面形式、立面形式及景观特性。

（3）蔓生植物的种植位置、标高、品种、规格、数量、攀爬与棚架情况。

（4）水生植物的种植范围、水底与水面的标高，品种、规格、数量。

（5）花卉群体的布置范围、标高、品种、规格、数量。

（6）草坪植物的种植范围、标高、地形坡度、品种。

（7）园林植物的修剪要求，自然状或是整形状。

（8）园林植物的生长期，速生与慢生品种的组合，在近期与远期需要保留、疏伐与调整的方案。

（9）对植物品种、图例、规格、数量、单位及备注的材料统计表。

6. 编制设计说明书

对各阶段布置内容的设计意图、经济技术指标、工程的安排等用图表及文字形式说明。

（1）建设的工程项目、工程量、建筑材料。

（2）公园建筑物、活动设施及场地的项目、面积、容量表。

（3）公园分期建设计划，要求在每期建设后，在建设地段能形成公园的部分面貌，以便分期投入使用。

（4）建园的人力配备：工种、技术要求、工作日数量、工作日期。

（5）公园规划设计的原则、特点及设计意图的说明。

（6）公园各功能分区及景色分区的设计说明。

（7）经济技术指标：游人量、游人分布，每人用地面积及土地使用平衡表。

（8）编制设计预算。

在实际工作中，设计方接到设计任务后，可根据项目的规模大小及建设方的具体要求尽快制定出"××项目承接设计合同书"，合同书的主要内容要求按照设计的不同阶段写明设计的内容及提交成果，确定每个阶段的周期，具体方案可参照表7-1。

表7-1　　　　　　　　公园绿地设计的主要阶段及内容

序号	设计阶段	设计内容及提交成果	设计周期（周）	备注
1	概念设计	（1）场地调研。 （2）与建设方沟通。 （3）场地分析，主题定位。 （4）概念总图，概念设计效果图		设计周期不包含业主提供相关资料、讨论及确认图面的时间
2	方案设计	（1）方案总平面图、鸟瞰图、整体效果。 （2）竖向设计图、景观分析图。 （3）主要景点的造型设计。 （4）重点立面图、局部透视图。 （5）方案设计说明		
3	详细设计	（1）详细的总平、分区、竖向、铺装、植物总平面图。 （2）各功能分区详图。 （3）各小品大样（含材料、规格、尺寸、式样等）。 （4）水电总图、详图。 （注：以上图样以CAD稿形式表现）		
4	施工图设计	（1）各小品、各节点施工结构图。 （2）相关专业的配套图样（给排水、照明）。 （3）施工图设计说明。 （4）设计交底		
5	施工配合	（1）设计师期间到现场指导（总体控制、重要景观节点施工）。 （2）与施工项目经理、监理工程师的有效配合。 （3）小品和订购的现场配合。 （4）放线和植物的选择技术配合	按甲方施工时间	

7.2.7 城市公园规划设计的成果

为了表现公园规划设计的意图，除绘制平面图、立面图、剖面图外，还可采用绘制轴测投影图、鸟瞰图、透视图和制作模型，使用计算机制作多媒体等形式，以更加形象地表现公园的设计构思。

（1）图样成果：平面图、立面图、效果图，施工图，比例与图样大小根据具体情况确定。

（2）文本成果：设计说明书、植物名录及其他材料统计表、投资预算。

7.3 项目设计实训

某公园规划设计的调查。

7.3.1 实训目的

（1）明确综合性公园绿地规划设计的原则。

（2）明确综合性公园规划设计的要求和内容。

（3）掌握综合性公园绿地景区的划分、景点的设置、功能的分区。

（4）掌握综合性公园空间组织、空间序列展示、风景视线和导游路线的设置。

（5）掌握综合性公园绿地的树种选择和植物配置。

7.3.2 实训内容

选择本市现有的综合性公园绿地进行调查学习，调查内容主要有以下几方面：

（1）景区和景点的设置。

（2）园林空间序列的展示。包括两个方面：一方面是自然风景的时空转换；另一方面是游人在赏景过程中步移景异。

（3）导游路线和赏景视线的安排。

（4）园内各种造园手法、园林构成要素及植物配置的调查。

实训学时：6 ~ 8 学时。

7.3.3 实训要求

（1）实训建议。在实训前，教师提前选择好实训的地点，收集该公园的规划平面图及相关的图文介绍，对公园的基本概况、历史沿革、周边情况均要做详细的了解。学生在实训前要求预习实训内容，教师讲解实训的目的和重点，指导学生实训过程，保证学生实训时能在规定的时间内完成实训内容。

（2）实训条件。

1）有代表性的综合性公园绿地 1 ~ 2 处。

2）学生能进行园林树木、花卉等种类的识别。

3）学生已具备园林构成要素、园林造景手法的应用及分析的技能。

7.3.4 实训工具

记录本、铅笔、绘图墨水笔、橡皮、速写本、数码相机等。

7.3.5 方法步骤

（1）老师选择有代表性的综合性公园 1 ~ 2 处，组织学生进行参观，对学生作公园概况、空间布局、造景手法、技巧及植物配置等方面的介绍。

（2）带学生在公园内主要景点进行参观游览及调查学习。

（3）在游览时和游览后，组织学生对所参观综合性公园的景区划分、景点设置、空间组织、导游路线和风景视线、植物材料等内容做调查，填写调查记录表。

（4）对优秀景观和造景手法，运用速写和拍照的手法进行记录。

（5）对此次调查学习写出观后感，并完成实习报告。

7.3.6 成果要求

（1）完成相应的调查记录表（表7-3~表7-6）。

（2）完成观后感一篇。

（3）完成实习报告一份。

7.3.7 实训考核

实训考核评分标准见表7-2。

表7-2　　　　　　　　　　　　　实训考核评分标准

姓名：　　　　　　　　　　　　　　　　　专业班级：

实训内容									
序号	考核项目	考核标准				等级分值			
		A	B	C	D	A	B	C	D
1	实训态度	实训认真，积极主动，操作仔细，认真记录	较好	一般	较差	10	8	6	4
2	设计内容	设计科学合理，符合绿地设计的基本原则，具有可达性、功能性、亲和性、系统性和艺术性	较好	一般	较差	20	16	12	8
3	综合应用能力	结合环境，综合考虑，满足功能和创造优美环境，通过树木配置创造四季景观，同时充分考虑到植物的生态习性和对种植环境的要求	较好	一般	较差	30	25	15	10
4	实训成果	设计图纸规范、内容完整、真实，具有很好的可行性，独立按时完成	较好	一般	较差	25	20	15	8
5	能力创新	表现突出，内容完整，立意创新	较好	一般	较差	15	10	8	4
本实训考核成绩（合计分）									

表7-3　　　　　　　　　　　　　公园绿地概括调查记录表

实训地点		时间	
面积		调查小组成员	
公园绿地的位置及周围环境情况			
公园绿地采用的布局手法及特点			
导游路线和风景			
视线安排的情况			
总的感觉及评价			

表 7-4 公园绿地构园要素调查记录表

实训地点			面积	
实训时间			调查组成员	
园林绿地布局形式及特点				
园林构成要素	地形	特点		
		表现形式		
	水体	特点		
		表现形式		
	道路	特点		
		表现形式		
	建筑	特点		
		表现形式		
	建筑小品	特点		
		表现形式		
	植物	特点		
		表现形式		
备注				

表 7-5 公园绿地造景手法运用调查记录表

实训地点		面积	
实训时间		调查组成员	
园林主要造景手法	主景		
	配景		
	对景		
	夹景		
	障景		
	隔景		
	框景		
	漏景		
	添景		
	借景		
	题景		
	点景		
备注			

表7-6   园林绿地树种调查记录表

实训地点			面积		
实训时间			调查组成员		
编号	植物名称	植物类型	在园中的数量	习性及在本园中的生长状况	
01					
02					
03					
04					
05					
06					
07					
备注					

课题 8　城市滨水区绿地规划设计

8.1　项目案例与分析

邛崃南河滨水景观区规划设计（方案引自定鼎园林 http://www.ddyuanlin.com/datalist/207 ）。

8.1.1　项目概况

1. 区域位置

邛崃市区（临邛镇）位于成都平原西南部，西临邛崃山麓，与大同乡、水口镇连界；东瞰川西平原，与前进镇、宝林镇相接；南与卧龙镇、孔明乡毗邻；北与桑园镇、茶园乡接壤。东、北部原野平坦，西、南部山丘连绵（见图8-1）。

邛崃南河滨水景观区位于成都平原西南部，距成都65km，位于成都市"半小时经济圈"，幅员1384km²。南河河滨路两岸景观绿化带规划区位于邛崃市南城区南河，西起邛名高速，东至洄谰塔，全长约6km，生态环境良好，交通方便快捷，文化底蕴深厚，区域战略地位突出。

2. 设计范围

南河河滨路两岸景观绿化带规划控制区面积2300余亩。规划用地内现有人工水渠、湿地、树木、草坪、耕地以及农房和道路，自然环境良好（见图8-2）。

滨河绿地用地地势呈西高东低走势，西部最高点高程504m，东部最低点高程494m，高差10m，南河以北为淤积岸，

图8-1　项目位置图

岸平水缓，有大量天然形成的滩涂地，南河以南为河流冲击岸，岸陡水急，河岸两侧植被状况一般，树种以杨树、

133

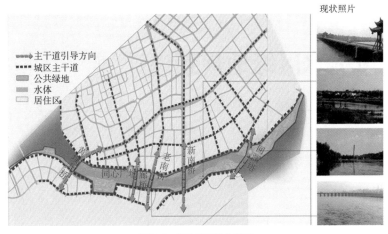

现状照片

图 8-2 场地适应性分析图

枫杨等为主，老南桥西侧有一天然岛屿。此外沿南河分布着邛窑遗址、老南桥和洞澜塔等文物古迹，都具有较高的游览和观赏性。

3. 主要经济技术指标

景观总用地面积：1401073m²。

水体面积：8829m²。

广场面积：69602m²。

滨河步道：56205m²。

停车场：6073m²。

绿化面积：1198870m²。

服务设施：3152m²。

8.1.2 设计依据和设计原则

1. 设计依据

《中华人民共和国城市规划法》，《中华人民共和国环境保护法》，国务院《城市绿化条例》，建设部《城市绿线管理办法》，行业标准《公园设计规范》（CJJ 48—92），《关于特别是作为水禽栖息地的国际重要湿地公约》（简称《湿地公约》）。

2. 设计原则

（1）滨水空间的重点处理原则。突出城市中心区滨水特色，创造不同景观特色空间，以人性化尺度和城市尺度体现空间美感。规划与城市肌理相一致的市民广场空间。为周边居民以及残疾人提供开展各项活动的空间并成为维护生态的示范场所。

（2）历史文脉的尊重和传承。邛崃深厚的历史文化，司马相如与卓文君名扬天下的爱情故事为设计提供了丰富的文化题材。设计以浪漫的形式造景，以文化故事点题，使公共空间成为展示城市历史文化的最好载体。

（3）景观与防洪要求的统一。南河防洪按照50年一遇的标准设计。因此，设计必须在安全的前提下进行，同时景观与工程满足美观与安全要求。

（4）景观空间与土地利用的平衡。用地的平衡也包括经济的平衡，因此设计必须考虑项目可操作性，即除了满足社会效益，还要满足经济效益。

（5）和谐统一的场地特征。不同地块有不同的场地特征，满足不同人群的需要，同时使场地之间和谐统一。作为功能转换空间，注重交通的衔接，疏导商业人群，从而缓解地面交通压力；使之成为避难场所和城市防灾基地。

（6）分期实施原则。设计实施要按照城市发展需求逐步实施，确保分期实施的完整性和连续性。

8.1.3 设计构思

以"树影、楼影、塔影、岛影，"为总体设计理念，规划形成"历史人文、古窑遗韵、运动健康、生态湿地，"四大设计主题，将生态、文化等有机的景观要素穿插在城市肌理中，创造出邛崃地区独一无二的大尺度滨水城市空间。

根据公园建设调查问卷，结合周边的居民、游客情况，按照年龄分为四类人群并逐一分析相应的功能需求。

老年人：休憩、观赏、饮食。

中年人：观赏、饮食、聚会、游玩。

青年人：游玩、观赏、聚会、学习、饮食。

儿童：游玩、学习、饮食。

再结合公园绿地的功能、性质、服务人群的需求进行功能分区的划分，确定满足服务人群需求的具体项目。

观赏：观赏历史文化雕塑、憧憬梦幻爱情、赏析高雅贡茶文化、聆听千古美酒传奇、观赏开阔水面、远眺古塔、欣赏廊桥美景、赏月、观赏夜间烟花、银杏林荫广场、赏灯。

聚会：文化活动、写生大会、烟花大会、唱歌跳舞、等候见面、非常时期的避难场所。

游玩：亲子活动、孩子尽情奔跑、和小狗玩耍、儿童广场、乐器演奏。

休憩：在草坪上聊天、在长椅上读书、悠然散步、下班途中在树荫下小憩、沐浴风和阳光。

通过对具体项目的分析，结合该绿地的场地现状，确定一个主题广场、一条景观水系、一个遗址公园、两条景观轴线以及两个生态湿地公园（见图8-3）。

1."一河两岸"

流淌了千年的南河，穿越古老的邛崃，也穿越未来邛崃的城市中心。南河两岸即将形成古城的又一发展新区。南河两岸千百年来留下的古塔、古桥、古窑、古亭以及街市繁华的景象、市民生活的习俗，犹如《清明上河图》长幅画卷展示在人们面前。如何继承古老临邛文化，发挥其文化优势，适应现代人需要，正是设计所要考虑的重要问题（见图8-4）。

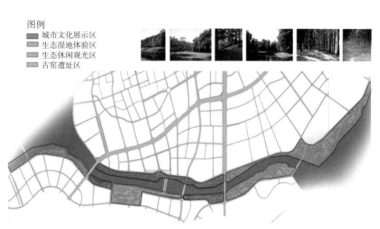

图例
■ 城市文化展示区
■ 生态湿地体验区
■ 生态休闲观光区
■ 古窑遗址区

图8-3 公园功能分区图

2."四种时空形态"

根据城市未来发展要求，地块自西向东形成运动健康、历史人文、古窑遗韵和生态湿地4种不同景观意向，规划按照其形态不同，形成"树影、楼影、塔影、岛影"4种时空形态。

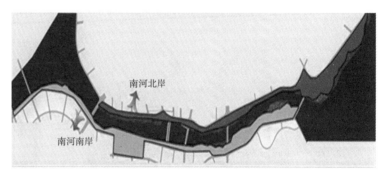

图8-4 一河两岸位置图

树影：南河两岸生态公园形成丰富的自然景观形态，以"树"为题材的滨江驳岸，将"影"融入设计中。其规划构思以凤求凰的经典故事和邛崃历史人文为题材展示，同时能对区域外形成开放空间。

楼影：运河两岸城市商务、居住建筑群，在运河边形成轮廓清晰、富于变化的天际线，运河遥相呼应，同时也是城市建筑与自然景观的融合，规划更加强调建筑景观及滨江的整体性与开放性。

塔影："云光水色潞河秋，满径槐花感旧游。无恙蒲帆新雨后，一枝塔影认临邛。"回澜塔从古至今作为邛崃的标志，是成都市境内最高的古塔，亦是中国现存最高的风水古塔。在本次规划中以塔为核心，通过"点、线、面"设计手法，形成生态湿地景观区，南河两岸野趣横生，芦苇摇曳。景观视廊的开辟使两块空间有了更好的联系。

岛影：以南河下游原有地形为主体，形成湿地岛屿，使原有陆地呈现岛状结构。打造原生态的湿地景观，成为南河下游的一道亮丽风景。

3 "四大主题开放空间"

此次设计主要分为四大功能区：生态休闲观光区、城市文化展示区、邛窑遗址区、生态湿地体验区（见图8-5）。

（1）生态休闲观光区。该段为黄坝大桥上游南河南岸。此区域位于两河交汇处，水面开阔，是很好的观景休

图8-5 四大主题开放空间位置示意图

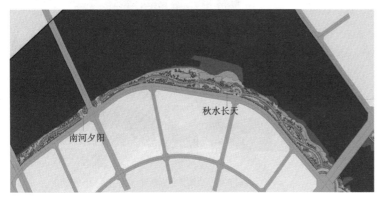

图8-6 生态休闲观光区（a）

闲区。该段起于邛名高速大桥止于黄坝大桥。设计中所提到的"树影"是指南河上游未经破坏的植物群落形成的郁郁葱葱的生态景象，结合现有的大量高大树木共同打造出一片古意昂然的绿色屏障，形成南河生态绿廊（见图8-6）。

主要景点：南河夕照、雪映西岭。

南河夕照：黄坝大桥上游，是河面最宽处，此处观景绝美画面莫过于夕阳西下，半江瑟瑟半江红（见图8-7、图8-8）。

（2）城市文化展示区。设计定位挖掘邛崃当地的历史人文，将古窑、茶叶、冶铁、酿酒等邛崃文化的典型元素融入到设计中，突出"树影"景观特色，以自然生态为设计根本，使之成为市民、游客感受文化、享受自然的场所，并成为邛崃文化旅游线的又一条城市经典路线（见图8-9）。

图8-7 生态休闲观光区（b）

图8-8 林中漫步

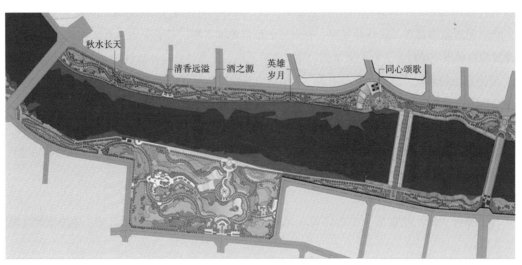

图8-9 滨河景观大道

城市滨河景观大道：地块处于南河北岸的黄河坝大桥至老南桥河段，中间以司马相如与卓文君的经典爱情为设计元素，打造邛崃同心广场。

"同心广场"采用均衡式规划布局，由一条市政道路延伸的景观中轴线控制不规则的长条形用地，庄重亦不失灵动。主轴线上设置广场主景观——喷泉、文化浮雕墙、诗歌大道、爱情主题雕塑、铺装广场、景观灯以及环形树阵，形成收放有序的大景观主轴线。中心广场采用环行构图，形成对中心广场的向心凝聚力。其中文化浮雕墙和喷泉虚实对比，构成广场主入口的玄关，形成中轴序列的缘起，为后面的主题雕塑作铺垫，在恢弘奔放的雕塑之后是亲水木栈道环绕的喷泉背景，此处进入中轴景观的尾声。

广场周边以茶文化、酒文化的人文主题进行延续。同心广场西侧安排了一定的景观节点，穿插邛崃的人文历史。广场东侧则慢慢减弱，从而使硬质驳岸向自然驳岸过度。从老南桥到回到均为自然生态驳岸的澜塔下游区。

主要景点：秋水长天、清香远溢、酒之源、碧水长河、同心颂歌、冶铁记事、林溪漫道、流光溢彩。

秋水长天：青天碧水，天水相接，上下浑然一色；彩霞自上而下，孤鹜自下而上，相映增辉，构成一幅色彩明丽而又上下浑成的绝妙好图。正所谓"落霞与孤鹜齐飞，秋水共长天一色"（见图8-10）。

清香远溢：清香远溢充盈着浓郁的茶文化，有诗云："酝兴毫峰斟半盏，一分茶酿十分诗"。都江堰山清水秀，良好的生态环境和绝佳的气候条件使茶叶及金桂长势葱茏。茶依托于水脉余韵，得益于千层碧波的江水，一杯好茶，几屡花香，醇香留口，永久难忘。因此取名："清香远溢"（见图8-11）。

图8-10　秋水长天

图8-11　清香远溢

酒之源：邛崃是"中国最大白酒原酒基地"。西汉年间的卓文君与司马相如在邛崃琴音相通，当垆卖酒，演绎了一段千古佳话，陆游题诗"一樽尚有临邛酒，却为无忧得细倾"。

碧水长河：碧水长河，斜阳落霞，邛崃古城在腹心地带营造处一片生机盎然的绿色走廊，再现一方"碧水长河、沙鸥一片"的幽美环境（见图8-12）。

同心颂歌：同心广场是整个滨河景观长廊的中心，也是邛崃主要街道南街的端点，自然形成了视觉中心。广场上的雕塑象征邛崃党政同心、军民同心（见图8-13）。

冶铁记事：古临邛的冶铁历史十分悠远，如今在平乐古镇的老街上，还开着一家百年铁匠铺，老屋子里铁锤叮当，敲打出飞溅的火星，原始的劳作成为了古镇的一道风景。

流光溢彩：在绚烂的夜空下，色彩斑斓的花形主题广场，在邛崃这片古老的土地上倾泻而下，如果说爱情是最动听的音符，那么流光溢彩的幻象却叫我们有着更多的心醉。

（3）邛窑遗址区。地块处于南河南岸的黄坝人桥至老南桥河段的中间部分，古蜀临邛是一个陶器制作技术相当精湛的地方。邛窑出产的陶制品是向朝廷进贡的主打。著名的"邛三彩"陶瓷始于南北朝，盛于唐朝，对稍后长沙窑等古代名窑曾产生过深远的影响。我们将此区域规划为邛窑遗址公园，"古窑遗韵"取材于唐代古窑址——邛窑。

春到古镇，桃红柳绿，百草青青；夏日古镇，密雨击水，荷香阵阵；古镇之秋，湖水无痕，朗月当空；冬天来临，瑞雪飞舞，雪凝枝头，银装素裹，使窑火更觉热烈与壮观。可谓"山色湖水古窑地，古今难画亦难诗"。

图 8-12　酒之源

图 8-13　同心颂歌

古窑区是全园的主题重心，它包括了两大主题广场（乡情、古韵）、窑口（喷雾池）、古窑遗址、堆积层遗址、陶艺墙、古窑碑刻处以及乡间小路等。窑口依古窑原型而建，形似锥台，上台为窑口，设有雾化喷泉池。朦胧的水雾恰似袅娜的窑炯，格外传神。如果是在夜幕笼罩下再打上红色灯光，更是一幅"炉火正旺、窑烟愈浓"的景象！

主题植物区包括湿地景观、竹林区、花境区、水生植物区等。植物品种重在突出本土特色，例如木芙蓉、枫香等。配置中注重了乡性、生态性以及景观性的并举，使不同的区域形成不同的植物群落，做到"步移景异"，创造"虽由人作，宛自天开"的艺术效果。

总之，突出把握地方独特的人文气息和自然景观是本设计的宗旨，在表现秀美景致的同时，传诵出浓浓的古窑情结。"古窑遗韵"成为我们朝夕相处的美好家园的真实缩影（见图 8-14、图 8-15）。

图 8-14　邛窑遗址区平面图

主要景点：古窑遗韵、邛窑溢彩、古窑新风。

古窑遗韵："秀美邛崃地、悠悠古窑情。"古蜀临邛是一个陶器制作技术相当精湛的地方。邛窑出产的陶制品是向朝廷进贡的主打。"邛三彩"陶瓷始于南北朝，盛于唐朝，对稍后长沙窑等古代名窑曾产生过深远地影响。

邛窑溢彩：花色绚烂的生态花梯，如同盛唐时期的"邛三彩"。可谓"山色湖水古窑地，古今难画亦难诗"（见图 8-16）。

古窑新风：古窑遗址公园入口，展现邛崃全新风貌。通过对邛窑遗址的修复保护，建邛窑博物馆，来体现"天俯南来第一州"的古色古香。回澜塔古韵风华，给十里长堤美景，书写出浓重的一笔（见图 8-17）。

（4）生态湿地体验区。此区域位于新南桥至回澜塔下游，以湿地、卵石滩、草坡、观光果园等景观作为主要元素。河岸以自然驳岸为基础，打造原声自然的生态湿地景观。河岸线曲折自然，偶尔点缀野生花丛，使之成为邛崃的湿地公园，南河两岸"火虹邀彩云，野绿缠幽波"。在休闲中感受植被景观、感受自然中的动物、感受穿越栈道的景观以及感受林中漫步的无限惬意。生态湿地园保留原有生态水体，并对其原有的驳岸进行软化处理，并引入生态湿地与生态浮岛的特色景观概念。

图 8-15　邛窑遗址区鸟瞰图

图 8-16　邛窑溢彩

图 8-17　古窑新风

　　我们将邛崃景观湿地定位于"生命之岛，一个自然自由的原生态栖息场所"。岛是一个原生态场所，拥有自成体系的生态平衡系统和生物链，拥有繁茂的自然植被和特色的地貌文化，是邛崃景观湿地设计的主题。

　　邛崃景观湿地总体布局从设计构思出发，拓展出传统天人合一的理念，挖掘地方特色，展现出"岛、水、树林"的主题。以自然景色为景观湿地的主调，将原有的山体地形、水系、树林加以保护、改造、整合、通过不同的手法展现"岛、水、树林"的概念，将整个环境融入到南河的大背景中，表达出山对"岛、水、树林"的追求。设计中充分体现人与自然的和谐，岛与水的融合，创造出了丰富趣味的空间，利用移步换景的手法，以不同高差的观赏点和多条观景视线轴的设置，依据疏密有致的原则布置景观，使整个湿地景观的流线更富趣味（见图 8-18）。

　　主要景点：荻花野渡、回澜远影、古风亭、白鹭洲、露茗茴香。

　　荻花野渡：在河面开阔处，沿自然河岸，遍植野生水生花卉，其中设曲折木栈道、木平台，水中横木舟二三，"野渡无人舟自横"，诗情画意，美不胜收（见图 8-19）。

　　回澜远影：回澜塔作为邛崃最古老的风水塔，有着其重要的标志意义。碧水蓝天下，我们遥望古塔，那归去的往昔正是我们追忆的美好（见图 8-20）。

　　古风亭：一杯清茶，袅袅淡淡的青烟，古意盎然中，忽而飞起的白鹭，充盈着这个夏日沁人心脾的美景，登高眺望远处的湿地景观，一派葱郁尽收眼底（见图 8-21）。

图 8-18　生态湿地体验区

图 8-19　荻花野渡

　　白鹭洲：白鹭洲景点，以中国自然山水园为主格调，建筑采用湿地公园的质朴风格，打造水天一色，相得益彰的美好景色（见图 8-22）。

图 8-20　回澜远影

图 8-21　古风亭

　　露茗茴香：中国是茶的故乡，如今茶文化更是风靡世界。同时品茶本身就是一种极为优雅的艺术享受。闻香之后，用拇指和食指握住品茗杯的杯沿，中指托着杯底，分三次将茶水细细品啜，这便是"品茗"了。杯中虽只有七分满，留下的却是与友人的三分情谊，这不仅是中国茶文化的特殊含义，更是久久回味的余香（见图 8-23）。

8.1.4　道路交通规划

　　南河河滨地的道路规划为三级，即主路、支路、小路。主路是园内的交通干道，宽 7m。通车道路都要设减速装置，避免车辆超速行驶，保证游人安全。在滨河绿地中的各个重要节点处分别设置生态停车场以满足停车需求。在主路的基础上，建设宽度为 2～3m 的支路，此为区域游览的主要步行道路，贯穿整个滨河绿地，组成东西南北交通骨架。小路是游人步行观览活动的道路，宽度1.5m，根据景观和服务设施布局，尽量布置成环形路，以减少游客游览走回头路，小路大多布设在林下，不设全铺装（见图8-24）。

图8-22 白鹭洲

图8-23 露茗茴香

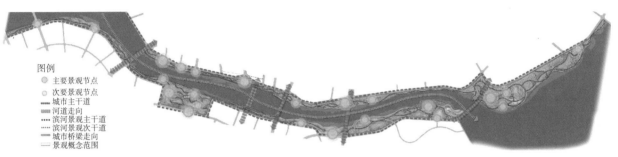

图例
- 主要景观节点
- 次要景观节点
- 城市主干道
- 河道走向
- 滨河景观主干道
- 滨河景观次干道
- 城市桥梁走向
- 景观概念范围

图8-24 道路交通规划图

8.1.5 种植规划

绿化设计本着创建生态园林城市的原则，在不破坏生态环境（滨河路两侧树木保留）的同时，建造良好的步行绿荫路和沿河绿带，规划充分利用自然因素创造小气候条件，适应多功能需要，强调立体绿化。考虑观赏和夏季遮阴等多功能需要，力求达到四季景观分明、空间层次丰富的植物景观效果。为保证充足的绿地及各类植被的栽种，广场除必需的铺装外，其他面积都用于绿化。

绿化品种分为3类。

（1）大面积的草坪为主要组成部分，可常绿10个月以上，使广场处于绿色道，宽7m。通车道路都要设减速装置，避免车辆超速行驶，保证游人安全。在滨河绿地中的各个重要节点处分别设置生态停车场以满足停车需求。在主路的基础上，建设宽度为2～3m的支路，是区域游览的主要步行道路，贯穿整个滨河绿地，组成东西南北交通骨架。小路是游人步行观览活动的道路，宽度1.5m，根据景观和服务设施布局，尽量布置成环形路，以减少游客游览走回头路，小路大多布设在林下，不搞全铺装。

（2）大面积的常绿灌木，如小叶榕、大叶榕、香樟。

（3）在广场中选择性的种植大乔木，但由于覆土深度有限，所以尽量选择树阵形式和丛植种植浅根系乔木，形成林状效果。

8.1.6 公共设施设计

1. 夜间照明系统

阳光下的公园呈现的是一片自然祥和，生机勃勃的景象。夜间夜幕降临，暮色中灯光更为公园增添了无尽的魅力。在设计中考虑用不同形式的灯具依各自功能，布置在道路、广场、林下、水畔各处。在满足基本照明的前提下，创造特色的照明视觉效果。对于节点构筑物、入口区域、建筑等重要的部位，采用投光灯、埋地灯、景观灯柱等多种形式灯具配合布置，以求在整体照明效果下，创造突出的"点"的效果，丰富照明层次（见图8-25）。

2.公共设施

公共设施：要包括座椅、垃圾桶等。它们占地少却数量多，能够形成自身的视觉系统。如商业街的座椅和垃圾桶在风格上都是现代的，形式上多为流线型构造，呼应"运河之城"的美誉。公共设施材料上多用石材或金属，而在亲水与休闲区其材料和形式则偏重于自然，多为木制等天然材料（见图8-26～图8-28）。

图8-25 夜间照明系统

图8-26 景观小品设计（a）

此外，在适当位置设置广场商业服务区与管理用房，便于日常管理与维护，同时也便于更好的服务游人。

图8-27 景观小品设计（b）

图8-28 景观小品设计（c）

8.2 相关知识

水对于人类来说有着一种内在的、与生俱来的吸引力。蓝天、阳光、水面、绿地是人们向往的旅游和生活地。滨水绿地就是在城市中临河流、湖泊、海岸等水体的地方建设而成的具有较强观赏性和使用功能的一种城市公共绿地形式。

滨水绿地是城市的生态绿廊，具有生态效益和美化功能。滨水绿地多利用河、湖、海等水系沿岸用地，多呈带状分布，形成城市的滨水绿带（见图8-29、图8-30）。

8.2.1 城市滨水区类型与特点

1.城市滨水区的类型

（1）临海城市中的滨海绿地，在一些临海城市中，海岸线常常延伸到城市的中心地带，由于岸线的沙滩、礁石和海浪都具有相当的景观价值，所以滨海地带往往被辟为带状的城市公园。

图 8-29　城市滨水绿带（a）

图 8-30　城市滨水绿带（b）

此类绿地宽度较大，除了一般的景观绿化、游憩、散步道路之外，里面有时还设置一些与水有关的运动设施，如海滨浴场、游船码头、划艇俱乐部等。此类滨海绿地在大连、青岛、厦门等城市中运用较为普遍。

（2）面湖城市中的滨湖绿地，我国有许多城市滨湖而建，最为人们熟悉的滨湖城市是浙江的杭州。此类城市位于湖泊的一侧，甚至将整个湖泊或湖泊的一部分围入城市之中，因而城区拥有较长的岸线。虽然滨湖绿地有时也可以达到与滨海绿地相当的规模，但由于湖泊的景致较大海更为柔媚，因此绿地的设计也应有所区别。

（3）临江城市中的滨江绿地，大江大河的沿岸通常是城市发展的理想之地，江河的交通、运输便利常使人们很容易的想到将沿河地段建设港口、码头以及运输需求的工厂企业。随着城市发展，为提高城市的环境质量，如今已有许多城市开始逐步将已有的工业设施迁往远郊，把紧邻市中心的沿河地段开辟为休闲游憩的绿地。因江河的景观变化不大，此类绿地往往更应关注与相邻街道、建筑的协调。类似的滨江绿地可以在上海、天津、广州等城市中见到。

（4）贯穿城市的滨河绿地，东南沿海地区河湖纵横，过去许多中心城镇大多由位于河道的交汇点的集市逐步发展而来，于是城内常有一条或几条河流贯穿而过，形成市河。随着城市的发展，有些城市为拓宽道路而将临河建筑拆除，河边用林荫带予以点缀；而在城市扩张过程中，原处于郊外的河流被圈进了城市，河边也需用绿化进行装点。由于此类河道宽度有限，其绿地尺度需要精确地把握。

2. 城市滨水区的特点

（1）空间形态呈线性带状，一方面，可以为生物物种的迁徙和取食提供保障，为物种之间的相互交流和疏散提供有利条件；另一方面，这种线性空间鼓励步行、骑自行车、慢跑等活动，这些活动有益于人们的健康。

（2）具有较高的连接性，可以用来连接城市中彼此孤立的自然板块，从而构筑城市绿色网络，缓和动植物栖息地的丧失和割裂，优化城市的自然景观格局。

（3）具有良好的可达性，城市带状公园与广场和矩形公园等集中型开敞空间相比具有较长的边界，给人们提供了更多的接近绿色空间的机会，因此能更好地满足人们日益增长的休闲游憩的需要。

（4）具有较好的安全性大多数的城市带状公园的宽度相对较窄，视线的通透性较好，因此许多人都认为这种环境比广阔幽深的公园更加安全。

8.2.2　城市滨水区绿地规划设计原则

1. 保持基址的整体性与连续性

城市滨水绿地建设要站在滨水绿地之外，从整个城市绿地系统乃至整个城市系统等更高级的系统出发去研究问题。像中国古代军事家所说的那样："善弈者，谋势；不善弈者，谋子"。"势"就是全局发展趋势。江河的形成是一个自然力综合作用的过程，这种过程构成了一个复杂的系统，系统中某一因素的改变都将影响到景观面貌的整体。所以在进行滨水景观规划建设时，首先应把滨水绿地作为一个系统来考虑，从区域的角度，以系统的观点进行全方位的规划，而不应该把河道与大的区域空间分割开来，单独考虑。

2. 遵从基址的生态环境特征

减少人为干扰与破坏在地球表面进行任何的改造都会对其造成影响，但这并不表明人类就退出生物圈不再进行建设了，而是应该认识到人类的建设行为对生态系统影响的成因与大小，通过设计来减少或避免这种影响。保持生态系统的恢复能力，让环境充满生机与活力。任何园林景观生态系统都有特定的物质结构与生态特征，呈现空间异质性，规划设计之前应该对基址进行系统的分析，考虑基址的气候、水文、地形地貌、植被以及野生动物等生态要素的特征，并在规划设计过程中遵从这些生态环境特征，尽量减少人为干扰与破坏。

3. 生态、景观、防洪等多功能兼顾

城市滨水区的整治不单纯是解决水运、防洪等使用功能的问题，还应包括改善水域生态环境，改进江河、湖泊的水质，增加滨水绿地的游憩机会和景观效果，提升滨水地区周边土地的经济价值等一系列问题。仅从某一角度出发。均会有失偏颇，造成损失，因此必须统筹兼顾，整体协调。滨水景观的规划建设必须以系统工程为指导，在满足基本使用功能的前提下，合理考虑景观、生态等需求，把滨水绿地建设成多功能兼顾的复合城市公共空间，以满足现代城市生活多样化的需求。

4. 以绿为主，生态优先

城市滨水绿地在城市中重要的生态功能要求，主要是通过植物来完成的，这就决定了对城市滨水空间的规划建设，必须依据景观生态学原理，模拟自然江河岸线的自然生态群落结构，以绿化为主体，以植物造景为主体，强调以乡土树种为主，兼顾植物群落的生物多样性，运用天然材料，创造自然生趣的滨水景观。规划设计应以保护生物多样性，增加景观异质性，强调景观个性，促进自然物能循环，构架城市生态走廊，实现景观的可持续发展等几个方面作为滨水绿地生态规划的主要内容加以体现。

5. 景观结合文化，突出地方性特色

自然景观整治与文化景观（人文景观）保护相结合，是城市滨水绿地体现城市历史文化底蕴、突出滨水绿地文化内涵和地方景观特色的重要手段。特别是对一些具有深厚历史文化的名城，充分挖掘城市历史文化特色，利用园林景观表现手法加以表达，保持城市历史文脉的延续性，是滨水绿地生态规划设计的重要原则，它对恢复和提高滨水景观的活力，增强滨水绿地的地方特色、文化性、趣味性等均有十分重要的意义。

8.2.3　城市滨水区绿地规划设计内容

城市滨水绿地是一个包含水域和陆域，富含丰富的景观和生态信息的复合区域。滨水绿地规划设计的内容主要包括对绿地内部复合植物群落、景观建筑小品、道路铺装系统、临水驳岸等基础元素的设计与处理。

1. 滨水绿地的风格定位

滨水绿地的景观风格主要包括古典景观风格和现代景观风格两大类。在进行滨水绿地设计时首先应正确定位景观的风格。滨水绿地景观风格的选择，关键在于与城市或区域的整体风格相协调。

（1）古典景观风格的滨水绿地。这类绿地往往以仿古、复古的形式，体现城市历史文化特征，通过对历史古迹的恢复和城市代表性文化的再现来表达城市的历史文化内涵，该种风格通常适用于一些历史文化底蕴比较深厚的历史文化名城或历史保护区域。例如：扬州古运河滨河风光带的规划，由于扬州是拥有2000多年历史的国家历史文化名城，加之古运河贯穿城市的历史保护区域，所以该滨河绿地的景观风格定位是以体现扬州"古运河文化"为核心，通过古运河沿岸文化古迹的恢复、保护建设，再现古运河昔日的繁华与风貌，滨河绿地内部与周边建筑均为扬州典型的"徽派"建筑风格为主（见图8-31、图8-32）。

（2）现代景观风格的滨水绿地。这类绿地常用于一些新兴的城市或区域。例如，上海黄浦江陆家嘴一带的滨江绿地和苏州工业园区金鸡湖边的滨湖绿地等，虽然上海、苏州同样为历史文化名城，但由于浦东和苏州工业园区均为新兴的现代城市区域，所以在景观风格上的选择仍选择现代景观风格为主，通过现代风格的景观建筑、小品体现城市的特征和发展轨迹（见图8-33、图8-34）。

图 8-31　古典风格的滨水绿地（a）

图 8-32　古典风格的滨水绿地（b）

图 8-33　现代景观小品

图 8-34　金鸡湖滨湖绿地景观

2. 滨水绿地的空间处理

滨水绿地作为"水陆边际"多为开放性空间，其空间设计往往兼顾外部街道空间景观和水面景观，人的站点及观赏点位置处理有多种模式，其中有代表性的有以下几种。

（1）外围空间（街道）观赏。

（2）绿地内部空间（道路、广场）观赏、游憩、游览。

（3）临水观赏、游乐。

（4）水面观赏、游乐。

（5）水域对岸观赏等。

为了取得多层次的立体观景效果，一般在纵向上，沿水岸设置带状空间，串联各景观节点（每隔300～500m设计一处景观节点），构成纵向景观序列（见图8-35）。

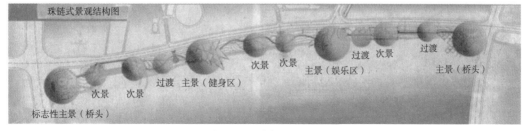

图 8-35　串联各景观节点构成的纵向景观序列

145

3. 滨水绿地的竖向设计

滨水绿地的竖向设计应考虑带状景观序列的高低起伏变化，利用地形堆叠和植物配置的变化，在景观上构成优美多变的林冠线和天际线，形成纵向的节奏与韵律；在横向上，需要在不同的高程安排临水、亲水空间，滨水空间的断面处理要综合考虑水位、水流、潮汛、交通、景观和生态等多方面要求，所以要采取一种多层复式的断面结构。这种复式的断面结构分成外低内高型、外高内低型、中间高两侧低三种。低层临水空间按常水位来设计，每年汛期来临时允许淹没。这两级空间可以形成具有良好亲水性的游憩空间。高层台阶作为 1000 年一遇的防洪大堤。各层空间利用各种手段进行竖向联系，形成立体的空间系统。

滨水绿地陆域空间和水域空间通常存在较大的高差，由于景观和生态的需要，要避免传统的块石驳岸平直生硬的感觉，临水空间可以采用以下集中断面形式进行处理：

（1）自然缓坡型。适用于较宽阔的滨水空间，水陆之间形成自然缓坡地形，弱化水陆的高差感，形成自然的空间过渡，地形坡度一般小于基址上土壤自然安息角。临水可以设置游览步道、结合植物的栽植构成自然弯曲的水岸，形成自然生态、开阔舒展的滨水空间。

（2）台地型。对于水陆高差较大、绿地空间又不是很开阔的区域，可采用台地式弱化空间的高差感，避免生硬的过渡。即将总的高差通过多层台地化解，每层台地可根据需要设计成平台、铺地或者栽植空间，台地之间通过台阶沟通上下层交通，结合植物种植设计遮挡硬质挡土墙，形成内向型临水空间（见图 8-36、图 8-37）。

图 8-36　台地型的临水空间 a　　　　　　　　　　图 8-37　台地型的临水空间 b

（3）挑出型。对于开阔的水面，可采用这种处理方式，通过设计临水或水上平台、栈道满足人们亲水远眺的观赏要求。临水平台、栈道地表标高一般参照水体的常水位设计，通常根据水体状况高出常水位 0.5 ～ 10m，若风浪较大，可适当抬高，在安全的前提下，尽量贴近水面为宜。挑出的平台、栈道在水深较深的区域应设置栏杆，当水深较浅时，看不设栏杆或使用坐凳栏杆围合，满足人们亲水需要（见图 8-38、图 8-39）。

图 8-38　挑出型临水空间 a　　　　　　　　　　图 8-39　挑出型临水空间 b

（4）引入型。该种类型是指将水体引入绿地内部，结合地势高差关系组织动态水景，构成景观节点。其原理是利用水体的流动个性，以水泵为动力，将下层河、湖中的水泵到上层绿地，通过瀑布、溪流、跌水等水景形式再流回到下层水体，形成水的自我循环。这种利用地势高差关系完成动态水景的构建比单纯的防护型驳岸或挡土墙的做法要科学美观的多，但由于造价和维护等原因，只适用于局部景观节点，不宜大面积使用（见图8-40）。

4. 滨水景观建筑、小品的设计

滨水绿地为了满足市民休息、赏景等功能要求，需要设置一定的景观建筑、小品，一般常用的景观建筑类型包括亭、廊、花架、水榭、茶室、码头、牌坊、塔等；常用景观小品包括雕塑、假山、置石、坐凳、栏杆、指示牌等。滨水绿地中建筑、小品的类型与风格的选择主要根据绿地的景观风格的定位来决定。反之，滨水绿地的景观风格也正是通过景观建筑、小品加以体现的。

建筑小品在设置时应注意：体量小巧、布局分散，可将建筑小品融于绿地大环境之中，这样才能设计出富有地方特色和生命力的作品来。

（1）滨水建亭。一般在小水面建亭宜低邻水面，以细察涟漪。而在大水面，碧波坦荡，亭宜建在临水高台，或较高的山上，以观远山近水，舒展胸怀。在桥上建亭更使水面景色锦上添花并增加水面空间层次（见图8-41）。

图8-40 引入型临水空间

图8-41 滨水建亭

（2）水面设桥。优美的桥梁也是滨水区的重要景观，水景中桥的类型及应用很多常见的有梁桥、拱桥、浮桥和吊桥等（见图8-42）。

步石是极富情趣的跨水小景，使人走在汀步上有脚下清流游鱼可数的近水亲切感。汀步最适合浅滩小溪，跨度不大的水面（见图8-43）。

图8-42 水面设桥

图8-43 水面上的步石

（图片来源：园林学习网）

（3）水榭。最常见的水榭形式是在水边筑一平台，在平台周边以低栏杆围绕，在湖岸通向水面处作敞口，在平台上建起一单体建筑，建筑平面通常是长方形。建筑四面开敞通透，或四面作落地长窗（见图8-44）。

（4）舫。舫是指水边的一种仿船的建筑。舫建在水边一般是两面或三面临水，其余面与陆地相连，其一侧设有平桥与湖岸相连有仿跳板之意。立于水中，又与岸边环境相联系，使空间得到了延伸，具富于变化（见图8-45）。

（5）园林小品。滨水绿地中的园林小品，可以体现艺术气息，演绎城市文化，活跃绿地氛围（见图8-46、图8-47）。

图8-44　水榭
（图片来源：园林学习网）

图8-45　舫
（图片来源：园林学习网）

图8-46　绿地中的园林小品（a）
（图片来源：园林学习网）

图8-47　绿地中的园林小品（b）
（图片来源：园林学习网）

8.2.4　滨水绿地植物生态群落的设计

植物是恢复和完善滨水绿地生态功能的主要手段，以绿地的生态效益作为主要目标，在传统植物造景的基础上，除了要注重植物观赏性方面的要求，还要结合地形的竖向设计以及模拟水系在形成的自然过程中所表现出的典型地貌特征（如河口、滩涂、湿地等）创造出滨水植物适应的地形环境，以恢复城市滨水区域的生态品质为目标，综合考虑绿地植物群落的结构。另外，在滨水生态敏感区引入天然植被要素，比如在合适地区建设滨水生态保护区，以及建立多种野生生物栖息地等，建立完整的滨水绿色生态廊道。

1. 绿化植物品种的选择

除了选择常规的观赏树种之外，滨水绿地应注重以培育地方性的耐水湿植物或水生植物为主，同时高度重视水滨的复合植被群落，它们对河岸水际和堤内地带这样的生态交错带尤其重要。植物品种的选择要根据景观、生态等多方面的要求，在适地适树的基础上还要注重增加植物群落的多样性。利用不同地段自然条件的差异，配置各具特色人工群落。常用的耐水植物包括垂柳、水杉、池杉、云南黄馨、连翘、芦苇、千屈菜、菖蒲、香蒲、荷花、睡莲、水葱、茭白等。

2. 城市滨水绿地绿化应尽量采用自然化设计，模仿自然生态群落结构

（1）植物的搭配。地被、花草、低矮灌木与高大乔木的层次和组合，应尽量符合滨水自然植被群落的结构特征。

（2）在滨水生态敏感区引入天然植被要素。在合适地区植树造林恢复自然林地，在河口、河流分合处创造湿

地景观，转变养护方式，培育自然草地，建立多种野生生物栖息地等。这些仿自然生态群落具有较高生产力，能够自我维护，方便管理且具有较高的环境、社会和美学效益，同时在消耗能源、资源和人力上具有较高的经济性。

（3）植物景观配置注意多样性。在滨水地带搭配植物时，应充分考虑到植物的观赏特征，注意植物景观搭配的多样性。

1）色彩艺术。开放滨河绿地空间，应用暖色系的植物点缀，以起到烘托和引人注目的效果。幽静的水边景观，滨水处选用冷色调的植物比较适合，冷色调的植物在感觉上缩小了实际空间，给人以宁静的感觉（见图8-48～图8-51）。

图8-48　滨水绿地的色彩艺术（a）
（图片来源：景观中国）

图8-49　滨水绿地的色彩艺术（b）
（图片来源：景观中国）

图8-50　滨水绿地的色彩艺术（c）
（图片来源：园林学习网）

图8-51　滨水绿地的色彩艺术（d）
（图片来源：园林学习网）

2）线条艺术。平直的水面应充分利用植物形态和线条构图，来丰富水体空间层次，突出水体的流畅性。如种植在水边的垂柳，形成柔条拂水的线性轮廓；高耸向上的水杉、落羽杉、水松等与水平面在空间上构成对比线形；挺拔向上的落羽杉，刚劲有力，使空间充满力度感；形态飘逸的大王椰子，植于水边，形成一幅洒脱的画面。以及枝条探向水面的植物，或平伸，或斜展，或拱曲，在水面上均可形成优美的线条（见图8-52）。

3）意境创造。如不规则式种植的阔叶树可以形成活泼、热烈的气氛，而高大的针叶树列植时则使景色显得庄严肃穆，垂柳枝条摇曳使人感到轻快，而春天的桃红李白使人感到春意盎然（见图8-53～图8-54）。

8.2.5　驳岸的设计

传统控制洪水的工程手段主要是对曲流裁弯取直，加深河槽，并用混凝土、砖石等材料加固岸堤、筑坝、筑堰等。这些措施产生了许

图8-52　滨水植物柔美的线条

多消极后果，大规模的防洪工程设施的修筑直接破坏了河岸植物赖以生存的基础，缺乏渗透性的水泥隔断了护堤土体与其上部空间水气交换和循环。采用生态规划设计的手法弥补这些缺点，可以推广使用生态驳岸。生态驳岸是指恢复后的自然河岸或具有自然河岸"可渗透性"的人工驳岸，它可以充分保证河岸与水体之间的水分交换和调节功能，同时具有一定的抗洪强度。目前的生态驳岸主要有以下几种形式。

图 8-53　园林植物意境创造（a）
（图片来源：景观中国）

图 8-54　园林植物意境创造（b）
（图片来源：景观中国）

1. 自然原型驳岸

主要采用植物保护堤岸，以保持堤岸的特性，如临水种植垂柳、水杉、白杨、芦苇、菖蒲、千屈菜等具有喜水特性的植物，由它们生长舒展的发达根系来稳固堤岸，加之柳枝柔韧，顺应水流，增加了抗洪、保护河堤的能力。

2. 自然型驳岸

不仅种植植被，还采用天然石材、木材护底，以增强堤岸抗洪能力，如在坡脚采用石笼、木桩或浆砌石块等护底，其上筑有一定坡度的土堤，斜坡种植植被，实行乔灌草相结合，固堤护岸。

3. 人工自然型驳岸

在自然型护堤的基础上，再用钢筋混凝土等材料，确保更大的抗洪能力，如将钢筋混凝土柱或耐水圆木制成梯形箱状框架，并向其中投入大的石块，或插入不同直径的混凝土管，形成很深的鱼巢，再在箱状框架内埋入大柳枝，水杨枝等。邻水侧种植芦苇、菖蒲等水生植物，使其在缝中生长出茂密、葱绿的草木。

8.2.6　道路系统的处理

滨水绿地内部道路系统是构成滨水绿地空间框架的重要手段，是联系绿地与水域、绿地与周边城市公共空间的主要方式，现代滨水绿地道路设计就是要创造人性化的道路系统，除了可以为市民提供方便、快捷的交通功能和观赏点外，还能提供合乎人性空间尺度、生动多样的时空变换和空间序列。要想达道这样的要求，滨水绿地内部道路系统规划设计应遵循以下主要原则和方法。

1. 提供人车分流、和谐共存的道路系统，串联各出入口、活动广场、景观节点等内部开放空间和绿地周边街道空间

人车分流是指游人的步行道路系统和车辆使用的道路系统分别组织、规划，一般步行道路系统主要满足游人散步、动态观赏等功能，串联各出入口、活动广场、景观节点等内部开放空间，主要有游览步道、台阶登道、步石、汀步、栈道等几种类型组成；车辆道路系统主要包括机动车道路和非机动车道路，主要连接与绿地相邻的周边街道空间，其中非机动车道路主要满足游客利用自行车、游览人力车游乐、游览和锻炼的需求。规划时应根据环境特征和使用要求分别组织，避免相互干扰。

2. 提供舒适、方便、吸引人的游览路径，创造多样化的活动场所

绿地内部道路、场所的设计应遵循舒适、方便、美观的原则。其中，舒适要求路面局部相对平整，符合游人使用尺度；方便要求道路线性设计尽量做到方便快捷，增加各活动场所的可达性，现代滨水绿地内部道路考虑观景、游览趣味与空间的营造，平面上多采用弯曲自然的线形组织环形道路系统，或采用直线和弧线、曲线结合，道路与广场结合等形式串联入口和各节点以及沟通周边街道空间，立面上随地形起伏，构成多种形式、不同风格的道路系统；美观是绿地道路设计的基本要求，与其他道路相比，园林绿地内部道路更注重路面材料的选择和图案的装饰以达到美观的要求，一般这种装饰是通过路面形式和图案的变化获得，通过这种装饰设计，创造出多样化的活动场所和道路景观。

3. 提供安全、舒适的亲水设施和多样的亲水步道，增进人际交往与地域感

滨水绿地是自然地貌特征最为丰富的景观绿地类型，其本质的特征就是拥有开阔的睡眠和多变的临水空间。对其内部道路系统的规划可以充分利用这些基础地貌特征创造多样化的活动场所，诸如临水游览步道、伸入水面的平台、码头、栈道以及贯穿绿地内部各节点的各种形式的游览道路、休息广场等，结合栏杆、坐凳、台阶等小品，提供安全、舒适的亲水设施和多样的亲水步道，以增进人际交流和创造个性化活动空间。具体设计时应结合环境特征，在材料选择、道路线性、道路形式与结构等方面分别对待，材料选择以当地乡土材料为主，以可渗透材料为主，增进道路空间的生态性，增进人际交往与地域感。

4. 配置美观的道路装饰小品和灯光照明

人性化的道路设计除对道路自身的精心设计外，还要考虑诸如坐凳、指示牌等相关的装饰小品的设计，以满足游人休息和获取信息的需要。同时，灯光照明的设计也是道路设计的重要内容，一般滨水绿地道路常用的灯具包括路灯（主干道）、庭院灯（游览支路、临水平台）、泛光灯（结合行道树）、轮廓灯（临水平台、栈道）等，灯光的设置在为游客提供晚间照明的同时，还可以创造五彩缤纷的光影效果。

8.2.7 城市滨水区绿地规划设计的方法与程序

根据对任务的分析以及甲方的设计要求，我们可分以下几个步骤来完成此路段的绿化设计任务。

1. 调查研究阶段

（1）自然环境的调查：主要是调查滨水绿地所在地周围的自然环境以及水域环境。

（2）社会环境的调查：主要对滨水绿地所在地的历史、人文、社会、风俗习惯等基本情况进行调查，目的是通过对社会环境的调查，了解当地的风俗习惯、文化传统等因素，以便为后期的设计构思提供素材。

（3）设计条件或绿地现状的调查：这部分工作的目的是了解绿化用地范围内的现状条件，包括原有建筑、植被、地形等情况。

2. 设计构思阶段

（1）景观风格的定位。根据城市或绿地周围的整体风格选择与之协调的景观风格。若周围整体风格为古典式绿地则选择古典景观风格，反之选择现代景观风格。

（2）滨水空间设计。根据外部街道空间景观和水面景观，人的站点及主要观赏点位置等外部条件，选择合适的空间设计模式。沿水岸设置带状空间，串联各景观节点，构成纵向景观序列。

（3）滨水绿地竖向设计。要综合考虑水位、水流、潮汐、交通、景观和生态等多方面要求确定滨水空间的断面形式。根据常水位来设计低层临水空间，每年汛期来临时允许淹没。高层台阶作为1000年一遇的防洪大堤。各层空间利用各种手段进行竖向设计，形成立体的空间系统。选择合适的临水空间断面形式进行。

（4）滨水绿地建筑小品设计。根据绿地的景观风格的定位来决定滨水绿地中建筑、小品的类型与风格。建筑小品应融于绿地大环境之中，并应源于地方文化，以确保作品的生命力。

（5）植物生态群落设计。绿化植物品种的选择。应注重以培育地方性的耐水湿植物或水生植物为主，同时高度重视水滨的复合植物群落。城市滨水绿地绿化应尽量采用自然化设计，模仿自然生态群落的结构。

8.3 项目设计实训

某滨水公园绿地的规划设计。

8.3.1 实训目的

（1）了解滨水公园绿地的特点。

（2）明确滨水公园绿地布局原则和形式。

（3）掌握滨水公园绿地设计的方法和步骤。

（4）掌握滨水公园绿地的树种选择和植物配置。

（5）增强滨水公园绿地设计的技能，创造出优美、舒适、实用、亲和的环境。

8.3.2 实训内容

综合所学滨水公园绿地设计基本知识，运用各种造园手法、园林构成要素，按照园林绿地规划设计的程序，利用本市现有滨水公园或本市空闲的河流绿地做模拟规划设计或真题规划设计。

8.3.3 实训要求

1. 实训建议

在实训前，教师提前安排好实训的地点（或虚拟各种环境），带领学生进行现场勘查，最好有设计需要的现状图或进行现状图的测量，学生在实训前要求预习实训内容，教师讲解实训的目的和重点，指导学生实训过程，使学生在规定的时间内完成实训内容。

2. 实训条件

（1）学生已掌握园林树木、花卉相关知识内容。

（2）学生已具备滨水公园绿地园林构成要素、园林造景手法的应用技能。

（3）图纸和相应的测量绘图工具。

3. 实训要求

（1）图纸要求。

1）图纸大小及绘图比例自定义，总体的图面布局要合理。

2）图面构图合理，清洁美观；线条流畅，墨色均匀；并进行色彩渲染。

3）图面图例、比例、指北针、设计说明、文字和尺寸标注、图幅等要素齐全，且符合制图规范。

（2）设计要求。

1）立意新颖，格调高雅，具有时代气息，与周边环境协调统一。

2）根据滨水绿地的性质、功能、场地形状和大小，因地制宜地确定绿地形式和内容设施，体现滨水公园绿地的特色及特点。

3）合理地进行功能分区，确定出入口的位置、布置适当的园林景点及园林建筑。

4）植物景观设计要遵循因地制宜、适地适树的原则。在统一基调的基础上，考虑植物景观季相和色相变化。

8.3.4 实训工具

电子经纬仪、标杆、皮尺、测绳、木桩、pH试纸、记录本、绘图板、绘图纸、丁字尺、三棱比例尺、三角板、圆模板、量角器、铅笔、绘图墨水笔、鸭嘴笔、彩色铅笔（或马克笔）、铅笔刀、橡皮、擦图片、曲线板、圆规、透明胶带、毛刷、图面材料等。

8.3.5 方法步骤

（1）相关资料收集与调查：收集基础图纸资料，包括地形图、现状图等；调查土壤条件、环境条件、社会经济条件、人口及其密度、现有植物状况等。

（2）现场踏查：包括实地测量、绘制现状图、熟悉及掌握设计环境及周边环境情况。

（3）设计任务书的编写：通过调查收集资料的分析，确定设计指导思想、设计原则，编写设计任务书。

（4）总体规划设计阶段：构思设计总体方案及种植形式。

（5）详细规划设计阶段：详细规划各景点、景区、建筑单体、建筑小品及植物配置。

（6）编制设计说明书。

8.3.6 成果要求

（1）总体规划图：比例 1 : 500 ~ 1 : 1000，1号或2号图纸。图中清楚显示山水、地形地貌、主次出入口、园路、广场、园林建筑及绿化用地。

（2）功能分区规划图。

（3）局部规划：对于主要部分，要求做出比例为 1 : 200 ~ 1 : 300 的详细设计图。

（4）竖向设计图：在地形起伏较大处，进行高程设计，标注各主要部位的高程。

（5）植物种植图：要求做出比例为 1 : 200 ~ 1 : 500 的植物种植图。

（6）编制设计说明书：要求写清设计指导思想、设计原则、分区功能、景点特色及相景观、植物名录及其他材料统计表。

8.3.7 实训考核

实训考核评分标准（见表8-1）。

表 8-1　　　　　　　　　　　　实训考核评分标准

姓名：　　　　　　　　　　　　　　　　　　专业班级：

实训内容									
序号	考核项目	考核标准				等级分值			
		A	B	C	D	A	B	C	D
1	实训态度	实训认真，积极主动，操作仔细，认真记录	较好	一般	较差	10	8	6	4
2	设计内容	设计科学合理，符合绿地设计的基本原则，具有可达性、功能性、亲和性、系统性和艺术性	较好	一般	较差	20	16	12	8
3	综合应用能力	结合环境，综合考虑，满足功能和创造优美环境，通过树木配置创造四季景观，同时充分考虑到植物的生态习性和对种植环境的要求	较好	一般	较差	30	25	15	10
4	实训成果	设计图纸规范、内容完整、真实，具有很好的可行性，独立按时完成	较好	一般	较差	25	20	15	8
5	能力创新	表现突出，内容完整，立意创新	较好	一般	较差	15	10	8	4
本实训考核成绩（合计分）									

8.4 项目链接 *

秦皇岛汤河滨河公园

设计：俞孔坚，牛静，陈晨

这个案例试图说明如何在城市化过程中保留自然河流的绿色与蓝色基底，最少量地改变原有地形和植被以及历史遗留的人文痕迹，同时满足城市人的休闲活动需要。方案在完全保留原有河流生态廊道的绿色基底上，引入一条以玻璃钢为材料的红色飘带。它整合了包括漫步、环境解释系统、乡土植物标本种植、灯光等功能和设施，用最少的干预，获得都市人对绿色环境的最大需求。

8.4.1 项目区位及背景

秦皇岛是中国北方著名滨海旅游城市，汤河位于秦皇岛市区西部，因其上游有汤泉而得名。本项目位于海港区西北，汤河的下游河段两岸，北起北环路海阳桥、南至黄河道港城大街桥，该段长约 1km，设计范围总面积约 20m²。汤河为典型的山溪性河流，源短流急，场地的下游有一防潮蓄水闸，建于 20 世纪 60 ~ 70 年代，拦蓄上游来水并向市区水厂供水，高水位时又能及时宣泄洪水，所以本设计河段水位标高较为稳定。

8.4.2 场地特征

场地有以下几大特征，它们为设计提出了挑战和机会。

1. 良好的自然禀赋

由于上游的山地和下游的防潮蓄水闸，使本地段内的水位保持恒定，水质清澈，是秦皇岛市的一个水源地；设计地段内除部分被破坏和被占用外，两岸植被茂密，水生和湿生植物茂盛，主要以菱角、菖蒲和芦苇为主；东岸的乡土乔木尤其壮观，主要有杨、柳、刺槐，许多柳树甚至长在水中；多种鱼类和鸟类生物在此栖息。

2. "脏乱差"的人为环境和残破的设施

场地具有城郊结合部的典型特征，多处地段已成为垃圾场，污水流向河中，威胁水源卫生；残破的建筑和构筑物包括一些堆料场地和厂房、农用民房、皮划艇服务用房、汤河苗圃用房、水塔、提灌泵房、防洪丁坝、提灌渠等，大部分遗留的构筑物外立面破损、陈旧，有些已废弃不用，部分河岸坍塌严重。

3. 使用需求压力

目前这一地带的利用比较复杂，一方面，当地居民和村民继续以原有方式使用，如放牧，同时，由于位于城乡结合部，缺乏管理，场地被低劣的餐馆、废品收购站所青睐；另一方面，越来越多的城市居民把它当作游憩地，包括游泳、垂钓、体育锻炼、猎采等。所以，及时地规范和引导显得非常重要。

4. 安全隐患和可达性差

场地虽然在城市主干道边上，对城市居民有很大的吸引力，但可达性差，可使用性差；同时，由于人流复杂，空间无序，存在许多管理上的死角，场地对城市居民存在安全隐患，环境治理迫在眉睫。

5. 开发压力

沿河的自然景观吸引了房地产开发，城市扩张正在威胁到汤河，渠化和硬化危险迫近。就在场地的下游河段，两岸已经建成住宅，随之，河道被花岗岩和水泥硬化，自然植被完全被"园林观赏植物"替代，大量的广场和硬地铺装、人工的雕塑和喷泉等彻底改变了汤河的生态绿廊。这是对本地段河道的一个警示和教训。而实际上，本河段的东侧也已经建成了大量的住宅，新的房地产项目也在进行中。

8.4.3 设计目标

基于以上场地分析以及城市的关系研究发现，如何避免对原有自然河流廊道的破坏，同时又能满足城市化和

---

* 项目来源：景观中国 http://www.Landspcape.cn/works/

城市扩张对本地段河流廊道的功能要求，成为本设计要解决的关键问题，也是本设计的主要目标。河流廊道的自然过程和城市居民对它的功能需求两者结合起来，就是汤河滨河公园的生态服务功能，包括水源保护、乡土生物多样性的保护、休憩、审美启智和科普教育。

8.4.4 设计对策与景观构成

为健全上述生态服务功能，本方案提出以下设计对策。

1. 保护和完善一个蓝色和绿色基底

严格保护原有水域和湿地，严格保护现有植被；设计要求工程中不砍一棵树；避免河道的硬化，保持原河道的自然形态，对局部塌方河岸，采用生物护堤措施；在此基础上丰富乡土物种，包括增加水生和湿生植物，形成一个乡土植被的绿色基底。

2. 建立连续的自行车和步行系统

沿河两岸都有自行车道和步行道，并与城市道路系统相联系，使本区成为城市居民安全性、可达性都很好的场所。木栈道或穿越林中或跨越湿地，使得公园成为漫步者的天堂。

3. 一条红飘带

这是一个绵延于东岸林中的线性景观元素，具有多种功能：它与木栈道结合，可以作为座椅；与灯光结合，而成为照明设施；与种植台结合，而成为植物标本展示廊；与解说系统结合，而成为科普展示廊；与标识系统相结合，而成为一条指示线。它由钢板构成，曲折蜿蜒，因地形和树木的存在而发生宽度和线形的变化；中国红的色彩，点亮幽暗的河谷林地。

4. 五个节点

沿红飘带分布五个节点，分别以五种草为主题。每个节点都有一个如"云"的天棚，五个节点分五种颜色。网架上局部遮挡，有虚实变化，具有遮阴、挡雨的功能，随着光线的变化，地上的投影也随之改变。夜间，整个棚架发出点点星光，创造出一种温馨的童话氛围；斜柱如林木，地上铺装呼应天棚的投影，在这天与地之间是人的活动休息和专类植物的展示空间。乡土的狼尾草、须芒草、大油芒、芦苇、白茅是每个节点的主导植物。

5. 两个专类植物园区

（1）宿根植物展示区：总面积约为 7700m²，位于东岸北侧原堆料场。通过宿根花卉的不同色彩，构成白色、蓝紫色、橙黄色和红粉色四个花园，周边包围着茂密的树林，营造宜人的氛围。区域内除了展示宿根花卉外，还利用场地内原有料厂的建筑基底，设置茶室和景区服务中心，提供多样服务，同时，沿道路设置自然主题的阴棚和花架。人们在品茶休息的同时得到更多的视觉享受，了解到更多的植物知识。

（2）草本植物园：总面积约为 4300m²，位于场地西岸的北端，与宿根植物园隔河相望。植物园保留了场地原有建筑基底的平面和肌理，在其基础上加以丰富，用于展示乡土草本植物，主要是禾本科和莎草科的植物。根据原有场地带状肌理，在以白砂为基底的场地上，种植草块及成排的乔木、柿树、白蜡，给场地带来明显的季节特色，形成许多灵活宜人的小空间。场地周边保留了大量杨林、槐林，适当补植同种植物，以达到林木繁茂的景观效果。在植物园内还设置了休憩的茶座，供人们赏花观草、品茶休息。

6. 旧建筑和构筑物的保留和利用

包括：专类植物园区内利用料厂的建筑基底建筑茶室和接待中心；保留和利用西岸水塔作为观景塔；改造利用泵房，以作为环境艺术元素；灌渠的利用而成为线形的种植台；防洪丁坝的保留和利用而成为植物的种植台。这些构筑物及其遗址的保留和利用，为公园增添了多种意味。

7. 一个解说系统

解说系统由 23 组解说点构成，采用统一的形式分布于东西两岸，与栈道和各个平台相结合，用于向人们讲解自然和场地知识，使人们在亲近大自然的同时，对自然有更深入的了解，起到科普与启智的作用。

8.4.5　结语

　　我们看到太多的优美河道在公园建设和美化的名义下被毁弃，代之以化妆式的、硬化的所谓城市公园。本设计强调对原有自然河道和植被的尊重，哪怕是最野的本地草木，也是值得保护和利用的；对历史遗迹，哪怕是最寻常的、被认为是破旧的农业或工业建筑和曾经的水利设施，都应该作为场地的历史，给予认真的研究和善待，用它们来丰富场地的故事；在此基础上，叠加新的设计，那应该是当代人，反映当代生活和审美情趣的责任。在城市与自然之间，在人与生物之间，在历史与现代之间，建立一种界面，这种界面便体现为一种设计的景观（见图 8-55 ~ 图 8-72 ）。

图 8-56　场地现状特征：良好的自然禀赋

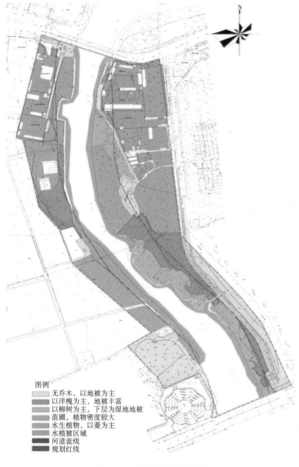

图例
■ 无乔木，以地被为主
■ 以洋槐为主，地被丰富
■ 以柳树为主，下层为湿地被
■ 苗圃，植物密度较大
■ 水生植物，以菱为主
■ 水植被区域
■ 河道蓝线
■ 规划红线

图 8-55　场地现状植被图

图 8-57　场地现状特征："脏、乱、差"的人为环境

图 8-58　场地现状特征：场地面临城市化和开发压力

图 8-59　场地现状特征：可达性差

图 8-60　场地现状特征：水塔等构筑物留存

图 8-61　总平面图

图 8-62　鸟瞰图

图 8-63　红飘带透视效果

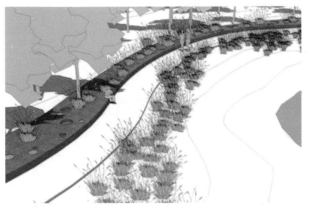

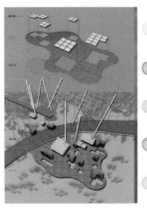

图 8-64　红飘带透视效果

图 8-65　节点：如"云"的天棚（a）

图 8-66　节点：如"云"的天棚（b）

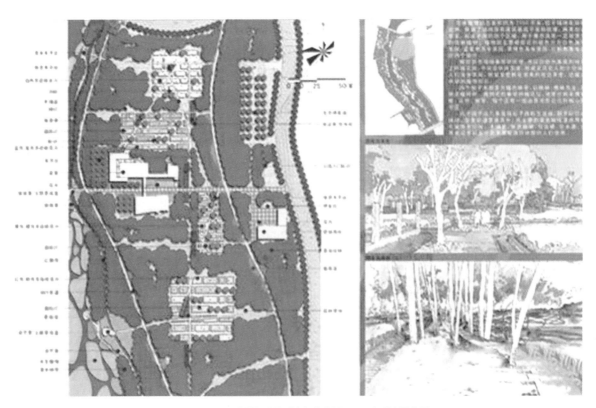

图 8-67　利用原堆料场设计对宿根植物展示区：色彩主题花园

图 8-68　宿根植物展示区：茶室与环境教育中心　　　　　图 8-69　宿根植物展示区：色彩主题园与展示墙

图 8-70　局部设计：步道与河岸设计

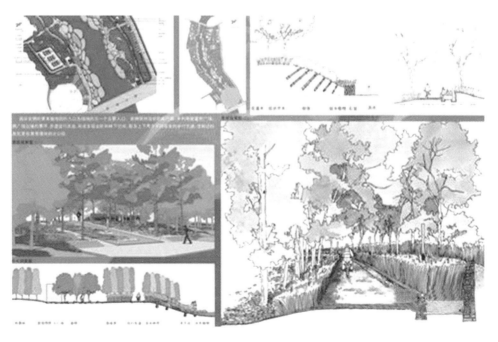

图 8-71　局部设计：入口、灌渠利用和河岸设计

图 8-72　旧构筑物的再利用：水塔和水泵房改造为艺术品

课题 9　居住区绿地规划设计

9.1　项目实例分析

北京玉泉新城居住区绿地景观规划设计（设计单位：EDSA、ORIENT 环境景观设计研究院有限公司）

9.1.1　项目概况

1. 基地位置

本项目位于北京市西四环外，地跨石景山和海淀两区，用地为阜石路以南，玉泉路以西。总体用地 129hm²，项目一期 36.8hm²。

2. 场地表述

场地北含田村山，南望八宝山北坡，西侧为 200m 城市绿化带，仅东面临近主要街道玉泉路，项目有着良好的自然地理条件和自然景观优势。

3. 规划思路

规划中在基地内东南两侧营造反 L 型带状步行绿地系统，与基地西北 C 型城市绿地相呼应。

4. 规划经济技术指标

占地面积：36.8hm²。

总建筑面积：1041343m²。

容积率：2.32%。

绿化率：35%。

建筑密废：23.32%。

9.1.2　设计原则

通过对地理环境及周边环条件的分析研究，首先从以下三个方面入手进行景观设计。

1. 与城市空间、周边环境相协调，从空间、形式到功能与自然环境相融合，使之成为自然山水的延伸和发展。

2. 处理好景观特色和居住功能的关系。

3. 注重人文环境的营造，把文化性、知识性、融入到景观设计中来，突出居住区的文化品位和生活情趣。

因此，空间延伸、风格鲜明、文脉突出、功能合理是本设计方案的出发点。

9.1.3　设计理念

玉泉新城的景观设计秉承"天人合一"的理念，以自然为蓝本，把现代都市闲情文化触入到灵性的自然景观中，重新诠释现代人对园林式居住文化的理解。

景观设计中把山谷、溪水、绿岛、沙滩、石洞、瀑布、丛林、草坡等自然界景物散入到小区景观中，如诗如画。生活在这里的人会领略到夕阳下金光耀眼的碧流浅池，鲜花漫布的石道，水花飞溅的瀑布，随风摇曳昏昏欲睡的垂柳，静谧优美的桃花源境等美景，给人无穷的退思。

在长长的水景景观带中设了九个泉，有飞流直下的"飞望流泉"，有在石隙中潺潺流水的"石泉"；有掩映在绿丛中的"深谷幽泉"，有水雾缭绕如仙境般的"云雾泉"；有如山中梯田的"梯泉"；有层层跌落的"叠泉"；有与荷花相伴的"荷泉"；有如满月般明净的"月亮泉"；有时喷时歇的"间歇泉"。以"泉"为点，步道为线，景区为面，实现点、线、面的有机组合。

"玉泉新城"的景观融入丰富的造园要素，采用现代的营造手法，期望塑造出一个别致的自然风情园。在这个社区里，人们可以挥洒汗水，放纵活力；可以点击时尚，把握潮流；可以品茗谈心，赏花观水。在"深谷"里或水岸边，可听蝉鸣蛙声，卵石也仿佛有了温润的生命，在这样和谐的休憩之地，时光与回忆仿佛一同凝固，细细品味着诗意的主题。

"玉泉新城"的景观设计融合大自然天籁般的艺术回响与现代艺术的至美人情，打造出一个真正的人性化社区功能中心。其丰富多变的生活场景，融合了中国古典文化的细腻情思与海派的开敞与自由，如同一幅中国山水画，一杯手磨的浓香咖啡（见图 9-1 ~ 图 9-37 ）。

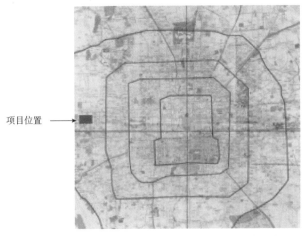
项目位置 →

图 9-1　玉泉新城项目位置

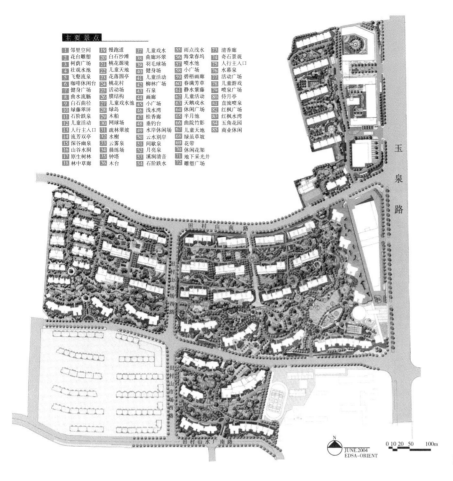

0 10 20 50   100m
JUNE.2004
EDSA-ORIENT

图 9-2　玉泉新城总平面图

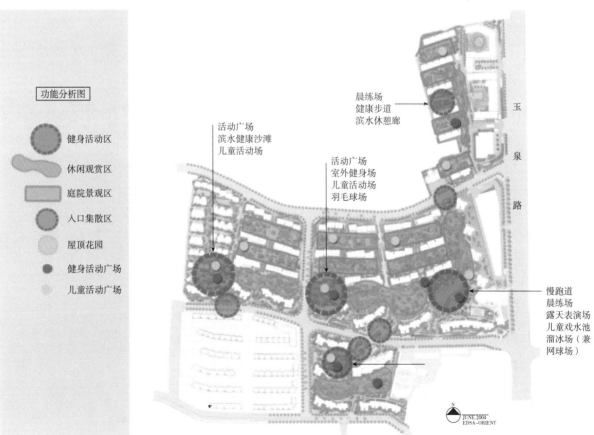

功能分析图

● 健身活动区
◗ 休闲观赏区
▭ 庭院景观区
● 入口集散区
○ 屋顶花园
● 健身活动广场
⬤ 儿童活动广场

晨练场
健康步道
滨水休憩廊

活动广场
滨水健康沙滩
儿童活动场

活动广场
室外健身场
儿童活动场
羽毛球场

慢跑道
晨练场
露天表演场
儿童戏水池
溜冰场（兼网球场）

JUNE.2004
EDSA-ORIENT

图 9-3　玉泉新城功能分析图

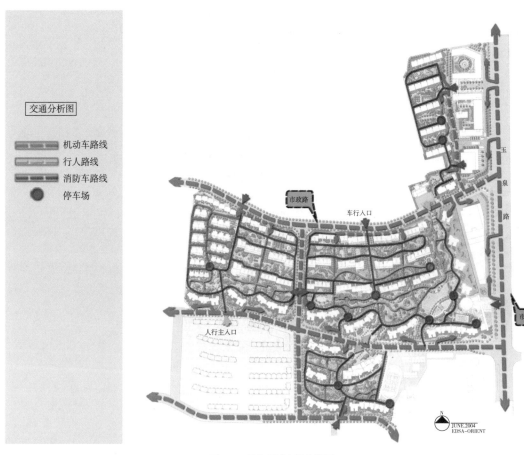

图 9-4　玉泉新城交通分析图

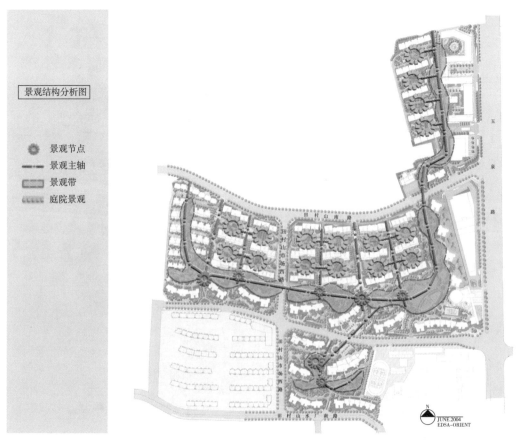

图 9-5　玉泉新城景观结构分析图

■ 本案将"玉泉新城"的环境景观分为滨水景观带、庭院景观和主轴线景观三个空间层次，每种空间都给人不同的景观感受，领略不同的诗情画意。

其中主景观带分为"曲水流觞"，"深谷幽泉""桃花源境"，"梳林草地"，"石泉画廊"，"红杉水湾"，"云水别岸"，"溪涧清音"，"水岸花园"，九个主景区

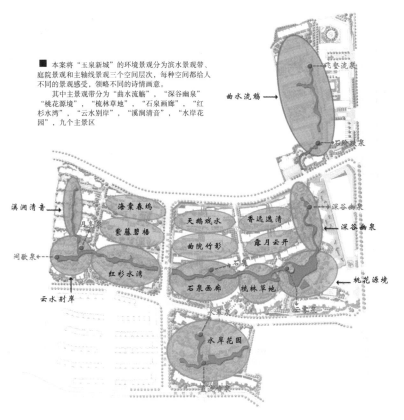

图 9-6　玉泉新城景区分析图

A区景观放大图

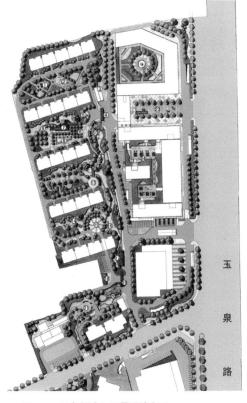

■ 曲水流觞

A区通过水景观的贯通，使得居住区与商业隔离开，同时给住户提供一个观赏水的场所。在车道入口处通过人造石的叠筑，形成一假山，水从假山顶部泻入到水池中，形成一流瀑。池岸蜿蜒，水边佳木葱茏，睡莲、荷花点缀其中，金色鲤鱼穿梭其间，得流觞之趣。

1　邻里空间	16　观鱼台
2　儿童活动场	19　停车场
3　绿坡	18　绿藤翠屏
4　入口大门	19　入口大门
5　花台雕塑	20　石阶跌泉
6　树荫广场	21　儿童活动场
7　休憩花架	22　五角花园
8　蛙戏水池	23　商业休闲广场
9　小径	24　屋顶花园
10　飞壁流泉	
11　木桥	
12　咖啡休闲平台	
13　健身广场	
14　白石曲径	
15　五彩广场	

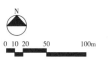

0 10 20　50　100m

图 9-7　玉泉新城 A 区景观放大图

图 9-8 玉泉新城 A 区景观局部示意图（a）

图 9-9 玉泉新城 A 区景观局部示意图（b）

图 9-10 玉泉新城 A 区局部示意图（c）

A 区局部示意图

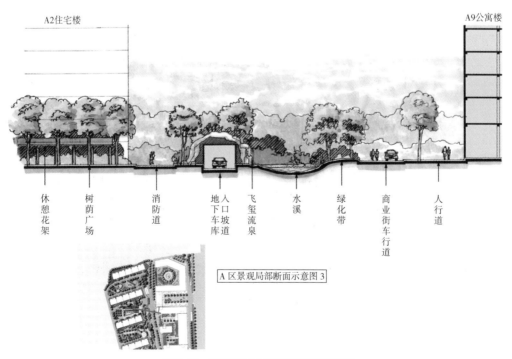

A2住宅楼

A9公寓楼

休憩花架　树荫广场　消防道　地下车库　入口坡道　飞玺流泉　水溪　绿化带　商业街车行道　人行道

A 区景观局部断面示意图 3

图 9-11　玉泉新城 A 区景观局部断面示意图

A区景观局部效果图

图9-12　玉泉新城A区景观局部效果图

B区放大平面图

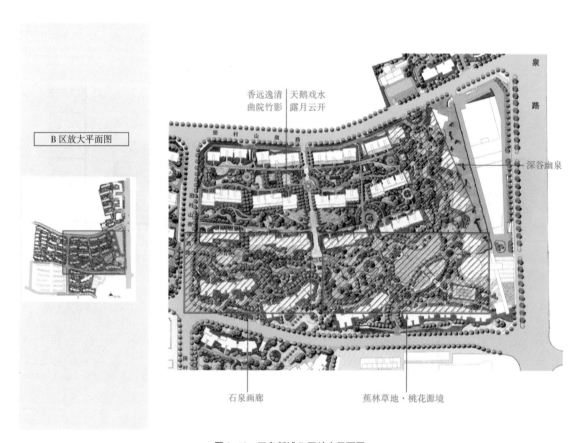

香远逸清　天鹅戏水
曲院竹影　露月云开

深谷幽泉

石泉画廊　　蕉林草地·桃花源境

图9-13　玉泉新城B区放大平面图

B区石泉画廊放大平面图

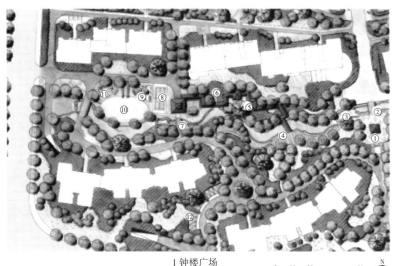

不管是在曲折的小路上，还是在大理石画廊内，你都会若隐若现的看到广场上的钟塔。当美妙的钟声在小区内回响时，人的思绪也会随之飘远。

1 钟楼广场
2 平楼
3 儿童戏水
4 木台
5 画廊
6 石泉
7 木桥
8 羽毛球场
9 青年健身场
10 活动广场
11 儿童游乐场
12 停车场

0 10 20   50m N

图 9-14　玉泉新城 B 区石泉画廊放大平面

B区石泉画廊景观局部示意图

图 9-15　玉泉新城 B 区石泉画廊景观局部示意图

B区石泉画廊手绘效果图

图 9-16 玉泉新城 B 区石泉画廊手绘效果图

B区桃花源境放大平面图

■ 桃花源境

穿过山谷，眼前豁然开朗。来到桃花源境，开阔的水面边北侧没有水岸健康漫步道，白石沙滩，水面中一枫林绿岛，秋天来时，红叶似火，可在岛上观水，垂钓，岛边一雾泉，水雾缭绕，增添一份天上人间的感觉，水岸南侧是八株桃花树，立于水边，花开水漫时，花瓣随水境入下沉广场边的水池，形成水幕，桃花广场上没有儿童戏水池，风帆亭，表演广场，活动广场等。

1 慢跑步道	11 会所
2 儿童活动场	12 绿岛
3 白石沙滩	13 水中小船
4 桃花池	14 观水亭
5 花族圆亭	15 云雾泉
6 桃花树	16 晨练广场
7 活动广场	17 石桥
8 儿童戏水池	18 疏林草地
9 膜结构亭	19 水榭
10 网球场	20 钟塔广场

0 10 20　　50　　　100m　　N

图 9-17 玉泉新城 B 区桃花源境放大平面图

图 9-18 玉泉新城 B 区桃花源境局部示意图

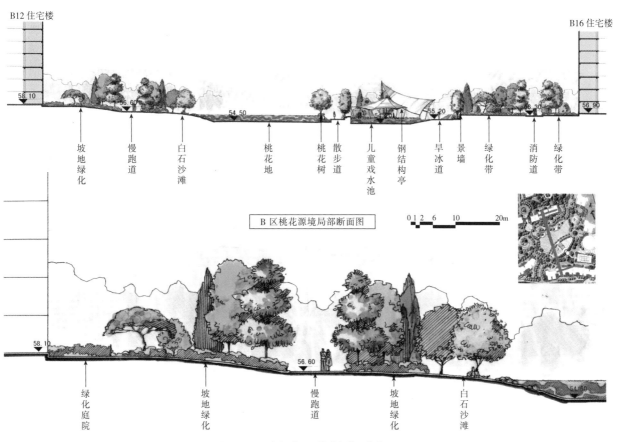

图 9-19 玉泉新城 B 区桃花源境局部断面图

B 区桃花源境手绘效果图

图 9-20　玉泉新城 B 区桃花源境效果图

B 区树林草地局部景观示意图

图 9-21　玉泉新城 B 区树林草地局部景观示意图

B区深谷幽泉景观局部示意图

■深谷幽泉

　　B区北部人行入口进来，进入"山谷"，两侧绿坡叠翠，谷地中原生树自然分布，佳木如盖，遮阴蔽日，林下花草点缀数处，泉水从花木深处，石隙之中汩汩而出，掠过卵石，曲折跳跃于石间，激起细水花，石阶道路蓦然被水溪隔断，水溪清浅，蹲在块石汀步上戏水，别有一番情趣。

1 人行主入口
2 门卫室
3 刘芳双亭
4 深谷幽泉
5 石桥
6 清香廊
7 原生树林
8 山谷水涧
9 绿坡
10 水边草廊
11 林中广场
12 奇石景观

图 9-22　玉泉新城 B 区深谷幽泉景观局部示意图

B 区深谷幽泉局部景观示意图

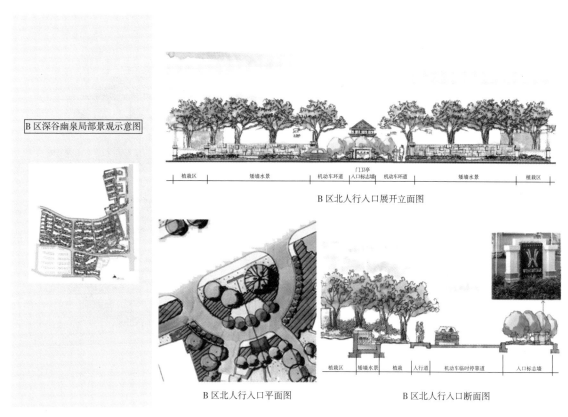

B 区北人行入口展开立面图

B 区北人行入口平面图　　　　B 区北人行入口断面图

图 9-23　玉泉新城 B 区深谷幽局部景观示意图

图 9-24　玉泉新城 B 区深谷幽泉局部景观示意图

B 区深谷幽泉手绘效果图

图 9-25　玉泉新城 B 区深谷幽泉手绘效果图

■水岸花园

  C区水岸花园内园有丰富的观赏景点和休息、康乐场地。清晨，阳光是柳树林的影子，密密的洒满水边岸滩和卵石小径；中午阳光照在水面上，微风一过，心情随水波荡漾；午后，慵懒地坐在池边的水榭画廊里或躺在绿荫下的摇椅中，轻松享受生活的乐趣；黄昏，夕阳漫过绿坡，掠过树梢，悄悄溜近会所；晚上，庭院灯把花园内映衬得晶莹秀美，音乐广场上弥漫着轻音乐，美丽的景观和美妙的音乐融合在一起，共同陶冶人们的情操。小径里漫步、木亭内休息聊天，都会使你感受到不一样的风情，享受散散的闲适生活。

C区水岸花园平面图

1 入口门卫
2 停车场
3 雕塑广场
4 水幕泉
5 儿童游戏场
6 树下休憩区
7 活动广场
8 凉亭
9 跌水
10 喷泉广场
11 直流喷泉
12 休闲观景平台
13 待月亭
14 木栈道
15 红枫广场
16 红枫水湾
17 休憩花架
18 地下停车入口

图 9-26 玉泉新城 C 区水岸花园平面图

C区景观局部示意图

图 9-27 玉泉新城 C 区景观局部示意图（a）

课题 9 居住区绿地规划设计

175

C区景观局部示意图

图 9-28　玉泉新城 C
区景观局部示意图（b）

C区水岸花园喷泉广场断面图

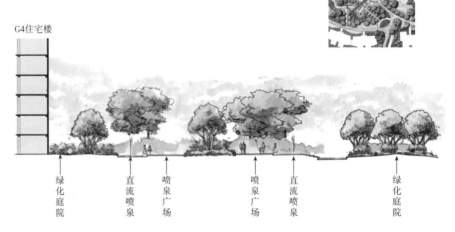

图 9-29　玉泉新城 C 区水岸花园喷泉
广场断面图

G4住宅楼

绿化庭院　直流喷泉　喷泉广场　喷泉广场　直流喷泉　绿化庭院

图 9-30　玉泉新城 C 区水岸花园景观效果图

水岸花园局部手绘效果图

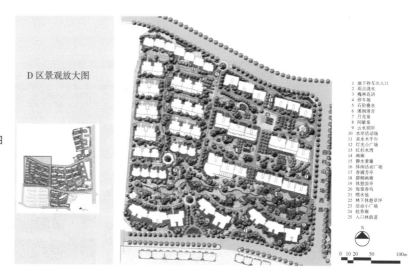

D区景观放大图

图 9-31　玉泉新城 D 区景观放大平面图

1 地下停车出入口
2 雨点涌水
3 槐林花溪
4 停车场
5 石阶叠水
6 溪涧清音
7 月亮泉
8 闻敬泉
9 云水别岸
10 水岸活动场
11 亲水木平台
12 灯光小广场
13 红杉水湾
14 画廊
15 静水紫藤
16 休闲活动广场
17 春满芳亭
18 碧桐画廊
19 休憩凉亭
20 海棠春坞
21 喷水池
22 林下休憩草坪
23 活动小广场
24 桂香廊
25 入口林荫道

N
0 10 20　50　　　100m

D区分区示意图

海棠春坞·紫藤碧梧

溪涧清宫

图 9-32　玉泉新城 D 区分区示意图

田村山市场西路

云水则岸　　　红杉水湾

D区景图案局部示意图 1

图 9-33　玉泉新城 D 区红杉水湾
景观局部示意图

■ 红杉水湾
　"山下白雾飘渺，水边红树依稀。信有桃园深处，渔人今亦忘归"。在水湾处栽植红杉树几株，树后叠石层层，水流弯弯，岸边设置有石阶小道，两侧花草繁多，有牵藤的，有引蔓的，或垂于水边，或穿于石隙。

水中红杉

课题 9　居住区绿地规划设计

177

■ 云水别岸

　　"开阔的水面可映天光云影，树林摇曳，水中有观水画廊，待月亭，可供人乘凉休憩所用，秋月之夜，良辰美景，但见皓月当空，水天一碧，金风送爽，水月相融，充满诗情画意。

图 9-34　玉泉新城 D 区云水别案景观局部示意图

图 9-35　玉泉新城 D 区景观局部示意图

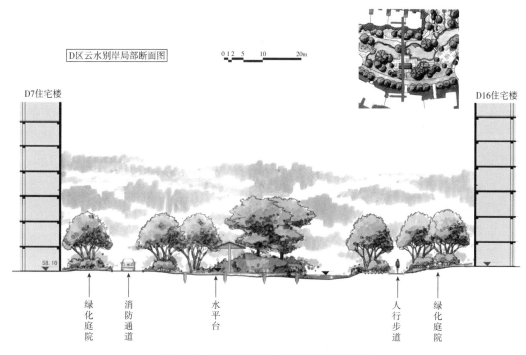

图 9-36 玉泉新城 D 区云水别岸景观局部断面图

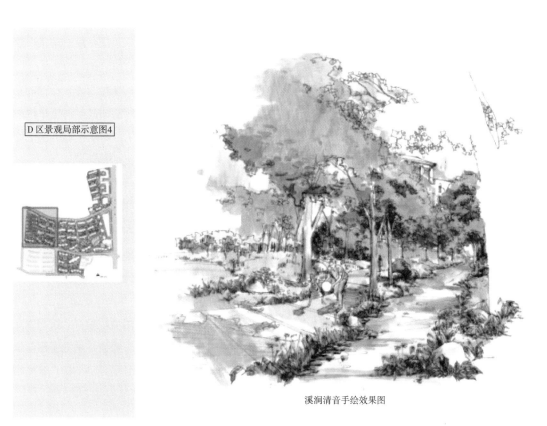

溪涧清音手绘效果图

图 9-37 玉泉新城 D 区溪涧清音景观效果图

9.2 相关知识

9.2.1 居住区的概念及规划结构

1. 居住区的概念

居住区是指由城市道路或自然界限所围合的具有一定规模的生活聚居地，具有一定的人口和用地规模，并集中布置居住建筑、公共建筑、绿地道路以及其他各种工程设施，为城市街道或自然界限所包围的相对独立地区。

一般在居住区内应有比较完善的配套设施，以满足居民日常物质和精神生活的需要。这些设施包括公共交通、水气煤电、市场店铺、公共绿地、社区医院、健身休闲、文化教育等。

2. 居住区的规划结构

居住区的规划结构，是根据居住区的功能要求，为综合地解决住宅与公共服务设施、道路、绿地的相互关系而采取的组织方式。

居住区按人口规模大小的不同可以分为：居住区、居住小区、居住组团三级。

居住区是城市的有机组成部分，是道路或自然界限所围和的具有一定规模的生活聚居地，并与居住人口规模3万～5万人相对应，它为居民提供生活居住空间以及各类服务设施，以满足居民日常物质和精神生活的需求。

居住小区是以住宅楼房为主体并配有商业网点、文化教育、娱乐、绿化、公用和公共设施等而形成的居民生活区。居住小区一般称小区，是被居住区级道路或自然分界线所围合，并与居住人口规模10000～15000人相对应，配建有一套能满足该区居民基本的物质与文化生活所需的公共服务设施的居住生活聚居地。

居住组团一般称组团，指一般被小区道路分隔，并与居住人口规模1000～3000人相对应，配建有居民所需的基层公共服务设施的居住生活聚居地。一般居住组团占地面积小于10万 m²，居住300～1000户，若干个居住组团构成居住小区。

各国现代城市居住区的布局形式，都是用交通干道把生活居住用地分隔成若干居住区。各居住区有合理的规模和较好的居住环境，便于居民的日常生活和社会交往。居住区的具体形式虽然多种多样，但都是以邻里单位或居住小区为基本构成单元。在发达国家，居住区规模趋向于扩大化，住宅类型趋向于多样化，布置足够的生活服务设施、绿地和休息娱乐场地，强调创造优美舒适的生活环境。

3. 居住区规划

居住区是城市居民居住和日常活动的区域。居住区规划是指对居住区的布局结构、住宅群体布置、道路交通、生活服务设施、各种绿地和游憩场地、市政公用设施和市政管网各个系统等进行综合的具体的安排。居住区规划是在城市详细规划的基础上，根据计划任务和城市现状条件，进行城市中生活居住用地综合性设计工作。它涉及使用、卫生、经济、安全、施工、美观等几方面的要求。综合解决它们之间的矛盾，为居民创造一个适用、经济、美观的生活居住用地条件。

居住区规划主要包括的内容有：①选择和确定居住区位置以及用地范围；②确定人口和用地规模；③按照确定的居住水平标准，选择住宅类型、层数、组合体户室比及长度；④确定公共建筑项目、规模、数量、用地面积和位置；⑤确定各级道路系统、走向和宽度；⑥对绿地、室外活动场地等进行统一布置；⑦拟定各项经济指标；⑧拟定详细的工程规划方案。居住区规划应符合使用要求、卫生要求、安全要求、经济要求、施工要求和美观要求等。

9.2.2 居住区用地组成

居住区用地一般由住宅用地、公共服务设施用地、道路广场用地及绿地组成（见图 9-38）。

1. 住宅用地

住宅用地指居住建筑基地占有的用地及其前后左右附近必要留出的一些空地，其中包括通向居住建筑入口的小路、宅旁绿地、杂务院等。

2. 公共服务设施用地

公共服务设施用地指居住区各类公共用地和公用设施建筑物基底占有的用地及其周围的专用地，包括专用地中的通路、场地和绿地等。

图 9-38　天下城·博筑花园小区平面

3. 道路用地

道路绿地指居住区范围内的不属于住宅用地和公共服务设施用地内的道路的路面以及小广场、停车场、回车场等。（见表 9-1）

表 9-1　　　　　　　　　　　　　　　　居住区道路宽度

道路名称	道路宽度
居住区道路	红线宽度不宜小于 20m
小区道路	路面宽 5 ~ 8m，建筑控制线之内的宽度，采暖区不宜小于 14m，非采暖区不宜小于 10m
组团道路	路面宽 3 ~ 5m，建筑控制线之内的宽度，采暖区不宜小于 10m，非采暖区不宜小于 8m
宅间小路	路面宽度不宜小于 2.5m
园路（甬路）	不宜小于 1.2m

4. 绿地

居住区绿地指居住区公园、小游园、运动场、林荫道、组团绿地、宅旁绿地、成年人休息和儿童活动场地等。居住区公共绿地设置是根据居住区不同的规划组织结构类型，设置相应的中心公共绿地，包括居住区公园（居住区级）、小游园（小区级）和组团绿地（组团级），以及儿童游戏场和其他的块状、带状公共绿地等。（见表 9-2）。

表 9-2　　　　　　　　　　　　　　　居住区各级中心公共绿地设置规定

中心绿地名称	设置内容	规划要求	最小规格（m²）	最大服务半径（m）
居住区公园	花木草坪，花坛水面，凉亭雕塑，小卖茶座，老幼设施，停车场和铺装地面等	园内布局应有明确的功能划分	10000	800～1000
小游园	花木草坪，花坛水面，雕塑，儿童设施和铺装地面等	园内布局应有一定的功能划分	4000	400～500
组团绿地	花木草坪，桌椅，简易儿童设施等	可灵活布置	400	

注　1. 居住区公共绿地至少有一边与相应级别的道路相邻。
　　　2. 应满足有不少于1/3的绿地面积在标准日照阴影范围之外。
　　　3. 块状、带状公共绿地同时应满足宽度不小于8m，面积不少于400m²的要求。
　　　4. 参见《城市居住区规划设计规范》。

公共绿地指标应根据居住人口规模分别达到：组团级不少于0.5m²/人；小区（含组团）不少于1m²/人；居住区（含小区或组团）不少于1.5m²/人。绿地率：新区建设应不小于30%；旧区改造宜不小于25%；种植成活率不小于98%。

9.2.3　居住区绿地规划设计原则与要求

居住环境作为人居环境的一个重要组成部分，担负着向人们提供舒适的居住生活的任务，随着现代社会的不断发展，居住区不仅因为满足了人们的居住需要，还涉及到居住环境，户外活动空间以及整体的景观形象，这就要求我们要以现代人对生活方式的新需求为出发点，站在人性关怀的高度，从社会和自然条件以及城市规划与设计的整体考虑，创造有利于提高居民生活品质的舒适的居住区景观环境。

在中国传统的园林文化和环境意识里，强调遵循自然法则，顺应自然，融入自然，力求模仿和再造自然，贯彻天人和谐之道，从而形成"天人合一"的居住观，促使人与自然和谐相处。

1.居住区绿地规划设计的原则

（1）以人为本，休闲亲人的原则。居住区绿地景观设计要注重人的活动和感受要求，提高环境舒适性和景观和谐性，加强人的参与性，突出人与环境的交流、对话，体现人文关怀的思想。作为居住区的主体，人对居住区环境有着物质方面和精神方面的要求。在环境景观设计中的具体体现为：第一，要了解住户的各种需求，在此基础上进行设计；第二，是在设计过程中，要注重对人的尊重和理解，强调对人的关怀；第三，是体现在活动场地的分布、交往空间的设置、户外家具及景观小品的尺度等方面，使人们在交往、休闲、活动、赏景时更加舒适、便捷。所以，居住区绿地景观设计应坚持以人为本，尊重自然的原则，力争创造一个更加健康生态的、更具亲和力的居住区环境。

（2）突出特色，体现文化景观的原则。居住环境是其所在城市环境的一个组成部分，对创造城市的景观形象有着重要的作用。同时，居住环境本身又应反映城市空间的文化和地方性特征，文化是一个空间的精神内涵所在，内涵才是一个作品的灵魂，仅仅有形式和功能是不够的，有内涵的作品能使其所在的公共开放空间成为吸引人的好去处，寓教于娱乐是人们历来所追求的一个目标。另外，在居住区景观规划中重视当地居民的文化认同感，对于体现景观的地方文化标志特征，增加区域内居民的文化凝聚力都具有重要的作用。

（3）因地制宜，注重美观、实用的原则。景观设计要充分体现地方特征和基地的自然特色。我国幅员辽阔，自然区域和文化地域特征相去甚远，居住区景观设计要把握这些特点，营造出富有地方特色的环境，同时应充分利用区内的地形、地貌特点，塑造出具有时代特点和地域特征、富有创意和个性的景观空间、空间环境。

居住区的景观环境，必须同时兼备观赏性和实用性，使有限的绿地空间发挥最大的生态效益。居住环境景观设计像任何艺术创作一样，也离不开美学上的基本原则，必须满足形式美的规律和不同人群的审美情趣。随着物质条件的不断改善，精神上的需求越来越强烈，人们需要美的居住环境，进而在其中产生自豪感与被尊重。

美是人类生活永恒的主题，通过对居住环境景观整体和各要素的合理组构，使其具有完整、和谐、连续、多样的特点，是美的基本特征。美作为环境景观更重要的作用还在于它能潜移默化地更新人的观念、改善人的素质、提高人的修养、培养人的情操，成为居住环境景观创造的更高追求。

居住环境景观设施在满足功能和美观要求的同时，要尊重现状，优化提升环境品位。通过对现有建筑、结构、场地、消防等条件的充分分析，对景观环境做进一步的提炼，使自然环境与人工环境有机地结合起来，结合特殊的地理、植被、景观现状条件，创造与居住区建筑相结合的，亲切宜人的景观主题及其美好的空间体验。

（4）绿化为主，功能合理、生态优先的原则。植树、种草是改善人类生存环境的重要手段，绿色植物可以净化空气、改善空气湿度、防风减尘、吸纳有害气体、减弱噪声等作用。居住区绿化要重视乔木、灌木、草本植物及各品种组成的生态循环链效应，用景观生态学的理论来指导居住区的绿地景观规划设计，坚持以植树为主，因地制宜，适地适树，乔、灌、花、草、藤结合，注重植物种类的多样性，提高居住区绿化的生态含量。遵循"生态优先"的原则，努力创造安全、舒适、健康的生态型景观环境。具有生态性的居住环境能够唤起居民美好的情趣和情感的寄托，达到人与自然的和谐。提倡将先进的生态技术运用到环境景观的塑造中去，利于人类的可持续发展。

要做到功能合理，首先构成居住环境景观的设施要满足实用的功能问题。不同的活动要配置相应的环境设施，才能满足环境景观的功能性要求。比如上班、上学的人群需要用最短的距离走出居住区，所以交通型道路的设置要尽可能便捷而不迂回、绕远；其次休息、娱乐的人群需要有更多的空间便于交往，所以庭院中的圆路要曲折而有趣；随着我国人口向老龄化发展，居住环境设施要考虑安全和无障碍设计的问题等。其次，居民对居住环境的基本心理需求包括私密性、舒适性、归属性等，这种对环境的认知随着不同层面的人群而有着不同的表现。居住环境景观设计要提供相适应的环境气氛，通过形式、色彩、质感等赋予环境以特定的属性，来满足居民的心理需求。

（5）坚持经济性与可持续发展的原则。顺应市场发展需求及地方经济状况，注重节能、节材，注重合理使用土地资源。提倡朴实简约，反对浮华铺张，并尽可能采用新技术、新材料、新设备，达到优良的性价比。同时绿地规划设计要考虑可持续发展，具备弹性、可变性，既能配合近期的形象需要，又能为未来城市发展留有空间。

2. 居住区景观的规划设计要求

居住环境景观设计是为了给居民创造休闲、活动的空间，居住区景观的规划设计的目标是营造自然与人类和谐共存的居住环境。居住区景观的设计包括对基地自然状况的研究和利用，对空间关系的处理和发挥，与居住区整体风格的融合和协调。包括道路的布置、水景的组织、路面的铺砌、照明的设计、小品的设计、公共设施的处理等，这些方面既有功能意义，又涉及到视觉和心理感受。在进行景观设计时，应注意整体性、实用性、艺术性、趣味性的结合。规划设计是应满足以下几点要求。

（1）注重环境的亲和性。居住区外部环境各要素之间做到和谐统一，避免不同形式、风格、色彩的要素产生冲突和对立。同时，环境构成要素作为实体来构成空间，空间才是环境的主角，各要素需要为环境和谐的整体利益而限制自身不适宜的夸张表现，使各自的先后、主次、从属分明，共同构筑协调、统一的环境景观。

（2）强调环境景观的共享性。这是住房商品化特征的体现，应使每套住房都具有良好的景观环境，首先要强调居住区环境资源的平等性和共享性，在规划时应尽可能地利用现有的自然环境创造人工景观，让所有的住户都能平等地享受到优美环境；其次要强化围合功能、形态各异、环境要素丰富、院落空间安全安静的特点，达到归属领域良好的效果，从而创造出温暖、朴素、祥和的居家环境。

（3）追求景观的文化审美性。崇尚历史和文化是近年来居住景观设计的一大特点，开发商和设计师开始在文化的大背景下进行居住区的规划和策划，通过建筑与环境艺术来表现历史文化的延续性。居住环境的文化性体现在地方性和时代性当中。规划设计时，应当充分考虑传统生活方式的特点，寻找与现代居住区空间环境的契合点，以不同的方式，从空间形态、尺度、界面的色彩、细部表达对传统与现代的理解，延续文化脉络。环境的文化性还体现在环境与人的行为互动过程中，美好的环境提升居民的自觉意识，促进环境品质的提升。

居住区环境景观还要关注人们不断提高的审美需求，提倡简洁明快的景观设计风格。创造先进的居住文化，营造美好的城市景观。不仅为人所赏，还要为人所用。创造亲切、自然、舒适、宜人的景观空间是居住区景观设计的趋势。

（4）考虑景观空间的多样性。在现代城市发展的过程中，地下、地面、空中三个空间层次的联系日益紧密，城市景观的纵深感日益加强。要塑造形式更加立体，内容更加饱满的景观空间，可以采取其多样性的设计手法，突破传统的材质搭配与空间互动，提炼古风，演绎今景，融入对生活哲理的领悟，使设计结合自然。如常以季节变化作为激发点，引导人们回到生活的细节，体味四季交替的自然之美，体味晨露、朝夕、花开、叶落。这就是设计结合自然带来的人与环境的巨大共鸣。同时，景观空间的创造，还应满足不同社会群体、年龄层次及不同兴趣爱好的群体的需要，满足居民进行各项户外活动的需要。景观空间的设计，应该动静结合，开闭相间。营造多层次的立体绿色景观活动空间。利用高低错落、层次丰富的树木花草、花坛、坐凳、山石小品，使居住区户外活动空间掩映在一片绿树丛中，使户外活动空间在形式、内容、性质、景观等方面呈现出多样性。

（5）面向未来性。面向未来，就是要面向需求特点的变化，面向需求的趋势，要提高居住区环境景观的质量和功能水平，绝不是高档住宅的一个"卖点"和点缀。另外，还要增进居住环境的便利性，营造轻松的生活空间。回归自然、亲近自然是人的本性，也是全球发展的基本战略。引入自然界的山、水、绿化，模拟自然风光，也是居住环境的基本要求。

9.2.4　居住区绿地景观规划设计的方法与程序

为了创造出具有高品质和丰富美学内涵的居住区景观，在进行居住区环境景观设计时，要注意景观美学风格和文化内涵的统一。在居住区规划设计之初，要对居住区整体风格进行策划与构思，对居住区的环境景观作专题研究，提出景观的概念规划。在具体的设计过程中，景观设计师、建筑工程师、开发商要经常进行沟通和协调，使景观设计的风格能融入居住区整体设计之中。因此景观设计应是发展商、建筑商、景观设计师和城市居民四方互动的过程。

1. 居住区绿地景观规划设计方法

（1）构思立意，彰显整体景观特色。中国传统园林崇尚自然，"古人构园置景，以体扬立意为先"，名师巧匠们，对特定的人文自然环境，体察入微，心有所得，然后筹划布局，剪裁景物，开拓意境，形成园林特有的风貌。

居住区环境景观不仅要满足居民的生理需要也要满足他们特定的精神需求，居住区环境设计，要以人为本、巧妙立意。立意要从其历史文脉、环境、气候、自然条件的特征、特别是从入住居民的实际需要出发，整体上确立居住环境景观特色，使居住区环境形成水、绿结合，人文与现代生活交融的充满活力与生机的环境景观。特色是指在布局与环境景观方面所具有的与其他居住环境不同之处。它是通过对居住生活功能、规律的分析，对地理、自然条件的推敲，进而提炼、升华创造出来的一种与居住活动紧密交融的环境景观特征。

居住区绿地景观设计必须呼应居住区设计整体风格的主题，硬质景观要同绿化等软质景观相协调。不同居住区设计风格将产生不同的景观配置效果，现代风格的住宅适宜采用现代景观造园手法，地方风格的住宅则适宜采用具有地方特色和历史语言的造园思路和手法。运用园林设计的一般规律诸如对景、轴线、节点、路径、视觉走廊、空间的开合等，根据空间的开放度和私密性组织空间。

（2）功能分区，住区景观因境而成。首先，根据现状用地条件，结合居住区休闲空间设计中的整体连续性和景观休闲空间的多样性原则进行功能分区；再以，确立的特色为构思的出发点，规划出结构清晰、空间层次明确的总体布局；随之，在居住区的景观营造中，充分利用项目周边的自然景观优势，结合人文景观的设计，在小区的外向景观和小区内环境营造上，充分表现出现代人追求现代、时尚的居住风格，不仅有中庭集中观景带，也形成了若干个组团式景观，追求丰富多变的视觉效果，做到景观的均享性，力争户户见景。

（3）景观要素设计，要以优化环境为宗旨。景观构成要素一般可分为以下三大类：一是地形、水体等无生命的自然物象；二是建筑、小品、道路及其他硬质景观；三是树木、花卉、鸟兽虫鱼等有生命的自然景物。这些要素在园林中起着十分重要的构景作用，设计时要把握好各景观构成要素的特点，充分发挥各自在居住区生态环境中的作用，使它们有序列地为人所感知。居住环境由于居民背景的不同，各自对景观构成要素的形式感觉也不同，因此应该创造出多种多样的形式，但应当具有整体性、连续性，使不同居民都能找到适合其观察环境方式的视觉景观。

（4）点、线、面相结合，塑造住区环境景观。环境景观中的点，是整个环境设计中的精彩所在。这些点元素经过相互交织的道路、河道等线性元素贯穿起来，点线景观元素使得居住区的空间变得有序。在居住区的入口或中心等地区，线与线的交织与碰撞又形成面的概念，面是全居住区中景观汇集的高潮。在现代居住区规划中，传统空间布局手法已很难形成有创意的景观空间，必须将人与景观有机融合，从而构筑全新的空间网络。

1）亲水空间。居住区硬质景观，要充分挖掘水的内涵，体现中、西方理水文化，营造出人们亲水、观水、听水、戏水的场所（见图9-39、图9-40）。

图9-39　生动活泼的水景设计　　　　　　　　　图9-40　住宅内庭院亲水空间

2）亲地空间。增加居民接触地面的机会，创造适合各类人群活动的室外场地和各种形式的屋顶花园等（见图9-41、图9-42）。

图9-41　某小区室外场地设计效果　　　　　　　图9-42　适合各类人群活动的室外场地

（图片来源：世界新景观图集）

3）亲子空间。居住区中要充分考虑儿童活动的场地和设施，培养儿童友好、合作、冒险的精神（见图9-43、图9-44）。

4）亲绿空间。硬软景观应有机结合，充分利用车库、台地、坡地、宅前屋后构造充满活力和自然情调的绿色环境（见图9-45、图9-46）。

居住区的绿地景观规划，要以城市生态系统为基础，优化环境质量，建立生态健全的环境，促进人类身心健康，陶冶人们的情操，营造城市宜居空间，满足现代市民公共生活的需求。

2. 居住区绿地景观规划设计程序

（1）项目情况调查与分析。首先，要了解整个项目的概况，包括建设规模、投资规模、可持续发展等方面，特别要了解业主对这个项目的总体框架方向和基本实施内容；其次，要对基地进行现场踏勘，收集规划设计前必须掌握的所有原始资料。

图9-43 居住区儿童活动的场地
（图片来源:《韩国现代城市景观设计》建筑工业出版社 2002）

图9-44 某居住内的亲子空间
（图片来源:《韩国现代城市景观设计》建筑工业出版社 2002）

图9-45 充满活力的绿色空间
（图片来源:http://user.qzone.qq.com）

图9-46 富有自然情调的绿色环境

（2）研究相关资料。首先应整理、归纳基地现场收集资料，再认真阅读业主提供的"设计任务书"，了解业主对建设项目的各方面要求：总体定位性质、内容、投资规模、及设计周期等，并提出的项目总体定位的构想，然后，着手进行环境景观的方案设计。

（3）树立亲环境的设计宗旨。规划设计时，设计师要树立亲环境的设计宗旨，使整个规划在功能上趋于合理，在构图形式上符合园林景观设计美观、舒适的基本原则，因地制宜，结合自然山水地形，加以合理规划设计，最终形成"虽为人作，宛自天开"的景观效果。

（4）采取分空间进行设计。居住区景观设计充分利用原有地形地貌来进行，根据气候特点的不同、居民生活习惯的不同、对户外活动要求的不同，形成功能分布合理的居住区绿化组团系统。一个居住小区的景观常分为入口活动区、中心活动区、亲子活动区等，不同的区域有不同的景观特点，如：水景景观、绿地景观、园建小品等，设计时要寻求一种合理的景观动线将各园林景观融汇成一个整体，分空间进行设计时，要做到局部特色与整体效果的统一。

在强调绿地本身的功能分区时，还应注意绿地的使用功能可能在一定时间内产生变化，或者使用功能还具有可变性及复杂性的特点。设计师景观规划设计时，除了注重主要景观园林意境的提炼外，还要注重因时、因地的人文环境创造，注重观赏性与参与性在环境设计中的应用。

（5）提出维护、管理、运营计划。制定维护管理生态绿地配置设施原则，针对维护各项目，拟订维护人力及维护计划。探索公众参与绿化建设新路子，注重利用先进的科技知识进行管理，绿化管理中，注重植物的绿化配置与养护管理相结合，着力体现人性化的服务。

9.2.5 居住区绿地规划设计内容与要点

1. 居住区入口景观的设计

居住区的入口，是界定小区内外不同环境空间的标志，是视觉驻留点。居住区入口的空间形态应具有一定的开敞性，入口标志性造型（如门廊、门架、门柱、门洞等）应与居住区整体环境及建筑风格相协调，避免盲目追求豪华和气派。应根据住区规模和周围环境特点确定入口标志造型的体量尺度，达到新颖简单、轻巧美观的要求。同时要考虑与保安值班等用房的形体关系，构成有机的景观组合。因此，居住区入口的绿化设计要考虑不同层面的因素：一是体现居住区本身的特色以及所在区域的历史、社会、文化特征；二是处理好与周围建筑、道路的关系，尤其是小区内道路和城市道路的关系；三是便于居民的使用（见图9-47）。

图9-47　小区入口标志性造型

居住区入口的绿化，包括入口道路、入口广场，入口周围的环境绿化等，是小区的景观形象标志。（见图9-48）居住小区入口的景观大道设计（见图9-49）居住小区入口环境绿化设计。

图9-48　居住小区入口的景观大道设计

图9-49　居住小区入口环境绿化设计

2. 居住区道路绿化规划设计

居住区的道路是居住区的构成框架，也是构成居住的一道亮丽的风景线。根据功能要求和居住区规模的大小，可把居住区道路分为三类：居住区主要道路、居住区次要道路和休闲小道，绿化布置因道路情况不同而各有变化。

（1）居住区主要道路，是联系居住区内外的主要通道，除了人行外，有的还通行公共汽车。在道路交叉口及转弯处的绿化时不要影响行驶车辆的视线，行道树要考虑行人的遮阳及不妨碍车辆的运行。道路与居住建筑之间可考虑利用绿化防尘和阻挡噪声（见图9-50）。

（2）居住区次要道路，是联系住宅组团之间的道路。行驶的车辆虽较主干道为少，但绿化布置时，仍要考虑交通的要求。当道路与居住建筑距离较近时，要注意防尘隔声。次干道还应满足救护、消防、运货、清除垃圾及搬运家具等车辆的通行要求，当车道为尽端式道路时，绿化还需与回车场地结合，使活动空间自然优美（见图9-51）。

（3）居住区休闲人行道，是联系各住户或各居住单元门前的小路，主要供人行。绿化布置时，道路两侧的种植宜适当后退，以便必要时急救车和搬运车等可驶入住宅。有的步行道路及交叉口可适当放宽，与休息活动场地结合。路旁植树不必都按行道树的方式排列种植，可以断续、成丛地灵活配置，与宅旁绿地、公共绿地布置配合起来，形成一个相互关联的整体（见图9-52）。

道路作为车辆和人员的汇流途径，具有明确的导向性，道路两侧的环境景观应符合导向要求，并达到步移景移的视觉效果。居住区道路绿化是居住区绿化系统中的一部分，它起到联结、导向、分割、围合等作用，是连接居住区各项绿地的纽带，道路边的绿化种植及路面质地色彩的选择应具有韵律感和观赏性。

图 9-50 居住区主要道路绿化设计

图 9-51 居住区次要道路绿化设计

（4）居住区道路绿化注意事项。

1）根据道路的宽度和结构，人、车流量，道旁的地质和土壤情况来选择合适的绿化树种。

2）植物配置要考虑到四季效果与生态效益。注意常绿与落叶、乔木与灌木、速生与慢生相结合，采用多层次的配置方式。

3）居住区主要道路要考虑交通安全，在交叉路口和转弯处要符合视距三角的要求。在该三角内只能用高度不超过 0.7m 高的灌木、花卉和草坪，不能选用高大的乔木。

图 9-52 居住区休闲性人行道及其绿化

4）在满足交通需求的同时，道路可形成重要的视线走廊，因此，要注意道路的对景和远景设计，以强化视线集中的观景。

5）休闲性人行道、园道两侧的绿化种植，要尽可能形成绿荫带，并串联花台、亭廊、水景、游乐场等，形成休闲空间的有序展开，增强环境景观的层次。

6）居住区内的消防车道占人行道、院落车行道合并使用时，可设计成隐蔽式车道，即在 4m 幅宽的消防车道内种植不妨碍消防车通行的草坪花卉，铺设人行步道，平日作为绿地使用，应急时，供消防车使用，有效地弱化了单纯消防车道的生硬感，提高了环境和景观效果。

3. 居住区公共绿地的规划设计

根据居住区的用地情况，公共绿地的位置常出现以下两种形式：一是布置在居住区外侧，使其成为外向型空间；二是布置在居住区中心，使其成为内向型空间。居住区绿地景观设计内容包括植物配置、花坛式样、草坪形状、植物模纹、雕塑小品、园林石配置等。设计目的是为居民创造生态、健康、舒适、新颖的室外休憩和活动场所。居住区内公共绿地常与服务设施相结合，成为居住区中最吸引人的亮点。

（1）居住区小游园。居住小区游园的用地规模是根据其功能要求来确定的，目前新建小区公共绿地面积采用人均 1 ~ 2m² 的指标。居住小区游园面积占小区全部绿地面积的一半左右为宜。如小区为 1 万人，小区绿地面积平均每人 1 ~ 2m²，则小区绿地约为 0.51hm²。居住小区游园用地分配比例可按建筑用地约占 30% 以下，道路、广场、用地约占 10% ~ 25%，绿化用地约占 60% 以上来考虑。

居住小区游园主要是供居民休息、观赏、游憩的活动场所。主要活动方式有观赏、休息、游玩、体育活动和课外阅读等。居住小区游园的服务半径以不超过 300m 为宜。在规模较小的小区中，居住小区游园可在小区的一侧沿街布置或在道路的转弯处两侧沿街布置。在较大规模的小区中，也可布置成几片绿地贯穿整个小区，居民使用更为方便。

居住小区游园内可设儿童游戏场、青少年运动场和成人、老人活动场。场地之间可利用植物、道路、地形等分隔。儿童游戏场的位置，要便于儿童前往和家长照顾，也要避免干扰居民，一般设在人口附近稍靠边缘的独立地段上。儿童游戏场不需要很大，但活动场地应铺草皮或选用持水性较小的砂质土铺地或海绵塑胶面砖铺地。活动设施可根据资金情况、管理情况而设，一般应设供幼儿活动的沙坑，旁边应设坐凳供家长休息用。儿童游戏场地上应种高大乔木以供遮阳，周围可设栏杆、绿篱与其他场地分隔开。

青少年运动场设在公共绿地的深处或靠近边缘独立设置，以避免干扰附近居民，该场地主要是供青少年进行体育活动的地方，应以铺装地面为主，适当安排运动器械及坐凳。

成人、老人休息活动场可单独设立，也可靠近儿童游戏场，在老人活动场内应多设些桌椅坐凳，便于下棋、打牌、聊天等。老人活动场一定要做铺装地面，以便开展多种活动，铺装地面要预留种植池，种植高大乔木以供遮阳。

除上面讲到的活动场地外，还可根据情况考虑设置其他活动项目，如文化活动场地等。（见图9-53）为居住区小游园设计效果。

（2）居住区广场。居住区广场是提供表演及聚会的重要场地。广场设计以林木和铺地来减弱城市道路所带来的分离感，广场有时会设置喷泉作为空间的焦点，自然的"绿"与"水"也是一种使人心情舒畅的重要因素，是景观设计的重中之重（见图9-54）。

图9-53 居住区小游园设计

图9-54 居住区广场景观

休闲广场应设于住区的人流集散地（如中心区、主入口处），面积应根据住区规模和规划设计要求确定，形式宜结合地方特色和建筑风格考虑。广场周边宜种植适量庭荫树和休息座椅，为居民提供休息、活动、交往的设施，在不干扰邻近居民休息的前提下保证适度的灯光照度。广场铺装以硬质材料为主，形式及色彩搭配应具有一定的图案感，不宜采用无防滑措施的光面石材、地砖、玻璃等。广场出入口应符合无障碍设计要求。

（3）组团绿地。在居住区中一般6～8栋居民楼为一个组团，组团绿地是离居民最近的公共绿地，为组团内的居民提供一个户外活动、邻里交往、儿童游戏、老人聚集等良好的室外条件。

1）组团绿地的特点。

用地小、投资少，易于建设及见效快，使用频率高，易于形成"家家开窗能见绿，人人出门可踏青"的富有生活情趣的居住环境（见图9-55）。

2）布置方式。

开敞式：可供游人进入绿地内开展活动（见图9-56）。

半封闭式：绿地内除留出游步道、小广场、出入口外，其余均用花卉、绿篱、稠密树丛隔离。

封闭式：一般只供观赏，而不能入内活动，从使用与管理两方面看，半封闭式效果较好。

3）内容安排。组团绿地的内容设置可有绿化种植、安静休息、游戏活动等，还可附有一些小品建筑或活动设施。具体内容要根据居民活动的需要来安排，是以休息为主，还是以游戏为主；休息活动场地在居住区内如何分布等，均要按居住地区的规划设计统一考虑。

图 9-55 组团绿地景观平面

4. 宅旁绿地规划设计

宅旁绿地的主要功能是美化生活环境，阻挡外界视线、噪音和灰尘，为居民创造一个安静、舒适、卫生的生活环境。其绿地布置应与住宅的类型、层数、间距及组合形式密切配合，既要注意整体风格的协调，又要保持各幢住宅之间的绿化特色。

宅间活动场地属半公共空间，主要为幼儿活动和老人休息之用，其绿化的好坏，直接影响到居民的日常生活。

宅间活动场地的绿化类型主要有：①树林型；②游园型；③棚架型；④庭院型；⑤草坪型。（见图 9-57 ~ 图 9-63）。

图 9-56　开敞式组团绿地景观

图 9-57　高层住宅前草坪型绿地

5. 居住区内的小品景观设计

居住区内的园林小品主要有假山、雕塑、花台、栏杆、座椅、园桌、凳、宣传栏、果皮箱、园灯等。现代的建筑小品更趋向多样化，一堵景墙、一个旱喷、一个花架、一张座椅等都可以成为现代景观中绝妙的画面。小品景观作为居住区外部空间的一部分，它可以为居民创造优美、舒适的居住环境，是形成居住区面貌和特点的重要因素。它的设置应根据居住建筑的形式、风格、居住环境的特色、居民的文化层次与爱好以及当地的民俗习惯等因素，选用合适的材料。

（1）雕塑、小品。雕塑、小品常与周围环境共同塑造出一个完整的视觉形象，同时赋予景观空间环境以生气和主题，通常以其小巧的格局、精美的造型来点缀空间，使空间诱人而富于意境，从而提高整

图 9-58　多层住宅间游园型绿地

体环境景观的艺术境界。雕塑应具有时代感，要以美化环境保护生态为主题，体现住区人文精神。

图 9-59　高层住宅间图案化绿地

图 9-60　棚架型宅基绿地

图 9-61　高档住宅旁花园型绿化

图 9-62　住宅内庭院的绿化
（图片来源：美讯在线网 www.m6699.com）

　　雕塑按使用功能分为纪念性、主题性、功能性与装饰性雕塑等。从表现形式上可分为具象和抽象，动态和静态雕塑等。在布局上一定要注意其与周围环境的关系，恰如其分地确定雕塑的材质、色彩、体量、尺度、题材、位置等，展示其整体美、协调美。雕塑应配合住区内建筑、道路、绿化及其他公共服务设施而设置，起到点缀、装饰和丰富景观的作用。特殊场合的中心广场或主要公共建筑区域，可考虑主题性或纪念性雕塑（见图 9-64 ~ 9-68）。

图 9-63　住宅内庭院的景观设计
（图片来源：美讯在线网 www.m6699.com）

图 9-64　雕塑与其他设施组合

　　（2）座椅（具）。座椅（具）是住区内提供人们休闲的不可缺少的设施，同时也可作为重要的装点景观进行设计。应结合环境规划来考虑座椅的造型和色彩，力争简洁适用。室外座椅的选址应注重居民的休息和观景。室外座椅的设计应满足人体舒适度要求，普通座面高 38 ~ 40cm，座面宽 40 ~ 45cm，标准长度：单人椅 60cm 左右，双人椅 120cm 左右，3 人椅 180cm 左右，靠背座椅的靠背倾角为 100° ~ 110° 为宜。座椅（具）材料多为木材、石材、混凝土、陶瓷、金属、塑料等，应优先采用触感好的木材，木材应作防腐处理，座椅转角处应作磨边倒角处理（见图 9-69、图 9-70）。

图 9-65　与环境协调的抽象雕塑

图 9-66　装饰性主题雕塑

图 9-67　功能性石景小品

图 9-68　点缀景观空间的小品

图 9-69　结合环境规划设计的座椅
（图片来源：网络）

图 9-70　不同造型的室外休息座

　　（3）花盆。花盆是景观设计中传统种植器的一种形式。花盆具有可移动性和可组合性，能巧妙地点缀环境，烘托气氛。花盆的尺寸应适合所栽种植物的生长特性，有利于根茎的发育，一般可按以下标准选择：花草类盆深 20cm 以上，灌木类盆深 40cm 以上，中木类盆深 45cm 以上（见图 9-71）。

　　（4）树池 / 树池算。树池是树木移植时根球（根钵）的所需空间，一般由树高、树径、根系的大小所决定。树池深度至少深于树根球以下 250mm。

　　树池算是树木根部的保护装置，它既可保护树木根部免受践踏，又便于雨水的渗透和步行人的安全。树池算应选择能渗水的石材、卵石、砾石等天然材料，也可选择具有图案拼装的人工预制材料，如铸铁、混凝土、塑料等，这些护树面层宜做成格栅装，并能承受一般的车辆荷载（见图9-72～图9-74）。

图9-71 不同造型的种植花盆

图9-72 装饰性树池设计

图9-73 功能性树池设计

图9-74 树池箅

（5）模拟化景观。模拟化景观是现代造园手法的重要组成部分，它是以替代材料模仿真实材料，以人工造景模仿自然景观，以凝固模仿流动，是对自然景观的提炼和补充，运用得当会超越自然景观的局限，达到特有的景观效果。（见图9-75）为某屋顶花园模拟化景观。

6. 居住区水景景观设计

水是大地景观的血脉，是生物繁衍的条件。居住区环境景观设计者一般会用水体来提升景观价值，水景也是景观设计中具有独特吸引力的元素，既可作为景观主体，也可和其他景观元素相结合，形成独特风格的景观作品。

水景设计是一个艺术创作过程，它通过各种设计手法和不同的组合方式，把水的内涵和意境表达出来，给人良好的心理和视觉感受，具有一定的观赏性。水景形式分为自然水景和人工水景两大类。

自然水景设计必须服从原有自然生态景观，正确利用借景、对景等手法，充分发挥自然条件，融和居住区内部和外部的景观元素，创造出新的亲水居住形态。驳岸是亲水景观中应重点处理的部位。驳岸与水线形成的连续景观线是否能与环境相协调，不但取决于驳岸与水面间的高差关系，还取决于驳岸的类型及用材的选择。对居住区中的沿水驳岸（池岸），无论规模大小，无论是规则几何式驳岸（池岸）还是不规则驳岸（池岸），驳岸的高度，水的深浅设计都应满足人的亲水性要求，驳岸（池岸）尽可能贴近水面，以人手能触摸到水为最佳。亲水环境中的其他设施如水上平台、汀步、栈桥、栏索等，也应以人与水体的尺度关系为基准进行设计（见图9-76）。

人工水景指根据空间不同，采取多种手法引水造景，如喷泉、壁泉、叠水、涉水池等，在场地中有自然水体的景观要保留利用，使自然水景与人工水景融为一体。人工水景根据运动特征不同，可分为跌落式水景，如瀑布、叠水等；溪流性的水景，如小溪等；静止性水景，如池塘、倒影池、生态水池、涉水池等；喷泉式水景，如音乐

193

喷泉、喷雾喷泉、旱喷泉、程序控制喷泉等（见图9-77～图9-78）。

图9-75 屋顶花园模拟化景观
（图片来源：中国风景目标网）

图9-76 某高档住区的自然水景
（图片来源：http://user.qzone.qq.com/）

图9-77 规则式人工水景设计

图9-78 某居住区自然式静态水景

在居住区设置水景，可以使人们在生理上、心理上产生宁静、舒适的感受，增加居住环境的景观层次，扩大空间，增添静中有动的乐趣。水景设计应结合场地气候、地形及水源条件合理设置。南方干热地区应尽可能为居住区居民提供亲水环境，北方地区在设计不结冰期的水景时，还必须考虑结冰期的枯水景观。在形式上则根据不同的空间区域进行相应的布局。一般分为自然式与规则式两种，自然式水景多与植被、山石、地形组成具有自然韵味的景观。规则式的水景多与广场、建筑物配合造景。喷泉多与广场结合，或独立成景，或与水池结合组景。常见的居住区的水景类型有：瀑布跌水、生态水池、喷泉和倒影池等。

（1）瀑布。瀑布按其跌落形式分为滑落式、阶梯式、幕布式、丝带式等多种，并模仿自然景观，采用天然石材或仿石材设置瀑布的背景和引导水的流向，考虑到观赏效果，不宜采用平整饰面的白色花岗石作为落水墙体。为了确保瀑布沿墙体、山体平稳滑落，应对落水口处山石作卷边处理，或对墙面作坡面处理。瀑布因其水量不同，会产生不同视觉、听觉效果，因此，落水口的水流量和落水高差的控制成为设计的关键参数，居住区内的人工瀑布落差宜在1m以下。跌水是呈阶梯式的多级跌落瀑布，其梯级宽高比宜3：2～1：1之间，梯面宽度宜在0.3～1.0m之间（见图9-79、图9-80）。

（2）溪流。溪流的形态应根据环境条件、水量、流速、水深、水面宽和所用材料进行合理的设计。溪流分可涉入式和不可涉入式两种。可涉入式溪流的水深应小于0.3m，以防止儿童溺水，同时水底应做防滑处理。可供儿童嬉水的溪流，应安装水循环和过滤装置。不可涉入式溪流宜种养适应当地气候条件的水生动植物，增强观赏性和趣味性。溪流配以山石可充分展现其自然风格，溪流的坡度应根据地理条件及排水要求而定。普通溪流的坡度宜为0.5%，急流处为3%左右，缓流处不超过1%。溪流宽度宜在1m～2m，水深一般为0.3m～1m左右，超过 0.4m 时，应在溪流边采取防护措施（如石栏、木栏、矮墙等）。为了使居住区内环境景观在视觉上更为开阔，可适当增大宽度或使溪流蜿蜒曲折。溪流水岸宜采用散石和块石，并与水生或湿地植物的配置相结合，减少人工造景的痕迹。图 9-81 为住区内的小溪景观。

图 9-79　人工瀑布

图 9-80　跌水景观

（3）生态水池。生态水池是适于水下动植物生长，又能美化环境、调节小气候供人观赏的水景。在居住区里的生态水池多饲养观赏鱼虫和习水性植物（如鱼草、芦苇、荷花、莲花等），营造动物和植物互生互养的生态环境。水池的深度应根据饲养鱼的种类、数量和水草在水下生存的深度而确定。一般在 0.3 ~ 1.5m，为了防止陆上动物的侵扰，池边平面与水面需保证有 0.15m 的高差。水池壁与池底需平整以免伤鱼。池壁与池底以深色为佳。不足 0.3m 的浅水池，池底可做艺术处理，显示水的清澈透明。池底与池畔宜设隔水层，池底隔水层上覆盖 0.3 ~ 0.5m 厚土，种植水草（见图 9-82）。

图 9-81　小溪

图 9-82　生态水池

（4）涉水池。涉水池可分水面下涉水和水面上涉水两种。水面下涉水主要用于儿童嬉水，其深度不得超过 0.3m，池底必须进行防滑处理，不能种植苔藻类植物。水面上涉水主要用于跨越水面，应设置安全可靠的踏步平台和踏步石（汀步），面积不小于 0.4m×0.4m，并满足连续跨越的要求。上述两种涉水方式应设水质过滤装置，保持水的清洁，以防儿童误饮池水（见图 9-83）。

（5）喷泉。喷泉属于装饰水景，装饰水景不附带其他功能，起到赏心悦目，烘托环境的作用，这种水景往往构成环境景观的中心。它是通过人工对水流的控制，采用不同的手法进行组合，会出现多姿多彩的变化形态。并借助音乐和灯光的变化产生视觉上的冲击，进一步展示水体的活力和动态美，满足人的亲水要求。常见的喷泉类型有壁泉、涌泉、间歇泉、旱地泉、跳泉、跳球喷泉、雾化喷泉、喷水盆、小品喷泉、组合喷泉等（见图 9-84 ~ 图 9-86）。

（6）倒影池。倒影池就是利用光影在水面形成的倒影，扩大视觉空间，丰富景物的空间层次，增加景观的美感。倒影池极具装饰性，可做的十分精致，无论水池大小都能产生特殊的借景效果，花草、树木、小品、岩石前都可设置倒影池。倒影池的设计首先要保证池水一直处于平静状态，尽可能避免风的干扰。其次是池底要采用黑色和深绿色材料铺装，以增强水的镜面效果（见图9-87）。

图9-83 涉水池设计

图9-84 某小区组合喷泉景观

图9-85 小品喷泉

图9-86 旱地喷泉

（图片来源：中国景观网）

7. 庇护性景观构筑物的设计

庇护性景观构筑物形成了居住区中重要的交往空间，是居民户外活动的集散点，既有开放性，又有遮蔽性，主要包括亭、廊、花架等建筑。庇护性经管构筑物应随邻近居民主要活动路线设置，使其易于通达，可配置适量的活动和休闲设施。

（1）亭。亭是供人休息、遮阴、避雨的建筑，个别属于纪念性建筑和标志性建筑。亭的形式、尺寸、色彩、题材等应与所在居住区景观相适应、协调。亭的高度宜在2.4～3m，宽度宜在2.4～3.6m，立柱间距宜在3m左右。木制凉亭应选用经过防腐处理的耐久性强的木材。

亭的形式有：山亭，设置在山顶和人造假山石上，多属于标志性；靠山半亭，靠山体、假山建造，显露半个亭身，多用于中式园林；靠墙半亭，靠墙体建造，显露半个亭身，多用于中式园林；桥亭，建在桥中部或桥头，具有遮风避雨和观赏功能；廊亭，与廊连接的亭，形成连续景观的节点；群亭，由多个亭有机组成，具有一定的体量和韵律；纪念亭，具有特定意义和誉名；凉亭，以木制、竹制或其他轻质材料建造，多用于盘结悬垂类蔓生植物，常作为外部空间通道使用（见图9-88、图9-89）。

（2）廊。廊以有顶盖为主，可分为单层廊、双层廊和多层廊。廊具有引导人流，引导视线，连接景观节点和供人休息的功能，其造型和长度也形成了自身有韵律感的连续景观效果。廊与景墙、花墙相结合增加了观赏价值和文化内涵。

廊的宽度和高度设定应按人的尺度比例关系加以控制，一般高度宜在2.2～2.5m之间，宽度宜在1.8～2.5m之间。居住区内建筑与建筑之间的连廊尺度控制必须与主体建筑相适应。

柱廊是以柱构成的廊式空间，是一个既有开放性，又有限定性的空间，能增加环境景观的层次感。柱廊一般无顶盖或在柱头上加设装饰构架，靠柱子的排列产生效果，柱间距较大，纵列间距4～6m为宜，横列间距6～8m为宜，柱廊多用于广场、居住区主入口处（见图9-90、图9-91）。

图 9-87 倒影池

图 9-88 居住区绿地环境中的休息亭

图 9-89 休息凉亭

图 9-90 富有韵律感长廊景观

（3）花架。花架有分隔空间、连接景点、引导视线的作用，由于棚架顶部由植物覆盖而产生庇护作用，同时减少太阳对人的热辐射。有遮雨功能的花架，可局部采用玻璃和透光塑料覆盖。适用于花架的植物多为藤本植物。花架下应设置供休息用的椅凳（见图 9-92）。

花架形式可分为门式、悬臂式和组合式。花架高宜 2.2 ～ 2.5m，宽宜 2.5 ～ 4m，长度宜 5 ～ 10m，立柱间距 2.4 ～ 2.7m。

8. 公共环境设施设计

居住区便民设施包括有路灯、指示牌、自行车架、饮水器、垃圾容器，以及公用电话、邮政信报箱等。在居住区内，宜将多种便民设施组合为一个较大单体，以节省户外空间和增强场所的视景特征。

（1）标志牌。居住区信息标志可分为四类：名称标志、环境标志、指示标志、警示标志。（见表 9-3）信息标志的位置应醒目，且不对行人交通及景观环境造成妨害。标志的色彩、造型设计应充分考虑其所在地区建筑、景观环境以及自身功能的需要。标志的用材应经久耐用，不易破损，方便维修。各种标志应确定统一的格调和背景色调以突出物业管理形象（见图 9-93）。

表 9-3　　　　　　　　　　　　　居住区主要标志项目

标 志 类 别	标 志 内 容	适 用 场 所
名称标志	标志牌、楼号牌、树木名称牌	
环境标志	小区示意图、停车场导向牌、公共设施分布示意图、自行车停放处示意图、垃圾站位置图	小区入口大门
	告示牌	会所、物业楼
指示标志	出入口标志、导向标志、机动车导向标志、自行车导向标志、步道标志、定点标志	
警示标志	禁止入内标志	变电所、变压器等
	禁止踏入标志	草坪

图9-91 柱廊景观　　　　　　　　　　　　　　　　　图9-92 花架

（a）　　　　　　　　　　（b）　　　　　　　　　　（c）　　　　　　　　　　（d）

图9-93 标志牌
（a）指示标志;（b）环境标志;（c）、（d）警示标志

（2）饮水器。饮水器是居住区街道及公共场所为满足人的生理卫生要求经常设置的供水设施，同时也是街道上的重要装点之一。饮水器分为悬挂式饮水设备、独立式饮水设备和雕塑式水龙头等。饮水器的高度宜在800mm左右，供儿童使用的饮水器高度宜在650mm左右，并应安装在高度100～200mm左右的踏台上（见图9-94）。

（3）垃圾箱。垃圾箱一般设在道路两侧和居住单元出入口附近的位置，其外观色彩及标志应符合垃圾分类收集的要求。垃圾箱分为固定式和移动式两种。普通垃圾箱的规格为高60～80cm，宽50～60cm。放置在公共广场的要求较大，高宜在90cm左右，直径不宜超过75cm。垃圾箱选择美观与功能兼备、并且与周围景观相协调产品，要求坚固耐用，不易倾倒。一般可采用不锈钢、木材、石材、混凝土、GRC、陶瓷材料制作（见图9-95）。

（4）景观灯具。景观艺术灯是现代景观中不可缺少的部分。它不仅自身具有较高的观赏性，还强调艺术灯的景观与景区历史文化、周围环境的协调统一。居住区常用的灯具有：路灯、广场灯、草坪灯、泛光灯、门灯、庭院及建筑外轮廓照明灯具、投光灯、霓虹灯等（见图9-96、图9-97）。

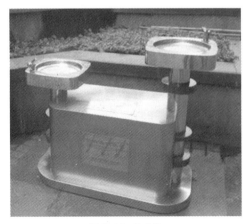

图9-94 饮水器　　　　　　　　　　　　　　　　图9-95 各式垃圾箱

图 9-96 居住区常用景观灯具 a   图 9-97 居住区常用景观灯具 b

（5）自行车架。一种以停放自行车为主的金属架子，国内常见的有插槽式自行车停车架、高低式自行车停车架、双层自行车停车架等。主要用于停放自行车或者简易电动车以起到防盗、保护自行车和规范停放的作用（见图 9-98 ）。

图 9-98　各式自行车架

9.2.6　居住区绿化树种选择和植物配置

1. 植物种类的选择

（1）选择生长健壮、管理粗放、少病虫害、有地方特色的乡土树种。

（2）在夏热冬冷地区，注意选择树形优美、冠大荫浓的落叶阔叶乔木，以利居民夏季遮阴、冬季晒太阳。

（3）在公共绿地的重点地段或居住庭院中，以及儿童游戏场附近，注意选择常绿乔木和开花灌木，以及宿根球根花卉和自播繁衍能力强的 1 ~ 2 年生花卉。

（4）在房前屋后光照不足地段，注意选择耐阴植物，在院落围墙和建筑墙面，注意选择攀缘植物，实行立体绿化和遮蔽丑陋之物。

2. 植物配置的原则

（1）适应绿化的功能要求，适应所在地区的气候、土壤条件和自然植被分布特点，注意植物配置的生态性，构建可持续发展的居住区环境。

（2）充分发挥植物的各种功能和观赏特点，合理配置，常绿与落叶、速生与慢生相结合，构成多层次的复合生态结构，达到人工配置的植物群落自然和谐。

（3）植物品种的选择要在统一的基调上力求多样，创造丰富优美景观。

（4）要注重种植位置的选择，以免影响室内的采光通风和其他设施的管理维护。

（5）结合景观主题，配置保健型植物群落，构建以人为本的健康的、特色鲜明的居住环境。

3. 居住区绿地的植物种类和配置形式

适用居住区种植的植物分为六类：乔木、灌木、藤本植物、草本植物、花卉及竹类。

植物配置按形式分为规则式和自由式，配置组合基本有：孤植、对植、丛植、树群、草坪等几种。

4. 居住区绿地的植物配置要点

（1）植物种植要做到乔、灌、花、草结合。在乔木、灌木、草本、藤本等植物类型的植物配置上应有一定的搭配组合，尽可能做到立体群落种植，以最大限度地发挥植物的生态效益。形成高低错落、疏密有致，层次丰富的绿化景观。

（2）植物种植要注意实用性与艺术性结合。追求构图、颜色、对比、质感，形成绿点、绿带、绿廊、绿坡、绿面、绿窗等绿色景观，树种的大小、高低要与居住区的大小、建筑层次相称，应以绿化设计的立意为前提。同时讲究和硬质景观的结合使用，也注意绿化的维护和保养。

（3）遮阴处应选择和配置耐阴树种。居室外种植乔木与住宅墙面的距离，一般应在 5 ～ 8m，避开铺设地下管线的地方。通常以落叶树为好，常绿树要避免直对窗。

（4）花木配置宜采用孤植、丛植方式。栽植于靠近窗口或居民经常出入之处，以便近赏，充分提高花木的观赏效果。

（5）道路两旁种植行列式乔木遮阴，根据道路的宽窄，可选择种植合适的乔木树种。

（6）好的居住区环境绿化除了应有一定数量的植物种类的种植，还应以植物种类和组成层次的多样性作基础，特别应在植物配置上运用一定量的花卉植物来体现季相的变化。营造怡人的环境，调节人们的情绪。

图 9-99 ～图 9-105 为不同植物不同地段的配置效果。图 9-106 ～图 9-107 为居住区绿化常用的部分植物图片。

图 9-99 小区入口边的乔、灌、花、草结合种植效果

图 9-100 追求构图效果的植物种植设计
（图片来源：美讯在线网）

图 9-101 实用性与艺术性结合的种植方式
（图片来源：美讯在线网）

图 9-102 提高花木的观赏效果丛植方式

图 9-103　几何铺装与花草种植设计
（图片来源：美讯在线网）

图 9-104　住宅内庭院植物配植
（图片来源：美讯在线网）

图 9-105　旱溪与种植组合设计效果
（图片来源：美讯在线网）

图 9-106　居住区常用的绿化植物种类 1
（a）合欢；（b）国槐；（c）凤尾兰；（d）碧桃；（e）五角枫；（f）白三叶；
（g）龙叶女贞；（h）锦带花；（i）腊梅；（j）栾树；（k）柿树；（l）龙爪槐；（m）麦冬

图 9-107　居住区常用的绿化植物种类 2
（a）早园竹；（b）萱草；（c）紫薇；（d）迎春；（e）山楂；（f）日本晚樱；（g）铺地柏；
（h）枣树；（i）箸竹；（j）榆叶梅；（k）紫叶小檗；（l）雀舌黄杨；（m）洒金千头柏；（n）乌梅

9.2.7　居住区绿化规划设计的成果

1. 规划设计说明书

（1）现状条件概述与分析（包括区域位置、用地规模、地形特色、现状建筑构筑物、周边道路交通状况、相邻地段建设内容及规模）。

（2）自然和人文背景分析。

（3）方案特色。

（4）规划原则和总体构思（包括建设目标、指导思想、规划原则、总体构思）。

（5）用地布局（包括不同用地功能区主要建设内容和规模）。

（6）空间组织和景观设计（包括不同功能所要求的不同尺度空间的组织、不同空间的景观设计）。

（7）道路交通规划。

（8）绿地系统规划（包括不同性质绿地如草地、自然林地、疏林草地、林下广场、人工水体、自然水体、屋顶绿地等的组织）。

（9）种植设计（包括种植意向、苗木选择）。

（10）夜景灯光效果设计（包括设计意向、照明形式）。

（11）主要建筑构筑物设计（包括地上地下建筑功能及平面立面剖面说明、主要构筑物如雕塑、通风口、垂直交通出入口等）。

（12）各项专业工程规划及管网综合（包括给水排水、电力电信、热力燃气等）。

（13）竖向规划（包括地形塑造、高差处理、土方平衡表）。

（14）主要技术经济指标，一般应包括以下各项内容：总用地面积；总绿地面积、分项绿地面积（包括自然水体、人工水体、疏林草地、屋顶绿地、绿化停车场绿地、林荫硬地）道路面积、铺装面积；总建筑面积、分项建筑面积（包括地下建筑面积、地上建筑面积等）；容积率、绿地率、建筑密度；地上地下机动车停车数、非机动车停车数。

（15）工程量及投资估算。

2. 图纸

（1）规划地段位置图，标明规划地段在城市的位置以及和周围地区的关系。

（2）周边地区服务设施分布图，标明周边地区相关服务设施的内容和与规划地段的距离。

（3）规划地段现状平面图，图纸比例为 1 ：500 ～ 1 ：2000，标明自然地形地貌、道路等。

（4）景观格局分析图，在现状植被平面图的基础上，通过对场地内现有景观的分析，提出规划景观格局初步构想。

（5）场地内外景观视线分析图，在现状三维地形图的基础上，对场地内外景观视线联系进行分析。

（6）生态格局分析图，在现状平面图的基础上，通过对现有生态环境的分析，提出规划生态格局的初步构想。

（7）规划总平面表现图，图纸比例 1 ：500 ～ 1 ：2000，图上应表明规划建筑、草地、林地、道路、铺装、水体、停车、重要景观小品的位置、范围以及相对高度（通过阴影），应标明主要空间、景观、建筑、道路的名称。

（8）功能结构分析图，在总平面图的基础上，用不同色彩的符号抽象地表示出规划功能结构关系。

（9）功能分区图，在总平面图的基础上，用不同色块表示出规划各个功能用地位置范围，标明功能名称。

（10）交通结构分析图，在总平面图的基础上，用不同色彩的符号抽象地表示出规划道路的结构关系。

（11）道路布置图，图纸比例 1 ：500 ～ 1 ：2000，图上应标明道路的红线位置、横断面、道路交叉点坐标、标高、坡向坡度、长度、停车场用地界线。

（12）绿地结构分析图，在总平面图的基础上，用不同的色彩抽象地表示出内部规划绿地的类型、范围。

（13）种植规划图，图纸比例 1 ：500 ～ 1 ：2000，标明主要植物种类、种植数量及规格。

（14）景观结构规划图，在总平面图的基础上，用不同的色彩抽象地表示出内部景观结构、景观要素。

（15）服务设施系统规划图，在总平面图的基础上，用不同的色彩抽象地表示出内部服务设施的性质和关系。

（16）保安系统规划图，在总平面图的基础上，用不同的色彩抽象地表示出各级保安设施和整体保安系统设计。

（17）竖向规划图，图纸比例 1 ：500 ～ 1 ：2000，标明不同高度地块的范围、相对标高以及高差处理方式。

（18）重点地段规划设计，通过透视、平面、立面、剖面表现重点地段规划设计。

（19）主要街景立面图，标明沿街建筑高度、色彩、主要构筑物高度，表现出规划建筑与周边环境的空间关系。

（20）主要建筑和构筑物方案图，主要建筑地面层平面、地下建筑负一层平面、主要构筑物平立剖面图。

（21）表达设计意图的效果图或图片，一般应包括总体鸟瞰图、夜景效果图、重要景点效果、特色景点效果、反映设计意图的局部放大平立剖面图及相关图片、重要建筑和构筑物效果图。

3. 模型

总体模型比例为 1 ：500 ～ 1 ：1000，重要局部模型比例为 1 ：50 ～ 1 ：300；总体模型应能反映出场地内各个空间的尺度关系、重要高差处理、道路绿地水体硬地等不同性质基面、绿化围合关系、场地与周边道路建筑环境的关系；局部模型应反映出质感、动感、空间尺度比例等。

9.3 项目设计实训

某居住区绿地景观规划设计

9.3.1 实训目的

（1）了解居住区景观结构形式。

（2）掌握居住区绿地景观规划设计要点。

（3）掌握居住区绿地景观规划设计的方法和步骤。

（4）掌握居住区绿地的树种选择和植物配置。

（5）增强居住区绿地景观规划设计的技能，结合周边环境设计一个融合生态、功能、艺术于一体的居住空间景观园。

9.3.2　实训条件

选择参与者所在地的某一居住小区做模拟园林绿地规划设计或真题规划设计。或者选择一处已建好的居住小区，进行测绘、分析，提出相应改建方案。

9.3.3　景观规划设计要求

（1）规划整个小区的环境景观，可以按照初步规划方向设计，也可以修改初步规划。

（2）详细设计小区环境景观，包括小区入口景观、中心绿地、组团绿地、道路及其环境、宅旁环境等。

（3）细部设计，包括植物配置、小品设计、铺地形式等。

9.3.4　实训内容步骤

（1）调查当地的气候、土壤和地质条件等自然环境。

（2）了解小区游园周边环境、当地居民生活习惯和当地人文历史情况。

（3）分析各种因素，如适当面积的铺装广场，以供市民聚集活动，类似的休息设施，如花坛、亭及花架，其他市民户外休闲活动设施，做出初步设计方案。

（4）经反复推敲，确定总平面图。

（5）绘制其他图纸，包括功能分区规划图、地形设计图、植物种植设计图、建筑小品平面图、立面图、剖面图、局部效果图或总体鸟瞰图等。

（6）编制设计说明书。

9.3.5　设计内容与图纸要求

（1）设计总说明。

（2）总平面图比例为 1∶500。

（3）必要的分析说明图纸，如景观节点分析图、绿化分析图、道路系统分析图、小区空间分析图、景点编号图等。

（4）各部分景观平面图。比例为 1∶100。包括所设计的各个景观空间的平面图，如小区入口景观平面图、中心绿地平面图、幼儿园环境平面图、组团 1 环境平面图、组团 2 环境平面图等。

（5）主要景观立面图两个以上。比例为 1∶100。

（6）小区剖面图简图比例为 1∶300 ～ 1∶200。

（7）小区鸟瞰图。

（8）主要景观透视图，2 张以上，中心景区必须有 1 张以上（可增加一些手绘的景观意象图等）。

（9）植物配置说明或图示，种植设计树种选择正确，能因地制宜地运用种植类型，符合构图要求，造景手法丰富。

（10）小品设计图，可以采用平面图、立面图或透视图。

（11）以上图纸要求图面表现能力强，整洁美观，图例、文字标注、图幅符合制图规范，说明书语言流畅，言简意赅，能准确地对图纸进行说明，体现设计的意图。

（12）设计过程记录。

9.3.6　作业成果

（1）实训报告 1 份。

（2）设计图纸一套，含设计说明书。

（3）用 PPT 的方式答辩课题并点评作品。

9.3.7　任务评价

（1）方案构思，构思立意上有一定的创新性，15 分。

（2）项目实训态度，认真勤奋，态度端正，10 分。

（3）设计图面表达，各类图纸齐全，符合制图规范，50 分。

（4）规划设计说明书，规范编写设计说明书，15 分。

（5）方案口头陈述与汇报，10 分。

课题10 单位附属绿地规划设计

> **知识点、能力（技能）点**
>
> **知识点**
>
> 了解单位附属绿地的规划设计基本原理，掌握单位附属绿地设计的一般技巧、方法，能够对学校、医疗机构、工矿企业、机关单位等进行合理的规划设计。
>
> **能力（技能）点**
>
> 大专院校门区、教学区、生活区、学校小游园绿化方法；医疗机构门诊部、住院部、行政管理部门绿化方法；工矿企业厂前区、生产区、仓库区、生活区、道路、小游园绿化方法。

10.1 项目实例与分析

黑龙江农业经济职业学院校园绿化。

10.1.1 项目概况

黑龙江农业经济职业学院位于黑龙江省牡丹江市，为省直属的一所全日制高等职业学校。学院占地126.3万 m²，建筑面积27万 m²；校园绿化覆盖率40%以上，绿地率95%以上，公用绿化面积近10万 m²；绿化乔、灌木树种96种，球根、宿根花卉20种，一、二年生花卉29种，自播繁衍花卉5种，草坪2万 m²，室内盆栽花卉30多种；基地苗圃涵养树种29种、8万多株。（见图10-1、图10-2）

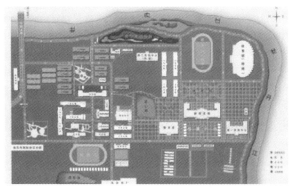

图10-1 学院平面图　　　　　　　　　　　图10-2 学院鸟瞰图

10.1.2 项目设计原则

（1）绿化体现学院特色，学院绿化应体现以农为主的综合性高等职业院校特色。以学院内主体建筑为主，体现学院特色和风格。

（2）为全校师生服务，充分了解学院整体情况，在校生人数，综合考虑教学、游憩需求，为学生营造浓郁的学习氛围，打造舒适的生活环境。

10.1.3 项目设计理念

学院入口区以装饰性为主，主路两侧设置大面积草坪，一侧布置休闲绿地（见图10-3），内设亭、花架，绿地内点缀观赏性强的榆叶梅、连翘、剪型水蜡、柳、树锦鸡儿以及青杆云杉等，周围用绿篱镶边，起到一定的保护作用，营造出良好的休憩环境（见图10-4）。

图10-3　校园内休闲绿地

图10-4　休闲绿地内置石

教学主楼前设规则设广场，广场周围以树池式交替种植花楸和黑松，下配以各色矮牵牛。教学楼后方较为宽敞，设硬质铺装场地。北侧于学生宿舍楼轴线交汇处为学生设置小游园，供学生散步、休息（见图10-5）。

图10-5　主楼后绿化
（图片来源：东北林业大学网站）

图10-6　人工水体

教学主楼西南方的实训楼前为人工水池（见图10-6），中设置石，并放有锦鲤可以观赏。为保证实训环境的安静整洁，实训楼后方为云杉小苗种植苗圃地，既可净化空气，又可降低噪音污染。

教学主楼东南方为图书馆，图书馆前为两块观赏绿地，设置草坪，其中用水蜡和绣线菊组成模纹，以供观赏（见图10-7）。

校园整体绿地以草坪为底，基调统一，规划整齐，乔灌木以孤植、对植、丛植等形式布置，并发挥其季相特点和芳香性，使校园景色丰富多彩有和谐统一，充分体现高等职业院校的精神面貌。

图10-7　观赏绿地

10.2　相关知识

10.2.1　学校绿地景观规划设计

1.学校绿化的作用

（1）营造学习氛围，为全校师生创造一个合适的学习和工作环境。可布置美丽的花坛、花架、花池、草坪、乔灌木等复层绿化，为广大师生提供休息、文化娱乐和体育活动的场所。通过对校园的绿化，陶冶学生情操，激发学生学习热情。

（2）科普作用，尤其在大中专院校，可通过校园内大量的植物材料，丰富学生的科学知识，提高学生认识自然的能力。丰富的树种种群，加之挂牌标明树种，使整个校园成为生物学知识的学习园地。

（3）对学生进行思想教育，通过在校园内建造有纪念意义的雕塑、小品，对学生进行爱国爱校教育。

2. 校园绿化的特点

学校绿地绿化要根据学校自身的特点，因地制宜地进行规划设计、精心施工，才能显示出各自特色。

（1）以丰富多彩的园林植物为主，以绿化植物造景为主，树种选择无毒无刺、无污染或无刺激性异味、对人体健康无损害的树木花草为宜，同时注意多选用一些知识型、观赏型的花木，以使学生获得更多的环境保护知识。根据花木的不同特性，选取恰当的绿化方式，保证建筑物使用功能的前提下，尽可能创造更多的绿色空间。通过不同品种花木的配置可以形成层次鲜明的景观，避免形成夏季郁郁葱葱，冬季过分凄凉，或当大量速生树种需更新时原有美丽的景观被破坏等倾向。

图10-8　道旁绿地

（2）注意营造校园环境氛围，在充满温馨的环境中感到轻松，得到休息，并可以调整思绪、静心思考或潜心读书。如在道路旁凹形绿篱处、丛植的树荫下、弯曲的小路尽头等都可以成为别致幽静处（见图10-8）。为方便学生相互沟通和交流，也要设计一些适合小集体活动的场所。通过环境的塑造，去体现校园的文化气息和思想内涵。

（3）创造多层次的空间，设计应使在绿化功能上、景色配置上相互补充和依托。使校园景色和谐完美，成为一个有机的整体。由于师生员工聚集机会多，要有多层次的空间供学生教师学习、交往、休息、娱乐、运动、赏景和居住。

（4）适当点缀园林小品，园林小品的设置使环境更具实用性，应设立纪念性景观，或设雕塑，或种植纪念树，或维持原貌，使其成为一块教育园地，使其具有教育意义，从而体现出较强的时代感。

3. 学校绿地景观设计

由于校园绿化与学校所处地理位置、自然条件、历史条件、规模、类型、经济条件等密切相关。其绿化设计内容也各不相同。大专院校一般有明显的分区，每个分区的园林绿化风格应具有不同的特色。其特色与分区的主要建筑物相互依托、映衬、渲染，使树木和建筑物不同程度地都增加观赏性。但应注意，每一分区的绿化风格应与整个校园风格一致。

（1）门区。即大门至学校教学楼、办公楼之间的广阔空间，是学校的门户和标志，应具有本校园明显的特征，应成为全校重点绿化美化地区之一。学校大门的绿化要与大门的建筑形式相协调，要多使用常绿花灌木，形成开朗而活泼的门景。该区绿化应以装饰性为主，布局多采用规则而开朗的手法，以突出校园的宁静、美丽、庄重、大方的高等学府气氛（见图10-9）。

（2）行政办公区的绿化。办公楼前的绿地设计应注意对建筑的衬托，建筑入口两边用常绿或观赏性好的落叶树木对植，其余可在墙面所对之处间植常绿及开花树木，楼的转角处可种植自然树丛，以软化建筑的硬线条，更好地衬托建筑。

（3）教学区绿化。

1）主楼。教学主楼前的绿地设计要服从主体建筑，只起陪衬作用。教学楼周围的绿化，应以保证教学环境安静为主。在不妨碍楼内采光和通风的情况下，要多种植落叶大乔木和花灌木，以隔绝外界的噪声。大门内可设置小广场、草坪、花灌木、常绿小乔木、绿篱、花坛、水池、喷泉和能代表学校特征的雕塑或雕塑群。树木的种植不仅不能遮挡主楼，还要有助于衬托主楼的气势和美感，与主楼共同组成优美的画面（见图10-10）。

图 10-9 门区装饰性绿化
（图片来源：牡丹江师范学院网站）

图 10-10 主楼前绿化
（图片来源：吉林农业大学网站）

2）实验楼。实验楼周围的绿化，应根据不同性质的实验室对于绿化的特殊要求进行。重点注意在防火、防尘、减噪、采光、通风等方面的要求，选择适合的树种，合理地进行绿化配置（见图10-11）。还要注意根据不同实验室的特殊要求，在选择树种时，综合考虑防火、防爆及空气洁净程度等因素。

在教室、实验室外围可设立适当铺装的游戏活动场地和设施，供学生课间休息活动。植物配置要与建筑协调一致。靠近墙基可种些不高的花灌木，高度不应超过窗口，常绿乔木可以布置在两个窗户之间的墙前，但要远离建筑5m以上，在教室东西两侧可以种植大乔木，以防东西日晒，教室北面要注意选择耐阴花木进行布置。

3）图书馆。是图书资料的储藏之处，为师生教学、科研、学习活动服务，也是学校标志性建筑。图书馆周围基础种植，以绿篱和装饰为主。图书馆外围可根据道路和场地的大小，布置草坪、树林或花坛，以便人流集散（见图10-12）。

图 10-11 实验楼周围绿化
（图片来源：东北林业大学网站）

图 10-12 图书馆周围绿化
（图片来源：牡丹江医学院网站）

（4）生活区绿化。

1）宿舍区绿化。学生宿舍楼周围的绿化应以校园的统一美观为前提，这种绿化形式对绿化面貌的形成和保护有明显作用。宿舍前后的绿地设计成装饰性绿地，用绿篱或栏杆围住，不准进入。绿地内配以乔木或灌木花卉，沿人行道种植大乔木。学生宿舍楼周围的绿化，应既能保证宿舍的安静、卫生，又能为学生提供一定的室外学习和休息的场地（见图10-13）。因此在楼周围的基础绿带内，应以封闭式的规则种植为主。其余绿地内则可适当设置铺装场地，安放桌椅、坐凳、棚架、花台及树池。

2）礼堂。礼堂是集会的场所，正面入口前一般设置集散广

图 10-13 宿舍楼附近绿化场地

场，绿化同校前区，由于其周围绿地空间较小，内容相应简单。其绿化要点与图书馆相似。

3）运动场绿化。要根据地形情况种植数行常绿和落叶乔灌木混交林带，运动场与教室、宿舍之间应有宽15m以上的绿色林带。大专院校运动场应配置距教室和图书馆50m以上的绿色林带，以防来自运动场上的噪声，并隔离视线，不影响教职工和学生的工作、学习和休息。

在绿色林带中可以适当设置单双杠等体操活动器具。为了夏季遮荫，可在运动场四周局部栽种落叶大乔木，适当配植一些观叶树，在绿化的同时注重景观效果；在西北面可设置常绿树墙，以阻挡冬季寒风袭击。运动场可选用耐践踏、耐低修剪的草种，北方可选用结缕草，南方选用天堂草，并可在秋季补播黑麦草，以增加校园冬天的绿色。

（5）校园道路设计。道路是连接校内各区域的纽带，其绿化布置是学校绿化的重要组成部分。道路有通直的主体干道，有区域之间的环道，有区域内部的甬道。

1）主干道。宽度可达10～12m，两侧种植高大乔木形成庭荫树（见图10-14）。在树下可以铺设草坪或方砖，在高大乔木之间适当种植绿篱、花灌木，也可以搭配一些草本花卉。

2）环道。宽度一般为5～6m，在道路两侧栽植整形树和庭荫树，在庭荫树之间可以点缀一些花灌木和草本花卉，适当设置一些休息凳，树下铺设草坪或方砖，以提高其观赏效果和便于师生休息。

3）甬道。宽度为1～2m，路面为方砖铺设，路边有路牙石或装饰性矮围栏、矮绿篱，与本区的其他绿化构成协调统一的整体美（见图10-15）。

图10-14　校园主路旁行道树

图10-15　校园甬道旁绿化

（6）学校小游园设计。小游园是学校园林绿化的重要组成部分，是美化校园的精华的集中表现，小游园的设置要根据不同学校特点，充分利用自然山丘、水塘、河流、林地等自然条件，合理布局，创造特色，并力求经济、美观。

小游园也可和学校的电影院、俱乐部、图书馆、人防设施等总体规划相结合，统一规划设计。小游园一般选在教学区或行政管理区与生活区之间，作为各分区的过渡。其内部结构布局紧凑灵活，空间处理虚实并举，植物配置须有景可观，全园应富有诗情画意。游园形式要与周围的环境相协调一致。如果靠近大型建筑物而面积小、地形变化不大，可规划为规则式；如果面积较大，地形起伏多变，而且有自然树林、水塘或临近河、湖水边，可规划为自然式（见图10-16）。在其内部空间处理上要尽量增加层次，有隐有显，曲直幽深，富于变化；充分利用树丛、道路、园林小品或地形，将空间巧妙地加以分隔，形成有虚有实、有明有暗、高低起伏、四季多变的美妙境界。不同类型的小游园，要选择一些造型与之相适应的植物，使环境更加协调、优美，具有审美价值、生态效益乃至教育功能。

图10-16　校园内小游园
（图片来源：牡丹江师范学院网站）

小游园的外围，可以用绿墙布置，在绿墙上修剪出景窗，使园内景物若隐若现，别有情趣。中、小学的小游园还可设计成为生物学教学、劳动园地。

10.2.2 医疗机构绿地规划设计

1. 医疗机构绿化的作用

（1）改善小气候条件。医院、疗养绿地对创造医疗单位良好的小气候条件有较突出的作用，如降低气温、调节湿度、减低风速、遮挡烟尘、减弱噪声、杀灭细菌等。

（2）创造良好的室外环境。医疗单位优美的、富有特色的园林绿地可以为病人创造良好的户外环境，提供观赏、休息、健身、交往、疗养的多功能的绿色空间，有利于病人早日康复。

同时，园林绿地作为医疗单位环境的重要组成部分，还可以提高其知名度和美誉度，塑造良好形象，有效地增加就医量，有利于医疗单位的生存和竞争（见图 10-17）。

图 10-17 医院多功能绿地
（图片来源：绥宁县人民医院网站）

（3）稳定病人情绪。医疗单位幽雅安静的绿化环境对病人的心理、精神状态和情绪起着良好的安定作用，对稳定病人情绪，放松大脑神经，促进健康都有着非常积极的作用。

（4）卫生防护隔离作用。在医院，一般病房、传染病房、制药间、解剖室、太平间之间都需要隔离，传染病医院周围更需要隔离。园林绿地中经常利用乔、灌木的合理配置，起到有效的卫生防护隔离作用。

2. 医疗机构绿化的特点

以综合医院为例来讲解医疗机构绿化特点。综合医院可分为医务区及总务区两大部分，医务区又分为门诊部、住院部、辅助医疗等几部分。

（1）门诊部。接纳各种病人，对病情进行诊断，确定门诊治疗或住院治疗的地方。同时也进行防治保健工作。门诊部的位置，一方面要便于患者就诊，靠近街道设置；另外又要保证治疗需要的卫生和安静条件。门诊部建筑一般要退后红线 10 ~ 25m。

（2）住院部。主要为病房，是医院的主要组成部分，并有单独的出入口，其位置安排在总平面中安静、卫生条件好的地方，要尽可能避免一切外来干扰或刺激，以创造安静、卫生、适用的治疗和疗养环境。

（3）辅助医疗部。分门诊部和病房的辅助医疗部分的用房，主要由手术部、中心供应部、药房、X 光室、理疗室和化验室等部分组成。大型医院中可按门诊部和住院部各设一套辅助医疗用房，中小型医院则合用。

（4）行政管理部门。主要是对全院的业务、行政与总务进行管理，可单独设立一幢楼，也可设在门诊部门。

（5）总务部门。属于供应和服务性质，一般设在较偏僻一角，与医务部分有联系又有隔离。这部分用房包括厨房、锅炉房、洗衣房、事务及杂用房、制药间、车库及修理库等。其他还有太平间及病理解剖室，一般常布置在单独区域内，并应与其他部分保持较大的距离，并与街道及相邻地段有所隔离。现代医疗机构是一个复杂的整体，要合理地组织医疗程序，最好地创造卫生条件，这是规划的首要任务，保证病人、医务人员、工作人员的方便、休息、医疗业务和工作中的安静和必要的卫生隔离。

3. 医疗机构绿地景观设计

（1）门诊部分。一般都靠近主要出入口，所以门诊部入口处应有较大面积的集散广场，广场绿化应以美化装饰为主，周围可配置适量的大乔木以供遮阴，并与街景协调并突出自身的特点，种植防护林带以阻止来自街道及周围的烟尘和噪声污染。门诊检查室前绿化要考虑到室内日照及采光的要求，靠近窗前 5m 内不种大乔木以免遮光。门诊部分建筑旁绿化除应注意不挡光外，主要应考虑杀菌及美化效果，以形成卫生、优美的治疗环境。门诊区的整体格调要求开朗、明快、色彩对比不宜强烈，应以常绿素雅为主（见图10-18）。

（2）住院部。绿地的总体要求环境优美、安静、视野开阔。常位于医院较安静的地段，绿地宜布置在病房楼南面，供病人作室外休息散步活动及辅助医疗之用。其中的道路起伏不宜太大，应少设台阶，采用无障碍设计，便于轮椅、病人的出入，并应考虑一定量的休息、服务设施。

植物配置要有丰富的色彩和明显的季相变化，使长期住院的病人能感受到自然界季节的交替，调节情绪，提高疗效。同时，在进行植物配置时应考虑夏季遮阴和冬季阳光的需要，选择"保健型"人工植物群落，利用植物的分泌物质和挥发物质，达到增强人体健康、防病、治病的效果。如日光浴场、空气浴场、体育医疗场地、水体等（见图10-19）。

图10-18　门诊部前绿化
（图片来源：昆明延安医院网站）

图10-19　住院部门前假山池
（图片来源：武警广西总队医院网站）

一般病人与传染病人不能共同使用同一花园，以避免相互接触传染。因此在住院部分应分设两个花园供一般病人与传染病人分别使用，花园与花园间应设一定宽度的隔离地带。隔离地带的植物以常绿为主，这样杀菌作用好。

（3）辅助区绿化。辅助区周围密植常绿乔灌木，形成完整的隔离带，特别是手术室、化验室、放射科等。四周的绿化必须注意不种有绒毛和花絮的植物，防止东、西方向日晒，保证通风和采光。不能种植有飞毛、飞絮植物。

（4）行政管理部门。主要是对全院的业务、行政和总务进行管理，有的则单独设在一幢楼内。总务部门属于供应和服务性质的部门包括食堂、锅炉房、洗衣房制药间、药库、车库及杂务用房和场院。

（5）总务部门。与医务部门既有联系，又要用植物进行相对隔离，一般单独设在医院中后部较偏僻的一角，为医务人员创造一定的休息、活动环境。

医疗单位的绿化，在植物种类选择上，应多选用有杀菌能力的树种，并应尽可能结合生产，在绿带中可选用经济树木，在树下或花坛中种植药用植物，使医院绿化既美观又实惠。医院中各部分之间都应设隔离绿带，以保持卫生。

4.不同性质医院的一些特殊要求

（1）儿童医院。主要收治14岁以下的儿童患者。在绿化布置中要安排儿童活动场地及儿童活动的设施，其外形、色彩、尺度都要符合儿童的心理与需要，如绿篱高度不超过80 cm，以免阻挡儿童视线，绿地中适当设置儿童活动场地和游戏设施。在植物选择上，注意色彩效果，避免选择对儿童有伤害的植物。良好的绿化环境和优美的布置可减弱儿童对医院的恐惧感。

（2）传染病院。此类医院主要接受有急性传染病、呼吸道系统疾病的病人。因此更应突出绿地的防护和隔离作用。其宽度应比一般医院宽，林带由乔灌木组成，常绿树的比例要更大，使冬季也具有防护作用。在不同病区之间也要适当隔离，利用绿地把不同病人组织到不同空间中去休息、活动，以防交叉感染。

（3）精神病院。主要收治有精神病的患者，由于艳丽的色彩容易使病人精神兴奋，神经中枢失控，不利于治病和康复。因此，精神病院绿地设计应突出"宁静"的气氛，以白、绿色调为主，多种植乔木和常绿树，少种花灌木，并选种如白丁香、白月季、白牡丹等白色花灌木。在病房区周围面积较大的绿地中，可布置休息庭园，让病人在此感受阳光、空气和自然气息。

（4）疗养院绿地的设计。疗养院是具有特殊治疗效果的医疗保健机构，主要治疗各类慢性病，疗养期一般较长，一般为一个月到半年左右。

疗养院具有休息和医疗保健双重作用，多设于环境优美、空气新鲜，并有一些特殊治疗条件的地段，有的疗养院就设在风景区中，有的单独设置。疗养院内树木花草的布置要衬托、美化建筑，使建筑内阳光充足，通风良好。并防止西晒，留有风景透视线，以供病人在室内远眺观景。疗养院内的露天运动场地、舞场、电影场等周围也要进行绿化，形成整洁、美观、大方、宁静、清新的环境（见图10-20）。

图10-20 疗养院休闲绿地
（图片来源：中国风景园林网）

10.2.3 工矿企业绿地规划设计

工业用地是城市用地的重要组成部分，尤其是工业城市，所占比例更大。所以工业用地的绿化，对于城市园林绿化和城市环境的改善有着重要的意义。

1. 工矿企业绿化的作用

（1）美化环境，净化空气。工业生产在给社会创造无数的财富的同时，也给人类赖以生存的环境带来污染，造成灾难，甚至威胁人们的生命。工业是城市环境的大污染源，特别是一些污染性较大的厂矿，如钢铁企业、化工企业、造纸企业等，排出的污染物及生产的噪声，污染了空气、水体和土壤，破坏的清洁、宁静的环境。严重影响了城市生态平衡。而绿色植物对城市环境有着较强的保护和改善作用。因此，工厂绿化不仅可以减轻污染，改善厂区环境质量，还可为职工提供良好的劳动场所，保障身体健康，而且对城市环境的生态平衡起着巨大的作用。既美化了自然环境，又营造了良好的生产氛围。

（2）增强工矿企业的竞争力。良好的园林绿化环境，不仅给工厂职工带来了愉快和舒适，振奋了人们的精神，而且也提高了产品的质量，良好的环境条件且能提高工厂的投资信誉，增强工厂企业的社会地位和竞争实力。

除此之外，经济效益良好的工厂绿化，还可利用工厂绿化可结合生产，获得直接和间接的经济价值。

2. 工矿企业绿化的特点

（1）绿化环境较差。工厂绿化的绿地条件比较复杂，土壤条件不好，有大量的管道，频繁的交通运输、特殊的生态环境，以及较为严重的人为破坏。因此给绿化造成许多困难。因此，设计时要依据工矿企业的类型、性质，来选择适宜的花草树木。

（2）用地紧凑。特别是城市中的中、小型工厂，往往能供绿化的用地很少，因此工厂绿化中要"见缝插绿"，灵活运用绿化布置手法，争取绿化用地。如在水泥地上砌台植树，充分运用攀缘植物进行垂直绿化等，都是增加工厂绿地面积较为有效的办法。

（3）确保安全生产。工业企业的绿化要有利于生产正常运行，有利于产品质量的提高。因此绿化植树时要根据其不同的安全要求，既不影响安全生产，又要使植物能有正常的生长条件。确定适宜的栽植距离，对保证生产的正常运行和安全是至关重要的。有些企业的空气洁净程度直接关系到产品质量，如精密仪表厂、光学仪器厂、电子工厂等，不但要增加绿地面积，土地均以植物覆盖，减少飞尘，同时还要尽量避免选择那些有绒毛飞絮的树木，如悬铃木、杨树、柳树等。

（4）绿地适合本厂职工。工厂绿地的使用对象比较固定，且持续时间较短，这就要求工厂内的休息性绿地在有限的绿化面积内，发挥最大的使用效率。可在有限的绿地中结合建筑小品、园林设施，使之内容丰富，发挥其最大的使用效率。

3. 工矿企业绿地景观设计

工厂绿化主要包括厂前区、生产区、仓库及原料堆积场周围、厂区道路、工厂小游园以及工厂防护林带。

图 10-21　工厂办公区绿化
（图片来源：建德海螺水泥有限责任公司网站）

（1）厂前区。厂前区一般面临主要交通干道，它是职工上下班的必经之地，也是来宾首到之处，是全厂的行政、技术、科研中心、是连接城市和生产区的枢纽，是连接职工居住区与工厂的纽带。厂前区在很大程度上体现工厂的形象（见图10-21）。

厂前区大多位于企业的上风方向，受污染程度较轻，该区的地上地下管网也较生产区为少，所有这些都为重点进行绿化美化布置提供了较良好的条件。厂前区的绿化方式应与周围建筑相协调，并有利于出入。门前广场两旁绿化应与道路绿化相协调，可种植高大乔木，引导人流通往厂区。门前广场中间可以设花坛、花台，布置色彩绚丽多姿、具有芳香性的花卉，但其高度不得超过0.7m，以免影响汽车驾驶员的视线。在门内广场可以布置花园，花园内以常绿植物与雕塑为主，达到四季有景可观，花卉可突出季节的变化，从色彩上增进了全区的美化。

场前区围墙绿化设计要充分体现防火、防风、抗污染与减噪声的功能，并与周围的景观相协调。绿化树木通常沿墙作带状布置，常绿树与落叶树的比例以4:1为宜，可用2～4层树木栽植，靠近墙的一边用乔木，远离墙的一边用灌木花卉布置，形成一个沿路的立面景观。

（2）生产区。生产区是生产的场所，是企业的核心，污染重、管线多、绿化条件较差，是厂区绿化的重点部位，主要以车间周围的带状绿地为主。但生产区绿化面积较大，绿地对保护环境的作用更突出、更具有生产工厂的特殊性，是工厂绿化的主体。应充分考虑利用植物的净化空气、杀菌、减噪等作用，要根据实际具体情况，有针对性地选择对有害气体抗性较强及吸附粉尘、隔音效果较好的树种。

可根据实际情况布置要素，如在车间的出入口或车间与车间的小空间，布置一些花坛、花台，种植花色鲜艳、姿态优美的花木。设立廊、亭、坐凳等，供工人工间休息使用，在亭廊旁可种松、柏等常绿树。在不影响生产的情况下，创造一个生动的自然环境。

（3）露天堆料场及仓库区。工厂企业生产过程中，往往用很大的地面建仓库和露天堆料场，来堆放原料、燃料、材料进厂，成品及半成品。

在仓库周围进行绿化时，首先要满足交通运输条件和所储物品装卸方便，保留足够的道路宽度和转角空间。另外注意防火要求，不宜种针叶树和含油脂较多的树种，要选择含水量大、不易燃烧的树种，如珊瑚树、冬青、柳树等，在仓库周围必须留出5～7m宽的空地，使消防车能方便进出。绿化布置以简单为宜。在地下仓库上面，为了进行伪装和降低夏季的地表温度，宜铺设草皮和种植灌禾、花卉，若要种乔木则应距仓库周边5m以上。

露天堆积场进行绿化时，必须起到良好的隔离作用，种植方式可采用2～3行密植乔灌木组成的防护林带。露天堆积场内部不能种植，若需种时，要选择不妨碍堆积物品和工人操作的地段，可以结合休息棚、休息室附近布置，栽植数株乔木。

（4）生活区。生活区是职工起居的主要空间，包括居住楼房、食堂、幼儿园、医院等。这一区域的规划既要与生产区相分隔，具有自己的特色，利于工人的生活和休息，同时还要与生产区相联系，以方便工人就餐和就医，并方便工人上下班（见图10-22）。

图 10-22　工厂生活区绿化

（图片来源：安徽池州海螺水泥股份有限公司网站）

图 10-23　工厂主干道前期规划

（图片来源：安徽池州海螺水泥股份有限公司网站）

（5）工厂道路的绿化。保证厂区交通运输畅通和安全是厂区道路规划的首要要求。绿化应满足庇荫、防尘、降低噪声、交通运输安全及美观等要求，结合道路的等级，横断面形式以及路边建筑的形体、色彩等进行布置。选择生长健壮、适应能力强、分枝点高、树冠整齐、耐修剪、遮阴好、无污染、抗性强的落叶乔木为行道树（见图 10-23 ）。

生产区道路绿带 5m 左右可强调道路遮阴，种植一排行道树；绿带 7.5m 左右在乔木下可增植花灌木和绿篱；绿带 l0m 左右还可增植一排矮灌木丛；绿带 12.5m 左右还可再增植常绿树。由于车辆承载的货位较高，行道树主干高度应比较高，第一个分枝不得低于 4m，以便顺利通过大货车。主道的交叉口、转弯处所种树木不应高于 0.7m，以免影响驾驶员的视野。厂内次道、人行小道的两旁，宜种植四季有花、叶色富于变化的花灌木。

在整体布局上，要以厂内大小道路的带状绿化串联厂前区、生产区、生活区的块状绿化，点线面结合，使全厂形成一个绿色整体，充分发挥绿化效益。道路与建筑物之间的绿化要有利于室内采光和防止噪声及灰尘的污染等，利用道路与建筑物之间的空地布置小游园，创造景观良好的休息绿地。

（6）小游园绿化。工厂小游园是工厂绿化的重要组成部分，是满足职工业余休息、放松、消除疲劳、锻炼、聊天、观赏的需要，对提高劳动生产率、保证安全生产，开展职工业余文化活动有重要意义，对厂容厂貌有重要的作用。

地址宜设在远离污染源并与运输车道有一定间隔的地方，为使职工感到方便，设置地点还应考虑职工易于到达或人员比较集中的地区。如很多工厂把小游园与厂前绿地结合在一起。

在长时间连续单调的工作，或在光线暗淡的条件下作业的人们，渴望进入一个安静的环境，因此要布置精良，小巧玲珑，形体较为简洁，不过于繁琐的形式，形成不同于其他绿地形式的格调。在树种的选择上，也以多用花色淡雅的材料为好。则希望有一个光亮、令人兴奋的环境加以调剂，这样小游园的布置就应采取形体变化较为丰富的构图，在植物材料上，以花色艳丽、丰富多彩些更为合适。

游园的布局形式可分为规则式、自由式和混合式，具体使用哪种设计形式，可根据园林的大小和条件确定。园地周围可环植乔灌木带作为园地与外部的分界，园内可种植多种花木、布置园路场地、点缀花坛、水池、喷泉、山石，安置坐椅，规模较大的园子还可适当挖池筑山、设休息性建筑等设施。

（7）工厂企业防护林。在工矿企业内部，各个生产单元之间还可能会有相互污染，因此在企业内部、工厂外围还应结合道路绿化、围墙绿化、小游园绿化等，用不同形式的防护林带进行隔离，以防风、防火或减少有害气体污染，净化空气。

要根据污染因素、污染程度和绿化条件，综合考虑，确定防护林带的类型、位置和所用树种。防护林因其内部结构不同可分为通透式、半通透式和不透式三种类型。

1）通透式由乔木组成，株行距较大，一般为 3m×3m，风从树冠下和树冠上方穿过，因而减弱速度，阻挡污染物质。在林带背风一侧树高7倍处,风速为原风速的28%,风速最小,有利于毒气、飘尘的输送与扩散。在树高52倍处,恢复至原风速。此林带可在污染源较近处使用。

2)半通透式以乔木为主,在林带两侧各配置一行灌木。少部分气流从林带下层的树干之间穿过,大部分气流则从林冠上部绕过,在林带背后形成一小漩涡。据测定,在30倍树高处风速较低。此林带适于沿海防风或在远离污染处使用。

3)不透式由大、小乔木和灌木配置成林带,风基本上从树冠上绕行,使气流上升扩散,在林缘背后急速下沉。在背风处急剧下沉,形成涡旋有利于有害气体的扩散和稀释。它适用于卫生防护林或在远离污染处使用。

通常情况下,可根据实际情况,在工厂区与生活区之间、工厂区与农田交界处、工厂内分区、厂区道路绿化之间的隔离防护林带。

防护林带的树种应选当地生长强壮、具有抗烟抗毒的乔灌木为主,常绿树与落叶树的比例为1:1,速生树种与慢生树种相结合,乔木与灌木相结合,经济树种与观赏树种相结合。在一般情况下,污染空气最浓点到排放点的水平距离等于烟体上升高度的10~15倍,所以在主风向下侧设立2~3条林带很有好处。

10.2.4 机关单位绿地园林景观设计

1. 机关单位绿化特点

与本单位的总体规划同步进行;执行国家与地方有关标准;体现时代精神,创造地方特色;因地制宜,合理布局;以生态造景为主,满足多功能要求;远近结合,便于实施与管理。

2. 机关单位绿地布置要点

一般机关单位的绿化设计,重点在出入口和行政办公楼前。植物种类应把常绿植物与落叶植物结合,乔木与灌木结合,适当地点种植攀援植物和花卉,尽量做到三季有花、四季常青。

(1)出入口。出入口两侧应布置对植,树种以常绿植物为主。在入口对景位置上可栽植较稠密的树丛,树丛前种植花卉或置山石,也可设计成花坛、喷水池、雕塑等,其周围的绿化要从色彩、树形、花色、布置形式等多方面来强调和陪衬它们。入口广场两侧的绿地,应先规则种植,再过渡到自然丛植,具体的种植方式及树种选择应视周围环境而定。

(2)行政办公环境绿地设计。行政办公区是机关事业单位庭园的一个重要环境,不仅是行政管理人员、教师和科研人员工作的场所,也是单位管理和社会活动集中之处,并成为对外交流与服务的一个重要窗口。因此,行政办公区环境景观如何,直接关系到各公共事业单位在社会上的形象。

图 10-24 机关单位办公区绿化
(图片来源:http://qingshang.com.cn/)

行政办公区绿地多采用规则式,以创造整洁而有理性的空间环境,使工作人员在自己的工作中也能达到心灵与环境的和谐,有利于培养严谨的工作作风和科学态度,并感受到一定约束性(见图10-24)。

办公楼入口处的布置,多用对植方式种植常绿树木或开花灌木以强调并装饰。装饰绿地常在草地上种植观赏价值较高的常绿树,点缀珍贵开花小乔木及各种花灌木。有的还设有花池和花台,供栽植花木和摆设盆栽植物。观赏绿地可以是整齐式,也可以为自然式。树木种植的位置,不要遮挡建筑主要立面,应与建筑相协调,衬托和美化建筑。

楼前基础种植,从功能上看,能将行人与楼下办公室隔离开,保证室内安静;从环境上看,楼前基础种植是办公楼建筑与楼前绿地的衔接和过渡,使绿化更加自然和谐。楼前基础种植多用绿篱和灌木,在对正墙垛的地方栽种常绿树及开花小乔木，形式以规则为主。

　　行政办公环境中大部分植物种植设计除衬托主体建筑、丰富环境景观和发挥生态功能以外，还注重艺术造景效果，多设置盛花花坛、模纹花坛、花台、观赏草坪、花境、对植树、树列、植篱或树木造型景观等。在空间组织上多采用开朗空间，创造具有丰富景观内容和层次的大庭园空间，给人以明朗、舒畅的景观感受。

　　机关单位的庭院进行绿化时，要为职工创造良好的休息环境，同时要在庭院中留出做工间操、打排球、羽毛球等开展体育活动的场地。

10.3　项目实训

校园绿地景观规划设计

10.3.1　实训目的

　　校园环境是校园中最有活力的地方，也是产生公共记忆的主要场所。校园景观规划设计应在结合城市空间和地区风格的基础上，发挥高校校园文化优势，在满足教学要求的前提下，突出高品位的休闲校园文化甚至旅游观光功能，以"以人为本"、"可持续发展"的设计理念，有效地利用外部空间营造精湛、高品质的校园景观，真正让学校成为一个充满活力，并具有自身文化特点地方。

10.3.2　实训条件

　　选择学生所在学校做现状图，利用测量仪器、绘图工具，进行校园绿地规划设计，可做整体校园绿地设计，也可做局部绿地设计。

10.3.3　实训要求

　　因地制宜、因势造景，设计充分体现场地精神，充分利用校区及其周边的地理和人文资源，围绕构建和谐校园的整体目标及其文化内涵，构筑丰富多彩、赏心悦目的校园景观。

10.3.4　实训过程步骤、方法

　　（1）现场踏查。调查校园环境，如地形、地貌、气候等自然条件，了解学校性质、规模及对绿化的要求，作为绿化设计的指导和依据。

　　（2）整理资料。利用测量仪器实地测量，用制图工具绘制现状图。

　　（3）规划设计。完成初步设计草图，根据草图绘制设计图纸，包括平面图、主要景观立面图、局部效果图。

　　（4）定稿。教师审定，修改定稿，编写设计说明书。

10.3.5　设计内容与图纸要求

　　（1）规划设计方案说明书。

　　（2）规划设计总平面图。

　　（3）完成主要景观节点透视图。

　　（4）表达规划设计理念的分析图，如区位分析、概念构思、功能分区、景观结构、道路系统等。

　　（5）反映出景观小品与道路以及建筑、公共设施、绿化种植等之间竖向关系的剖面图。

　　（6）规划设计种植设计图，植物种类适当，配置方式合理。

10.3.6 任务评价

（1）项目实训态度，认真勤奋，态度端正，20分。

（2）设计内容表达，各类图纸齐全，符合制图规范，50分。

（3）设计说明书，规范编写设计说明书，15分。

（4）设计构思，构思立意上有一定的创新性，15分。

课题 11　屋顶花园的规划设计

知识点、能力（技能）点

知识点

（1）理解屋顶花园的概念、特征，了解屋顶花园的功能、类型。

（2）熟悉屋顶花园的屋面面层基本构造，屋顶花园的防水、排水与荷载。

（3）掌握屋顶花园设计与营造的原则。

能力（技能）点

（1）能根据屋顶结构资料判断是否适合营造屋顶花园。

（2）能根据造景需要并结合建筑物屋顶承重结构情况设计屋顶花园的屋面面层结构。

（3）能够根据服务对象的要求及环境特点完成屋顶花园绿化设计。

11.1　项目案例与分析

西安明安绿苑翠庭屋顶花园设计

11.1.1　项目概况

明安绿苑翠庭位于西安南郊高新开发区内，占地 1.4 万 m²，由四幢小高层楼和一幢高层楼组成楼群，小区容积率为 2.94，绿化覆盖率达 40%，楼群呈东向开口的围合式布局，中央有 600m² 的绿地。该地区年均气温 13℃，夏季高温，年均降雨量约 600mm，冬季干燥少雨，终年气温适宜。该楼为塔式，中部较高为 16 层，左右两翼为 14 层，其次为 13 层。明安绿苑翠庭屋顶花园中部较高，东西两翼较低，花园可分为 5 个相对独立的区域。中部为掬月园，为该楼用户的公共庭园，两侧较低的四个庭园面积较小，为顶层用户的私家花园。由西到东依次为荷园、画绿园、简园和馨园（见图 11-1）。

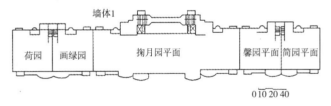

图 11-1　屋顶平面图

（图片来源：《园林规划设计》刘新燕，中国社会劳动保障出版社，2009）

11.1.2　设计目标

根据楼顶的条件与性质，在风格上采用了朴素简约，明快大方的总体设计风格，以求细致入微。该园以返璞归真为主题，多用可再生的天然材料，提倡环保。如：木板、竹板、石材等，极少利用难以降解的人造材料和化学合成材料。植物以丰富多彩的宿根花卉和灌木为主，利用植物造景，突出自然情趣。在明安绿苑翠庭顶层建造屋顶花园，密切了人与自然的关系，可使顶层的居住环境更加舒适宜人，增加顶层的入住率。

11.1.3　详细设计

1. 掬月园

掬月园有东西两个出入口，以木质栈板平台联系两个出入口作为景区间的过渡，可起疏散人流的作用。该园为开心型布局，中部设竹亭，起名为思翠亭，成为全园的主景，由此将全园分为东西两个部分，西部景物疏朗，视野开阔，为休息活动区，东部景致丰富，以游赏为主。沿西部楼体轮廓设有花架廊，可供人休息，俯视低处园景（见图 11-2）。

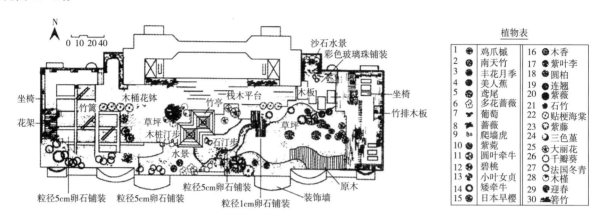

图 11-2 掬月园平面图

（图片来源：《园林规划设计》刘新燕，中国社会劳动保障出版社，2009）

2. 荷园

荷园以木花架和休息平台为主要构筑物，由于没有较高的植物，仿竹花架为主景，种植悬垂植物以丰富立面景观效果。改造利用园内的死角布置滴水山泉可丰富园景。该泉以莲叶状水钵相映成趣，恰似盛开荷花，清新洒脱，园由此而得名。由于荷园的面积较小，园路使用贝壳类道沿或竹筒栅栏，另设酒桶花钵，原木汀步，玻璃珠铺装来增强景观，增添情趣（见图 11-3）。

3. 画绿园

画绿园以流畅的曲线将园区分为铺装区和种植区，原木汀步将视线引向架高的平台之上，作为全园的高点，弧形排列的花槽隔离出较为私密的休息空间，利用木棚架和蓝色玻璃珠铺装来弥补园内的死角，丰富园景，棚架之上悬挂花钵，雕花陶砖道使园区显得精致，用日式澡盆放养金鱼可使园区增添几分情趣。与入口对应的墙体进行垂直绿化，做出几面凹入的假窗，利用金属格网，凸出的毛面砖可供植物攀援，也可悬挂花盆和鸟笼（见图 11-4）。

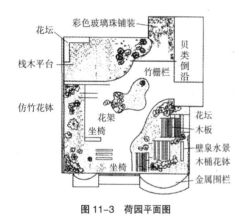

图 11-3 荷园平面图

（图片来源：《园林规划设计》刘新燕，中国社会劳动保障出版社，2009）

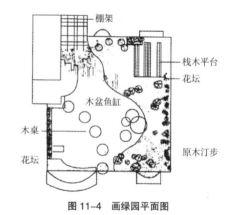

图 11-4 画绿园平面图

（图片来源：《园林规划设计》刘新燕，中国社会劳动保障出版社，2009）

4. 馨园

馨园在园正中布景，以木花舟为主景置于方形的沙池和草坪边沿，使人产生泛舟海上的感觉。全园以木栈铺地，供人休憩，正对入口的墙直上直下，给人以压力，为缓和紧张的气氛，沿墙体边缘布置一排花拱门，拱门下放置座椅，既添情趣，又分隔了墙体（见图 11-5）。

5.简园

简园以折线构图为主，以修剪绿篱为基调，简洁明快，入口对景处的泉和斜角处的花拱门，石雕为园内的主要景点，不同质感的木质铺装，木盆花钵，朴素柔和，便于维护。较为宽阔的栈木平台可供住户活动和户外就餐，该园为实用型的庭园（见图 11-6）。

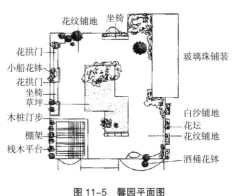

图 11-5　馨园平面图

（图片来源：《园林规划设计》刘新燕，中国社会劳动保障出版社，2009）

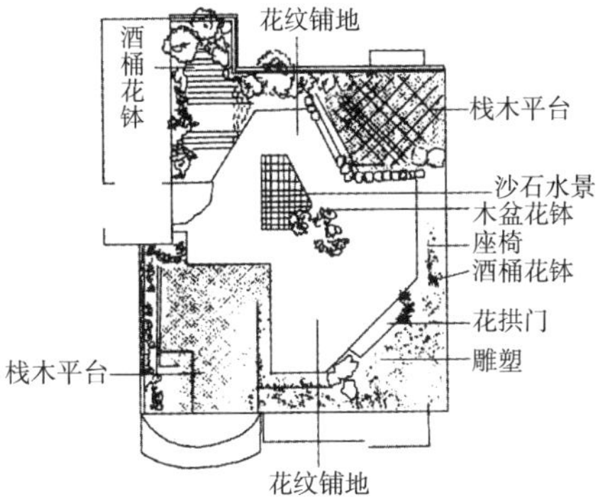

图 11-6　简园平面图

（图片来源：《园林规划设计》刘新燕，中国社会劳动保障出版社，2009）

11.1.4　植物设计

屋顶花园的绿化与一般地面的绿化基本相同，该花园的植物选择注重以下几点：适应种植花灌木；能忍受干燥，潮湿积水的品种；能忍受夏季高热风，冬季露地过冬的品种；抗风品种；移植成活，耐修剪，生长较慢的品种；较低的养护管理要求；种植土多用人造土。植物以花灌木和宿根花卉为主，小乔木、灌木多用盆栽，便于更换和管理，如紫薇、箬竹、木香类。

11.1.5　花园的楼面处理

花园的楼面处理，要符合楼板荷载的要求，做好防水，排水处理。花园的铺装以木质铺装为主调，铺以卵石，草皮，彩色玻璃珠，变化丰富，有利于减轻荷载，也弱化了硬质线条，有亲切感。

11.1.6　设计方案的表现

明安绿苑翠庭屋顶花园根据需求出发，为广大住户服务。设计过程中，除了满足了视觉景观效果的良好外，为使用者的方便与舒适着想，体现了设计者的以人为本、体现生态的设计理念，反映出了设计者的人文情怀。另外通过精心的构思，巧妙的布局与组景，使住户在享受生活的同时，又平添不少情趣。

11.2　相关知识

11.2.1　屋顶花园概述

屋顶花园是指在各类建筑物的顶部（包括屋顶、楼顶、露台或阳台）栽植花草树木，建造各种园林小品所形成的绿地，称为屋顶花园。

随着社会的进步和发展，人们的居住条件得到了较大改善，城市中高楼的密度越来越大，生活在城市中的人们更加渴望改善生态环境、增加绿地面积。屋顶花园的建造，使人民更加接近绿色环境。屋顶花园的发展趋势是将屋顶花园引入室内，形成绿色空间向建筑室内渗透的趋势。因此，可以看到人们在城市开发过程中，充分利用各边脚露地，增加绿地面积，"见缝插绿"。在城市规划和开发过程中，利用各种建筑物屋顶开辟园林绿地，营造屋顶花园已成为各国城市建设中的一项重要内容。其一切造园要素都受到支撑它的建筑物的承载力限制。屋顶花园植物生长的好坏，直接影响到屋顶花园的效果，因而也增加了它的建造难度和困难。屋顶花园上建造园林建筑如亭、廊、花架及园林小品等，受到屋顶结构体系、主次梁及承重墙柱位置的限制，必须在满足房屋结构安全的前提下，进行布点和建造。另外，由于地处高层建筑物屋顶上也受到大风的影响（较地面风速大），应注意抗风树种的选择。

11.2.2 屋顶花园规划设计的基本原则

屋顶花园的规划设计，应综合满足使用功能、绿化效益、园林艺术美和经济安全等多方面的要求。结合屋顶造园的设计实际，可按"安全、实用、精美"的基本设计原则。指导屋顶花园的规划设计工作。

1. "安全"是屋顶花园的保证

"安全"是屋顶花园能否建造的先决条件是，建筑物是否能安全地承受屋顶花园所加的荷重。"安全"包括结构承重和屋顶防水构造的安全使用，以及屋顶四周的防护栏杆的安全等。如果屋顶花园所附加的荷重，超过建筑物结构构件——板、梁、柱墙、地基基础等的承受能力，则将影响房屋的正常使用和安全。建筑屋顶花园虽然有保护屋顶防水层的作用，但是，屋顶花园的造园过程是在已完成的屋顶防水层上进行，在极为薄弱的屋顶防水层上进行园林小品土木工程施工和种植作业，极易造成破坏，使屋顶漏水，引起极大的经济损失，屋顶花园设计、施工和管理人员的足够重视。屋顶花园另一方面的安全问题是屋顶四周的防护。屋顶上建造花园必须设有牢固的防护措施，以防人、物落下伤人，屋顶女儿墙虽可以起到栏杆作用，但其高度应超过90cm才可保证人身安全。如若不足则应加高，并按结构计算校核其悬臂强度，为了在女儿墙上建造种植池增加绿化带，可结合女儿墙修砖石或混凝土条形种植池（见图11-7）。

2. "实用"是屋顶花园的造园目的

建造屋顶花园（绿化）的目的是改善城市的生态环境，为人们提供良好的生活和休息场所。虽然，屋顶花园的形式不同使用要求不同，但是它的绿化作用应放在首位。衡量屋顶花园的好坏，除满足不同的使用要求外，绿化覆盖率指标必须保证在30%~70%或以上。只有保证了一定数量的绿化植物，才能发挥绿化的生态效益、环境效益和经济效益。因此屋顶花园植物多少是屋顶花园"适用"的先决条件。

3. "精美"是屋顶花园的特色

屋顶花园要为人们提供优美的游息环境，它应比露地花园建造得更精美美观。屋顶花园的景物配置，需精心设计植物造景的特色。由于场地窄小，道路迂回，屋顶上的游人路线、建筑小品的位置和尺度，更应仔细推敲，既要与主体建筑物及周围大环境保持协调一致，又要有独特的园林风格，因此，在屋顶花园上"美观"，应放在屋顶造园设计与建造的突出重要的位置，不仅在设计时，而且在施工管理和材料上均应处处精心（见图11-8）。

图11-7　某屋顶花园结合女儿墙修建种植池

（图片来源：《园林规划设计》赵新民，中国农业出版社，2009）

图11-8　某屋顶花园设计效果图

（图片来源：筑龙网）

4. "经济"是屋顶花园设计与营造的基础

评价一个设计方案的优劣不仅仅是看营造的景观效果如何，还要看是否现实，也就是在投资上是否能够有可能。再好的设想如果没有经济做保障也只能是一个设想而已。一般情况下，建造同样的花园在屋顶要比在地面上的投资高出很多。因此，这就要求设计者必须结合实际情况，做出全面考虑，同时，屋顶花园的后期养护也应做到"养护管理方便，节约施工与养护管理的人力物力"，在经济条件允许的前提下建造出"适用、精美、安全"并有所创新的优秀花园来。

11.2.3 屋顶花园的设计内容与要点

1. 屋顶花园的设计内容

（1）地形、地貌和水体方面。在屋顶上营造花园，一切造园要素均要受建筑物顶屋承重的制约，其顶层的负荷是有限的。一般土壤容重要在 1500 ~ 2000kg/m³，而水体的容重也为 1000kg/m³，山石就更大，因此，在屋顶上利用人工方法堆山理水，营造大规模的自然山水是不可能的。在地面上造园的内容放在屋顶花园上必然受到制约。因此，屋顶花园上一般不能设置过大的山景，在地形处理上以平地为主，可以设置一些小巧的山石，但要注意必须安置在支撑柱的顶端，同时，还要考虑承重范围。在屋顶花园上的水池一般为形状简单的浅水池，水的深度在 30cm 左右为好，面积虽小，但可以利用喷泉来丰富水景。

（2）建筑物、构筑物和道路广场。园林建筑物、构筑物、道路、广场等是根据人们的实用要求出发，完全由人工创造的，在地面上的建筑物其大小是根据功能需要及景观要求建造的，不受地面条件制约，而在屋顶花园上这些建筑物大小必然受到花园的面积及楼体承重的制约。因为楼顶本身的面积有限，因此，如果完全按照地面上所建造的尺寸来安排，势必会造成比例失调，另外，一些园林建筑（如石桥）远远超过楼体的承重能力，因此在楼顶上建造是不现实的。另外，要求园内的建筑应相对少些，一般有 1 ~ 3 个即可，不可过多，否则将显得过于拥挤。

（3）园内植物分布。由于屋顶花园的位置一般距地面高度较高，屋顶花园的生态环境是不完全同于地面的，其主要特点表现在以下几个方面。

1）园内空气畅通，污染较少，屋顶空气湿度比地面低，同时，风力通常要比地面大得多，使植物本身的蒸发量加大，而且由于屋顶花园内种植土较薄，很容易使树木倒伏。

2）屋顶花园的位置高，很少受周围建筑物遮挡，因此接受日照时间长，有利于植物的生长发育。另外，阳光强度的增加势必使植物的蒸发量增加，在管理上必须保证水的供应，所以在屋顶花园上选择植物应尽可能地选择那些喜阳、耐旱、蒸发量较小的（一般为叶面光滑、叶面具有蜡质结构的树种，如南方的茶花、枸骨，北方的松柏、鸡爪槭等）植物为主，在种植层有限的前提下，可以选择浅根系树种，或以灌木为主，如需选择乔木，为防止被风吹倒，可以采取加固措施有利于乔木生存。

3）屋顶花园的温度与地面也有很大的差别。一般在夏季，白天花园内的温度比地面高出 3 ~ 5℃，夜晚则低于地面 3 ~ 5℃，温差大对植物进行光合作用是十分有利的。在冬季，北方一些城市其温度要比地面低 6 ~ 7℃，致使植物在春季发芽晚，秋季落叶早，观赏期变短。因此，要求在选择植物时必须注意植物的适应性，应尽可能选择绿期长、抗寒性强的植物种类。

4）植物在抗旱、抗病虫害方面也与地面不同。由于屋顶花园内植物所生存的土壤较薄，一般草坪为 15 ~ 25cm，小灌木为 30 ~ 40cm，大灌木为 45 ~ 55cm，乔木（浅根）为 60 ~ 80cm。这样使植物在土壤中吸收养分受到限制，如果每年不及时为植物补充营养，必然会使植物的生长势变弱。同时，一般在屋顶花园上的种植土为人工合成轻质土，其容重较小，土壤孔隙较大，保水性差，土壤中的含水量与蒸发量受风力和光照的影响很大，如果管理跟不上，很容易使植物因缺水而生长不良，生长势弱，必然使植物的抗病能力降低，一旦发生病虫害，轻者影响植物观赏价值，重则可使植物死亡。因此，在屋顶花园上选择植物时必须选择病虫害、耐瘠薄、抗性强的树种。

由于屋顶花园面积小，在植物种类上应尽可能选择观赏价值高、没有污染（不飞毛、落果少）的植物，要做到小而精，矮而观赏价值高，只有这样才能建造出精巧的花园来。

2. 屋顶花园设计要点

屋顶花园的设计手法和地面庭园大致相同，都是运用建筑、水体、山石和植物等要素组织庭园空间；运用组景、点景、借景和障景等基本技法去创造庭园空间。不同的是屋顶花园地处高空，应发挥它的视点高、视域广的高空特点。

游览性屋顶花园多半是在屋顶上铺草植树，修池垒石。设计时要注意庭园立意、布局、比例和尺度、色彩和质感等方面和设计方法和技巧。装饰性屋顶花园的设计重点是突出它的装饰性的效果。可运用不同颜色的砾石和盆栽植物组成色彩鲜明的图案，也要注意铺地的色彩和纹样。有条件的可运用照明设施，使装饰性屋顶花园在夜晚更有魅力。

屋顶花园的布局要有利于屋面的结构布置。要在尽量减轻屋面荷载的前提下，采取各种技术措施满足屋顶花园植物生态要求。这是屋顶花园和地面花园在造园技术方面的主要区别。

屋顶花园成败的关键在于减轻屋顶荷载，改良种植土、屋顶结构类型和植物的选择与植物设计等问题。设计时要做到。

（1）以植物造景为主，把生态功能放在首位。

（2）确保营造屋顶花园所增加的荷重不超过建筑结构的承重能力，屋面防水结构能安全使用。

（3）因为屋顶花园相对于地面的公园、游园等绿地来讲面积较小，必须精心设计，才能取得较为理想的艺术效果（见图11-9）。

（4）尽量降低造价，从现有条件来看，只有较为合理的造价，才有可能使屋顶花园得到普及而遍地开花（见图11-10）。

图11-9　某大厦的屋顶花园

图11-10　上海长寿大厦屋顶花园

11.2.4　屋顶花园的构造与荷载

1. 屋顶花园的构造

一般屋顶花园屋面面层结构从上到下依次是：植物层、种植层、过滤层、排水层、防水层、保温隔热层和结构承重等（见图11-11）。

（1）植物层。植物的选择要遵照适地适树原则，景点的设置要注意荷载不能超过建筑结构的承重力，同时要满足园林艺术要求。

（2）种植土层。为使植物生长良好，同时尽量减轻屋顶的

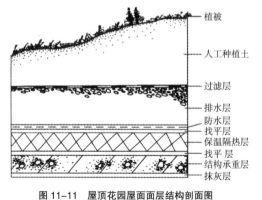

图11-11　屋顶花园屋面面层结构剖面图

（图片来源：《屋顶花园设计与施工》徐峰等，
化学工业出版社，2007）

附加荷重，种植基质一般不直接用地面的自然土壤（主要是因为土壤太重），而是选用既含各种植物生长所需元素又较轻的人工基质，如蛭石、珍珠岩、泥炭及其与轻质土的混合物等。

（3）过滤层。为防止种植土中的细小颗粒及养料随水而流失，或堵塞排水管道，采用在种植土层下铺设过滤层的方法。过滤层的材料种类较多，如稻草、玻璃纤维布、粗沙、玻璃化纤布等，不论选用何种材料，所要达到的质量要求是，既可通畅排灌又可防止颗粒渗漏。

（4）排水层。屋顶花园的排水层设在防水屋之上，过滤层之下。其作用是排除上屋积水和过滤水，但又储存部分水分供植物生长之用。通常有的做法是在过滤层下做 100～20mm 厚的轻质骨料材料铺成排水层骨料可用砾石、焦渣和陶粒等。屋顶种植土的下渗水和雨水，通过排水层排入暗沟或管网，此排水系统可与屋顶雨水管道综合考虑。它应有较大的管径，能清除堵塞。在排水层骨料选择上要尽量采用轻质材料，以减屋顶自重，并能起到一定的屋顶保温作用。

（5）防水层。屋顶花园防水处理成败与否将直接影响建筑物正常使用。屋顶防水处理一旦失败，必须将防水层以上的排水屋、过滤层、种植土、各类植物和园林小品等全部取出，才能彻底发现漏水的原因和部位。因此，建造屋顶花园首先应确保防水层的防水质量。建议在建筑物设计、施工过程中，必须与屋顶花园设计密切配合。

2.屋顶花园的荷载

对于新建屋顶花园，需按屋顶花园的各层构造做法和设施，计算出单位面积上的荷载，然后进行结构梁、板、柱、基础等的结构计算。改建的屋顶花园，则应根据原有的建筑屋顶构造、结构承重体系、抗震级别和地基基础、墙柱及梁板构件的承载能力，逐项进行结构验算。不经技术鉴定或任意改建，将给建筑物安全使用带来隐患。

（1）活荷载。有人活动屋顶的活荷载为 150kg/m^2，荷载规范规定的上述数量是指一般办公居住建筑屋顶仅为少量居民工间休息和晒衣物等的活动场所。如果在屋顶上建造花园，相对人流的数量和密度将会增加，特别是在屋顶花园中有可能进行某些小型演出或集会时，其荷载将超出 150kg/m^2，公众较多屋顶花园的活荷载选用 200～250kg/m^2 为宜，如果屋顶花园处于城市中心主要干道两侧，屋顶花园还可能成为密集人群观看节日游行或夜晚观赏节日烟火等大型活动的场所，其活荷载应参考国家荷载规范，按挑出阳台和可能密集人群的临街公共建筑挑出阳台的活荷载（250～300kg/m^2）具体确定。

屋顶花园的活荷载数值是屋顶结构自重、防水层、找平层、保温隔热层和屋面铺装等静荷载相加。在屋顶花园设计中，屋顶花园的活荷载是屋顶花园中的种植区、水体等园林小品的平均荷载经常超过屋顶活荷载。也就是说，屋顶活荷载只是一项基本值，房屋结构梁板构件的计算荷载值要根据屋顶花园上各项园林工程的荷重大小最后确定。

（2）静荷载。屋顶花园的静荷载包括植物种植土、排水层、防水层、保温隔热层、构件等自重及屋顶花园中常设置的山石、水体、廊架等的自重，其中以种植土的自重最大，其值随植物种植方式不同和种植土不同而异。

此外，对于高、大、重的乔木、假山、雕塑等，应位于受力的承重墙或相应的柱头上，并注意合理分散布置，以减轻楼板的承重。亭子、雕塑等要使用一些轻质材料制作（见图 11-12）。

对屋顶承重能力和屋顶花园的各项荷载的分析，可总结如下：首先将屋顶花园上各项园林工程的荷载折算成每平方米重（kg/m^2）或集

图 11-12 使用木质材料制作的亭子

中（kg）、线分布重（kg/m），然后将这些荷载施加到建筑物的承重构件上。使这些结构构件有足够的承载能力来承受屋顶花园所附加的荷载。

11.2.5 屋顶花园绿化种植设计

1. 植物材料的选择

（1）选择耐旱、抗寒性强的矮灌木和草本植物。由于屋顶花园夏季气温高、风大、土层保湿性能差，冬季则保温性差，因而应选择耐干旱、抗寒性强的植物为主；同时，考虑到屋顶的特殊地理环境和承重的要求，应注意多选择矮小的灌木和草本植物，以利于植物的运输、栽种和管理。

（2）选择阳性、耐瘠薄的浅根性植物。屋顶花园大部分地方为全日照直射，光照强度大，植物应尽量选用阳性植物；但在某些特定的小环境中，如花架下面或靠墙边的地方，日照时间较短，可适当选用一些半阳性的植物种类，以丰富屋顶花园的植物品种；屋顶的种植层较薄，为了防止根系对屋顶建筑结构的侵蚀，应尽量选择浅根系的植物和耐瘠薄的植物种类。

（3）选择抗风、不易倒伏、耐积水的植物种类。在屋顶上空风力一般较地面大，加上屋顶种植土层薄，土壤的蓄水性能差，故应尽可能选择一些抗风、不易倒伏，同时又能耐短时积水的植物。

（4）选择以常绿为主，冬季能露地越冬的植物。营建屋顶花园的目的是增加城市的绿化面积，屋顶花园的植物应尽可能以常绿为主，为了使屋顶花园更加绚丽多彩，体现花园更加绚丽多彩，体现花园的季相变化，还可适当栽植一些彩叶树种；在条件许可的情况下，可布置一些盆栽的时令花卉，使花园四季有花。

（5）尽量选用乡土植物，适当引种绿化新品种。乡土植物对当地的气候有高度的适应性，同时考虑到屋顶花园的面积一般较小，为将其布置得较为精致，可选用一些观赏价值较高的新品种，以提高屋顶花园的档次。

（6）选择易成活，耐修剪，生长速度较慢的植物。屋顶的位置较高，植物生长的条件相对恶劣，要选择成活率较高的植物，减少补苗的成本。修剪能增加植物的观赏价值，提高屋顶花园的品位，但生长过快的植物会增加修剪等的管理成本，且增加倒伏的风险。

2. 植物种植要点

（1）各类植物生存及生育的最低土壤厚度（见图11-13）。

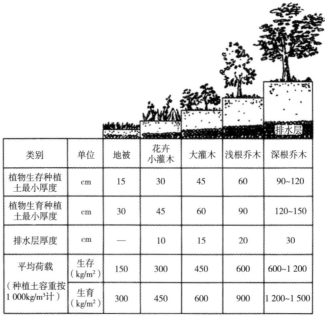

类别	单位	地被	花卉 小灌木	大灌木	浅根乔木	深根乔木
植物生存种植 土最小厚度	cm	15	30	45	60	90~120
植物生育种植 土最小厚度	cm	30	45	60	90	120~150
排水层厚度	cm	—	10	15	20	30
平均荷载	生存 （kg/m²）	150	300	450	600	600~1 200
（种植土容重按 1 000kg/m³计）	生育 （kg/m²）	300	450	600	900	1 200~1 500

图 11-13 屋顶花园屋种植区植物生长的土层厚度与荷载值

（图片来源：《屋顶花园设计与施工》徐峰等，化学工业出版社，2007）

（2）乔木、大灌木尽量种植在承重墙或承重柱上。

（3）屋顶花园一般土层较薄而风力又比地面大，易造成植物的"风倒"现象，所以一定要注意植物选择原则。

其次绿化栽植最好选取在背风处，至少不要位于风口或有很强穿堂风的地方。

（4）屋顶花园的日照要考虑周围建筑物对植物的遮挡，在阴影区应配置耐阴植物，还要注意防止由于建筑物对阳光的反射和聚光，致使植物局部被灼伤现象的发生。

3. 屋顶花园常用的植物种类

常见的有黑松、罗汉松、广玉兰、瓜子黄杨、大叶黄杨、雀舌黄杨、锦熟黄杨、金叶女贞、珊瑚树、火棘、枸骨、棕榈、蚊母、丝兰、栀子花、巴茅、龙爪槐、紫荆、紫薇、红叶李、海棠、黄刺玫、珍珠梅、榆叶梅、腊梅、金丝梅、丁香、寿星桃、樱花、白玉兰、紫玉兰、南天竺、杜鹃、牡丹、茶花、含笑、月季、橘子、金橘、茉莉、美人蕉、大丽花、苏铁、百合、百枝莲、鸡冠花、枯叶菊、桃叶珊瑚、海桐、红瑞木、葡萄、紫藤、常春藤、爬山虎、六月雪、桂花、菊花、麦冬、葱兰、黄馨、迎春、紫叶小檗、佛甲草、天鹅绒草坪、荷花、刚竹等。可因时因地区确定使用材料。

11.3 项目设计实训

某小型屋顶花园设计（种植设计、结构层次）

11.3.1 实训目的

了解屋顶花园的概念、特征及发展趋势，掌握屋顶花园设计遵循的原则、方法，掌握屋顶花园的构造和要求，掌握屋顶花园的植物种植设计。

11.3.2 实训设备

（1）测量仪器：全站仪、激光测距仪和地质罗盘仪。

（2）绘图工具：1号图板、900mm丁字尺、45°及60°三角板、量角器、曲线板、模板、圆规、分规、比例尺、绘图铅笔、鸭嘴笔和针管笔等。

（3）计算机辅助设计：高配置电脑及相关绘图软件。

（4）其他：数码照相机、打印机、拷贝桌等各类辅助工具。

（5）图纸：采用国际通用的A系列幅面规格的图纸，以A2图幅为准，绘制平面效果图。

（6）现有的图纸及文字材料。

11.3.3 实训内容步骤

（1）以本校的办公楼或图书馆楼顶为设计对象进行屋顶绿化设计。

（2）以小组为单位，每组3～5人进行设计，查阅相关资料，每人提出各自的设计方案。

（3）对每人提出的设计方案进行小组内的讨论总结，写出最后的设计方案。确定屋顶花园的绿化形式。以植物种植设计为主，绘制办公楼或图书馆屋顶绿化平面图。并写出设计说明，附植物名录。

（4）绘制该屋顶花园的结构层次剖面图。

（5）写出实训报告。

11.3.4 实训要求

（1）实训报告。

（2）设计图纸一套。

（3）设计说明书一份。

1）语言流畅，言简意赅，能对图纸准确的补充说明，体现设计意图。

2）绿化材料统计基本准确，有一定的可行性。

11.3.5 任务评价

（1）符合屋顶绿地的性质及设计的原则和要求，充分考虑与周边环境的关系，有独到的设计理念，风格独特、特点鲜明，布局合理。

（2）种植设计树种选择正确，能因地制宜地运用造景方法，与道路、建筑小品等结合好。

（3）层次结构合理，安全性高。通过单独的剖面图纸表现。

（4）图面表现能力强，图面效果好，设计图种类齐全，设计深度能满足施工的需要。线条流畅，清洁美观，图例、文字标注、图幅等符合制图规范。

课题 12 农业观光园规划设计

12.1 项目案例与分析

无锡鹅湖白米荡农业观光园的规划设计（案件引自筑龙网）。

12.1.1 项目概况

锡山区位于长江三角洲腹地，在江苏省东南部，无锡东北部。南临太湖，北通长江，东接苏州、常熟，东至上海 128km，西至南京 177km，为苏南中心地区（见图 12-1）。

鹅湖镇位于锡山东南部，由甘露、荡口两片组成。因右靠浩荡的鹅湖而得名，东与苏州城区相接壤，北与常熟交界。

白米荡，全村区域范围 4.95km²，耕地面积 3709 亩，鱼荡面积 1062 亩，外荡水面 500 多亩，是著名水产品"甘露牌"青鱼的主要产地（见图 12-2）。

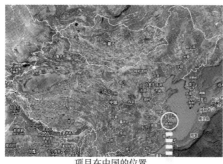
项目在中国的位置

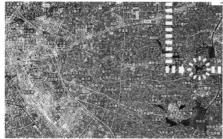
项目在无锡市的位置

图 12-1　无锡鹅湖白米荡农业观光园的区位分析

图 12-2　无锡鹅湖白米荡农业观光园的场地分析

12.1.2　规划条件分析

1. 项目规划优势（可利用的条件）（见图 12-3）

（1）整个白米荡区充分的水资源，水位稳定，水质可基本保证。

（2）荡口古镇游和上游的开发有利于凝聚品牌效益。

（3）原先基本无历史河流，因而工程设计限制少。

（4）原有的零星鱼塘可利用，既减少了挖方工程量，又使水位线曲折多变显得自然。

2. 项目规划劣势（制约因素）（见图 12-4）

（1）湖周围土地平坦，无高低丘陵变化。

（2）规划区域水体形态呈"H"形，整个水面不显开阔，水位无高差变化，不利于形成有落差的水体景观。

（3）现有植物品种较少，景观视觉价值弱，生态效益和旅游价值欠缺。

（4）拟规划区域历史沉淀和文化较薄弱，设计需从别处移植文化创意。

图 12-3　无锡鹅湖白米荡农业观光园规划优势

图 12-4　无锡鹅湖白米荡农业观光园规划优势

12.1.3 农业观光园规划

在总体规划设计中主要借鉴了苏州树山生态村"小流域综合治理、高效经济林果生产、生态环境保护、旅游观光"四位一体开发模式；北京顺义"神农卉康蜂情园"的"蜂"文化的专业园区成功经验，针对普通生态旅游推出特色园区的设计理念（见图12-5）。

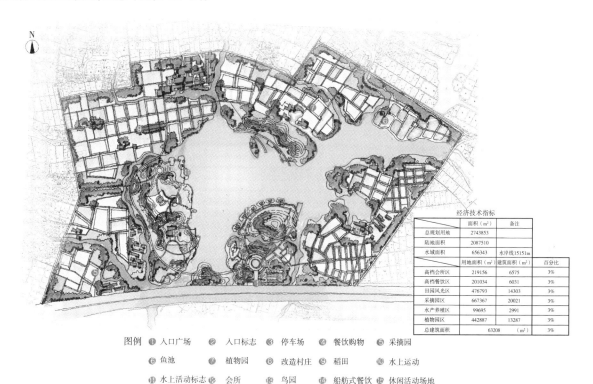

经济技术指标		
	面积（m²）	备注
总规划用地	2743853	
陆地面积	2087510	
水域面积	656343	水岸线15151m
	用地面积（m²） 建筑面积（m²）	百分比
高档会所区	219156 6575	3%
高档餐饮区	201034 6031	3%
田园风光区	476793 14303	3%
采摘园区	667367 20021	3%
水产养殖区	99695 2991	3%
植物园区	442887 13287	3%
总建筑面积	63208 （m²）	3%

图例 ❶ 入口广场 ❷ 入口标志 ❸ 停车场 ❹ 餐饮购物 ❺ 采摘园

❻ 鱼池 ❼ 植物园 ❽ 改造村庄 稻田 ❿ 水上运动

⓫ 水上活动标志 ⓬ 会所 ⓭ 鸟园 ⓮ 船舫式餐饮 休闲活动场地

图12-5 无锡鹅湖白米荡农业观光园规划

1. 功能分区

把全园划分为六大功能分区：植物园区、田园风光区、高级会所区、高档餐饮区、采摘生态区、水产养殖区。

（1）植物园区。主要应用现代科学技术和方法引种栽培药用植物，研究开发和综合利用；为国内中药材研究提供技术资料和种子、种苗；建立药用植物标本园（见图12-6）。

（2）田园风光区。主要是改造原有村民的住房满足游客要求的住宿设施，建在风景优美的乡间，以村落为背景面向度假游客。设计了儿童乐园、教育乐园、农耕乐园、观光田园和乡村运动场地（见图12-7）。

图12-6 无锡鹅湖白米荡农业观光园植物园区

图12-7 无锡鹅湖白米荡农业观光园田园风光区

（3）高级会所区。高级会所区分三个分区：鸟园、会所建筑和水上运动区域（见图12-8～图12-10）。

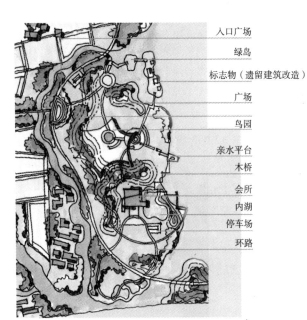

入口广场
绿岛
标志物（遗留建筑改造）
广场
鸟园
亲水平台
木桥
会所
内湖
停车场
环路

图 12-8　无锡鹅湖白米荡农业观光园高级会所区

图 12-9　无锡鹅湖白米荡农业观光园高级会所效果图

图 12-10　无锡鹅湖白米荡农业观光园高级会所效果图

（4）高档餐饮区。利用原有水系整合场地，使靠近湖边的地段独立成岛屿，岛屿上再挖上小岛形成"岛中岛"的效果。高档餐饮区就位于小岛上，形式采用船舫或完全生态的方式，最大限度享受沿湖风光（见图 12-11）。

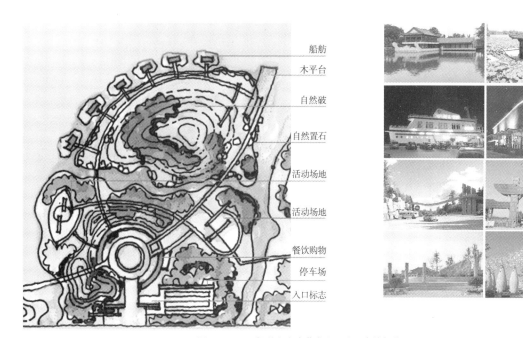

图 12-11　无锡鹅湖白米荡农业观光园高档餐饮区

（5）采摘生态区。果蔬采摘园内种植樱桃、番茄、黄瓜、玉米、萝卜、等蔬菜；还有葡萄、枣、桃等水果；游客可以亲手采摘，体验收获的乐趣（见图 12-12）。

图 12-12　无锡鹅湖白米荡农业观光园采摘生态区

（6）水产养殖区。以鱼文化为特色设置了渔港风情，渔家生活还有渔家故事。游客可以垂钓和鲜鱼加工烹制活动（见图 12-13）。

- 利用农庄内的水塘开发垂钓活动，为游客提供鲜鱼加工烹制服务，还可举行垂钓比赛。
- 以渔文化为特色，适当建议一些附属用房，以渔港风情、渔家生活为构架开展特色体验之旅。
- 作为水产区的高级项目可考虑增设观赏鱼类的养殖。

图 12-13　无锡鹅湖白米荡农业观光园水产养殖区

2. 地形设计

原有地形平坦基本无高差变化，不利于景观空间的形成，通过地形改造设计后充分体现了山环水绕的立体景观格局，追求多层次的景观效果，创造了具有曲线美、动态美的景观，最终形成"三山半落青天外，二水中分栖羽洲"的大山水格局（见图 12-14）。

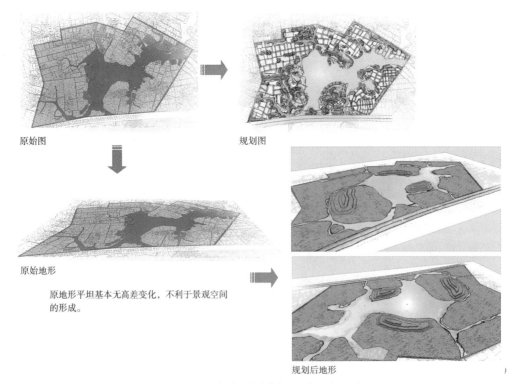

原始图　　　　　　　　　　规划图

原始地形

原地形平坦基本无高差变化，不利于景观空间
的形成。

规划后地形

图 12-14　无锡鹅湖白米荡农业观光园地形设计

3. 水系设计

规划区域水体形态呈"H"形，整个水面不显开阔，水位无高差变化，不利于形成有落差的水体景观。水系的设计做到自然引导，畅通有序，以体现景观的秩序性和通达性（见图 12-15）。

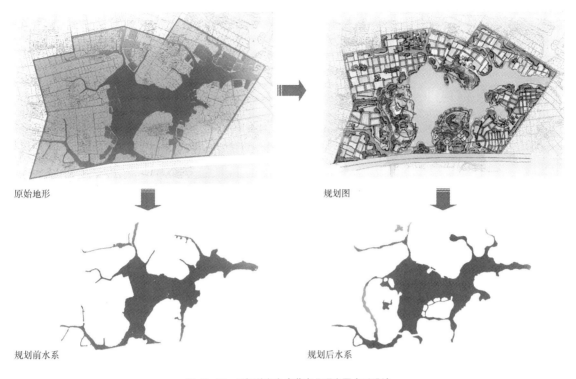

原始地形

规划图

规划前水系

规划后水系

图 12-15 无锡鹅湖白米荡农业观光园水系设计

4. 道路交通规划

（1）因地制宜，既着眼长远，又兼顾现状，确定主次出入口。

（2）以科学、有效、便捷为准则，既便于集散人流、物流，又利于生产经营的规范园区内路网。

（3）园区内循环有序，流向合理，通达各功能分区。

（4）道路成网规范，功能配套，合理分隔各大小项目区（见图 12-16）。

锡太公路

示范园外围主路

示范园内部主路

示范园内部主路断面

人非共板区域 3.5　车行道 8.0　人非共板区域 3.5

15

图 12-16 无锡鹅湖白米荡农业观光园道路交通图

235

12.2 相关知识

12.2.1 观光农业概述

观光农业是一种新型的产业形态,观光农业园是我国农业转型升级,加快农业现代化和城乡园林化并与国际接轨的必然选择。观光农业园是一种以农业和农村为载体的新型旅游业,有狭义和广义两种涵义。

狭义的观光农业仅指用来满足旅游者观光需求的农业。

广义的观光农业应涵盖"休闲农业"、"观赏农业"、"农村旅游"等不同概念,是指在充分利用现有农村空间、农业自然资源和农村人文资源的基础上,通过以旅游内涵为主题的规划、设计与施工,把农业建设、科学管理、农艺展示、农产品加工、农村空间出让及旅游者的广泛参与融为一体,使旅游者充分领略现代新型农业艺术及生态农业的大自然情趣的新型旅游业。

12.2.2 观光农业园的特征

观光农业园除具有农业的一般特点外,还应具有如下特点和要求,

1. 农业科技含量高

当前的观光农业项目建设越来越注重其科技含量,它包括生物工程、组织培养室、先进的农业生产设施、旅游设施等。让人们在游览的过程中领略现代高科技农业的魅力。

2. 经济回报好

观光农业除了发展基础农业外,可以带动交通、运输、饮食、邮电、加工业、旅游业等相关产业的发展,因此,经济回报好。

3. 内容具有广博性

农业的劳作形式、传统或现代的农用器具、农村的生活习俗、农事节气、民居村寨、民族歌舞、神话传说、庙会集市以及茶艺、竹艺、绘画、雕刻、蚕桑史话等都是农村旅游活动的重要组成部分。也是观光农业可以挖掘的丰富资源和内容。

4. 活动具有季节性

除少数自控温室生产经营活动外,绝大多数农业旅游活动具有明显的季节性。

5. 形式具有地域性

由于不同地域自然条件、农事习俗和文化传统的差异,使得观光农业具有较强的地域差异性。

6. 活动内容强调参与性

农事活动较强的可参与性,正迎合了广大游客在旅游活动中的需求,在观光农业园区的规划设计中应尽可能地设置一些参与性强的项目。如:自摘果园、五月采茶游、撒网捕鱼、喂牛挤奶等。

7. 景观表达艺术性

观光农业利用景观美学的对比、均衡、韵律、统一、调和等手法对农业空间、农业景点进行园林化的布局和规划,整个农业景观环境都要求符合美学原理,在空间布局、形式表现、内容安排等多方面都需具有园林艺术性的特点。

8. 农林产品绿色性

观光农业要求用生态学的原理来指导农业生产,农产品要求符合绿色食品和无公害食品的要求。

9. 融观光、休闲、购物于一体

农业旅游活动既能让游人观赏到优美的田园风光,又能满足参与的欲望,并且最后还能购得自己劳动的成果。

使游人玩得开心，购物满意。

10. 经济社会综合效益高

观光农业可以用现有的农业资源，略加整修、管理，就可以较好地满足旅游者的需求；并且农业旅游的经济收益也较其他旅游形式多一个收入层次，即有来自农产品本身的收入。旅游消费也带动了农村第三产业的发展，解决了社会就业等方面的问题，具有较高的综合效益。

12.2.3 农业观光园的类型

观光农业是把观光旅游与农业结合在一起的一种旅游活动，它的形式和类型很多。常见的分类方法有以下两种：

1. 国际上常用的分类形式

（1）观光农园。一般指在城市近郊或风景区附近开辟特色果园、菜园、茶园、花圃等，让游客入内摘果、拔菜、赏花、采茶，享受田园乐趣。这是国外观光农业最普遍也是最初的一种形式。

（2）农业公园。即按照公园的经营思路，把农业生产场所、农产品消费场所和休闲旅游场所结合为一体。例如日本有一个葡萄园公园，将葡萄园景观的观赏、葡萄的采摘、葡萄制品的品尝以及与葡萄有关的品评、绘画、写作、摄影等活动融为一体。目前大多数的农业公园是综合性的，内部包括服务区、景观区、草原区、森林区、水果区、花卉区及活动区等。

（3）教育农园。这是兼顾农业生产与科普教育功能的农业经营形态，即利用农园中所栽植的作物，饲养的动物以及配备的设施，如：特色植物、热带植物、水耕设施、传统农具展示等，进行农业科技示范、生态农业示范，传授游客农业知识。代表性的有法国的教育农场，日本的学童农园，台湾的自然生态教室等。

（4）民俗观光村。在具有地方或民族特色的农村地域，利用其特有的文化或民俗风情，提供夜宿的农舍或乡村旅店之类的游憩场所，让游客充分享受浓郁的乡土风情以及别具一格的民间文化和地方习俗。

2. 按照现阶段规划和开发观光农业的功能定位分类

发展观光农业，明确功能定位对于合理确定投资取向和规模以及配置科学管理方式和生产经营战术至关重要。按照现阶段规划和开发观光农业的功能定位可将其分为以下五种类型：

（1）多元综合型。功能上集农业研究开发、农产品生产示范、农技培训推广、农业旅游观光和休闲度假为一体。

（2）科技示范型。以农业技术开发和示范推广为主要功能，兼具旅游观光功能。如陕西杨凌农科城（国家级农业高新技术产业示范区）、广东顺德的新世纪农业园等。

（3）高效生产型。以先进技术支撑的农产品综合生产经营为主要功能，兼具旅游观光功能。如江苏邳州的银杏风光观光农业区、宁夏银川葡萄大观园、广东番禺化龙镇农业大观园和上海马桥园艺场等。

（4）休闲度假型。具有农林景观和乡村风情特色，以休闲度假为主要功能。如广东东莞的"绿色世界"、北京顺义的"家庭农场"、成都郫县农科村（农家乐景区）、深圳的"光明农场"等。

（5）游览观光型。以优美又富有特色的农林牧业为基础资源，以强化游览观光功能为主要经营方向的农游活动。如山东淄博淄川区的旅游观光农业线、重庆万盛区农业采摘游、山东长岛"渔家乐"旅游、山东枣庄的万亩石榴园风情游等。

12.2.4 农业观光园设计的原则

1. 因地制宜，营造特色景观

总体规划与资源（包括人文资源与自然资源）利用相结合因地制宜，充分发挥当地的区域优势，尽量展示当地独特的农业景观。

规划时要熟悉用地范围内的地形地貌和原有道路水系情况，本着因地制宜、节省投资的原则，以现有的区内道路和基本水系为规划基准点，根据现代都市农业园区体系构架、现代农业生产经营和旅游服务的客观需求以及生态化建设要求和项目设置情况，科学规划园区路网、水利和绿化系统，并进行合理的项目与功能分区。

2. 远、近期效益相结合，注重综合效益

把当前效益与长远效益相结合，以可持续发展理论和生态经济学原理来经营，提高经济效益。另外还应充分重视观光农业所带来的其他效应。

3. 尊重自然，以人为本

在充分考虑园区适宜开发度、自然承载能力的前提下，把人的行为心理、环境心理的需要落实于规划设计之中，在设计过程中，去发现人的需求、满足人的需求，从而营造一个人与自然的和谐共处的环境。

4. 整体规划协调统一，项目设置特色分明

注意综合开发与特色项目相结合，在农业旅游资源开发的同时，突出特色又注重整体的协调。

5. 传统与现代相结合，满足游人多层次的需求

展示乡土气息与营造时代气息相结合，历史传统与时代创新相结合，满足游人的多层次需求。注重对传统民间风俗活动与有时代特色的项目，特别是与农业活动及地方特色相关的旅游服务活动项目的开发和乡村环境的展示。

6. 注重"参与式"项目的设置，激发游人兴趣

强调对游客"参与性"活动项目的开发建设，农业观光园的最大特色是，通过游人作为劳动（活动）的主体来体验和感受劳动的艰辛与快乐，并成为园区一景。

7. 以植物造景为主

生态优先，以植物造景为主，根据生态学原理，充分利用绿色植物对环境的调节功能，模拟园区所在区域的自然植被的群落结构，打破植物群落的单一性，运用多种植物造景，体现生物多样性，结合美学中艺术构图原则，来创造一个体现人与自然双重美的环境。

在尽量不破坏原基地植被及地形的前提下，谨慎地选择和设计植物景观，以充分保留自然风景，表现田园风光和森林景观。

12.2.5　农业观光园常见的布局形式

农业观光园的布局形式一般根据观光农业园中的非农业用地，也就是核心区在整个园区所处的位置来划分，常见的布局形式包括以下几种。

1. 围合式

在农业园规划平面图上，非农业用地呈块状、方形、圆形、不等边三角形设置于整个园区中心，四周被农业用地所包围。如江苏昆山丹桂园就是这种形式。

2. 中心式

非农业用地位于靠近入口处的中心部位，这种形式方便游人和管理人员使用。如苏州西山高科技观光农业园就是这种形式。

3. 放射式

非农业用地位于整个园区的一角，整个园区的重心还是在农业用地部分。如泰州农林高科技示范园的总体布局即为此种形式。

4. 制高式

非农业用地一般位于整个园区地势较高处，也就是制高点上。如江苏江浦帅旗农庄和江宁七仙山玫瑰园即为此种布局。

5. 因地式

将前种布局形式相互配合，结合园区基地的实际情况进行非农业用地的布局摆放。

12.2.6　观光农业园的分区规划

观光农业园以农业为载体，属风景园林、旅游、农业等多行业相交叉的综合体，观光农业园的规划理论也借鉴于各学科中相应的理论。因我国的农业资源丰富，在进行观光农业园的规划时要有所偏重、有所取舍，做到因地制宜、区别对待。

1. 分区规划的原则

（1）根据观光农业园的建设与发展定位，按照服从科学性、弘扬生态性、讲求艺术性以及具有可能性的可行性分区原则。

（2）根据项目类别和用地性质，示范类作物按类别分置于不同区域且集中连片，既便于生产管理，又可产生不同的季相和特色景观。

（3）科技展示性、观赏性和游览性强且需相应设施或基础投资较大的其他种植业项目均可相对集中的布局在主入口和核心服务区附近，既便于建设，又利于汇聚人气。

（4）经营管理、休闲服务配套建筑用地集中置于主入口处，与主干道相通，便于土地的集中利用、基础设施的有效配置和建设管理的有效进行。

2. 分区规划

典型观光农业园一般可分为生产区、示范区、观光区、管理服务区、休闲配套区。

（1）生产区。生产区是指在观光农业园中主要供农作物生产、果树、蔬菜、花卉园艺生产、畜牧养殖、森林经营、渔业生产之处，其占地面积最大。

位置选择要求：土壤、地形、气候条件较好，并且有灌溉、排水设施的地段，此区一般因游人的密度较小，可布置在远离出入口的地方，但因与管理区内要有车道相通，内部可设生产性道路，以便生产和运输。

（2）示范区。示范区是观光农业园中因农业科技示范、生态农业示范、科普示范、新品种新技术的生产示范的需要而设置的区域，此区内可包括管理站、仓库、苗圃、苗木等。

位置选择要求：要与城市街道有方便的联系，最好设有专用出入口，不应与游人混杂，到管理区内要有车道相通，以便于运输。

（3）观光区。观光区是观光农业园中的闹区，是人流最为集中的地方。一般设有观赏型农田、瓜果、珍稀动物饲养、花卉苗圃等，园内的景观建筑往往较多地设置在这个区内。

位置选择要求：可选在地形多变、周围自然环境较好的地方，让游人身临其境感受田园风光和自然生机。由于观光区内的群众性观光娱乐活动人流比较集中，因此必须要合理地组织空间，应注意要有足够的道路、广场和生活服务设施。

（4）管理服务区。管理服务区是因观光农业园经营管理而设置的内部专用地区，此区内可包括管理、经营、培训、咨询、会议、车库、产品处理厂、生活用房等。

位置选择要求：要求与园区外主干道有方便的联系，一般位于大门入口附近，到管理区内要有车道相通，以便于运输和消防。

（5）休闲配套区。休闲配套区主要满足游人的一些休闲、娱乐活动。在观光农业园中，为了满足游人休闲需要，在园区中单独划出休闲配套区是很必要的。

位置选择要求：休闲配套区一般应靠近观光区，靠近出入口，并与其他区用地有分隔，保持一定的独立性，内容可包括餐饮、垂钓、烧烤、度假、游乐等，营造一个能使游人深入乡村生活空间、参加体验、实现交流的场所。

目前观光农业园分区规划中常见的分区与布局方案（见表 12-1）。

表 12-1　　　　　　　　　　　　　　典型的分区和布局方案

分　区	占规划面积	用 地 要 求	主 要 内 容	功 能 导 向
生产区	40% ~ 50%	土壤、气候条件较好，有灌溉、排水设施	农作物生产；果树、蔬菜、花卉园艺生产；畜牧区；森林经营区；渔业生产区	让游人认识农业生产的全过程，参与农事活动，体验农业生产的乐趣
示范区	15% ~ 25%	土壤、气候条件较好，有灌溉、排水设施	农业科技示范；生态农业示范；科普示范	以浓缩的典型农业或高科技模式，传授系统的农业知识，增长教益
观光区	30% ~ 40%	地形多变	观赏型农田、瓜果；珍稀动物饲养；花卉苗圃	身临其境感受田园风光和自然生机
管理服务区	5% ~ 10%	临园区外主干道	乡村集市；采摘、直销；民间工艺作坊	让游客体验劳动过程，并以亲切的交易方式回报乡村经济
休闲配套区	10% ~ 15%	临园区外主干道	农村居所；乡村活动场所	营造游人深入其中的乡村生活空间，参与体验，实现交流

12.2.7　农业观光园设计要点

1.农业观光园功能区

（1）健身、休闲、娱乐功能。这是观光农业区别于一般农业的一个最显著的特点。观光农业能为游客提供游憩、疗养的空间和休闲场所，并且通过观光、休闲、娱乐活动，使他们减轻工作及生活上的压力，达到舒畅身心、强健体魄的目的。

（2）文化教育功能。农业文明、农村风俗人情、农业科技知识以及农业优秀传统是人类精神文明的有机组成部分。观光农业注重农业的教育功能，通过观光农业的开发将这些精神文明得以继承和发展、发扬壮大。

（3）生态功能。观光农业比一般的农业更强调农业的生态性，为招来游客，观光农业区须改善卫生状况，提高环境质量，维护自然生态平衡。

（4）社会功能。观光农业的社会功能主要体现在两个方面。

一是农业发展的新形式，经济效益好，对农业生产有示范榜样作用，有利于稳定农业生产。

二是能够增进城乡接触，缩小差距，有利于提高农民生活质量，推进城乡一体化进程。

（5）经济功能。观光农业获利潜力大，可扩大农村经营范围，增加农村就业机会，提高农民收入，壮大农村经济实力。

2.地形水景规划设计

（1）观光农业园地形设计。

1）选择符合国土规划、区域规划、城市绿地系统规划和现代农业规划中确定的性质及规模，选择交通方便、有利于人流、物流畅通的城市近郊地段。

2）选择宜做工程建设及农业生产的地段，地形起伏变化不是很大的平坦地，作为观光农业园建设。

3）利用原有的名胜古迹、人文历史，或现代化农村等地点建设观光农业园，展示农林古老的历史文化和崭新的现代社会主义新农村景观风貌。

4）选择自然风景条件较好及植被丰富的风景区周围的地段，还可在农场、林地或苗圃的基础上加以改造，这样可投资少、见效快。

5）园址的选择应结合地域的经济技术水平，规划相应的园区，水平条件不同，园区类型也不同，并且要规划用地，留出适当的发展备用地。

（2）观光农业园水系规划设计。水系也是观光农业园区中的一个重要组成因素，规划设计时应做到以下几点：

1）水系景观的空间结构要求完整。

2）水系的设计应做到自然引导，畅通有序，以体现景观的秩序性和通达性。

3）在一些农业历史文化展示的景观模式中，水系景观应尽可能地保留历史文化痕迹。

3. 道路系统规划设计

道路规划包括对外交通、入内交通、内部交通、停车场地和交通附属用地等方面。

（1）对外交通。指由其他地区向园区主要入口处集中的外部交通，通常包括公路、桥梁的建造和汽车站点的设置等。

（2）入内交通。指园区主要入口处向园区的接待中心集中的交通。

（3）内部交通。主要包括车行道、步行道等一般园区的内部交通道，根据其宽度及其在园区中的导游作用分为以下几种。

1）主要道路：主要道路连接园区中主要区域及景点，在平面上构成园路系统的骨架。路面宽度一般为 8m，道路纵坡一般要小于 8%。

2）次要道路：主要分布于各景区内部，连接景区内的主要景点。路宽为 6m，道路可以有一些起伏，坡度大时可做平台、踏步等处理形式。

3）游憩道路：游憩道路为各景区内的游玩、散步小路。布置比较自由，形式多样，对于丰富园区内的景观起着很大作用。

观光农业园在进行内部道路规划时，不仅要考虑它对景观序列的组织作用，更要考虑其生态功能，如廊道效应。特别是农田群落系统往往比较脆弱，稳定性不强，在规划时应注意其廊道的分隔、连接功能，考虑其高位与低位的不同。

4. 建筑与设施小品规划设计

（1）既要具有实用功能性，又具有艺术性。

（2）与自然环境融为一体，给游人以接近和感受大自然的机会。

（3）建筑设施景观的体量和风格应视其所处的周围环境而定，宜得体于自然，不能喧宾夺主，既要考虑到单体造型，又要考虑到群体的空间组合。

5. 生产种植规划设计

观光农业园内的绿化环境景观规划可以说是农业观光园总体景观的一个有力的补充和完善。不同景区的绿化风格、用材和布局特色应与该区模式环境特点一致。如对于农业综合园区模式，在规划时首先应考虑到温室内外的蔬菜、花卉、林果的生产，因而对光照有较高的要求，在树种选择上可选用一些具有经济价值的林果、花灌木等。在一些农业园内，可选择一些乡土树种为主，衬托出自然的农林感。

12.2.8 农业观光园规划的手法

1. 艺术表达遵循科技原理

观光农业园内的景观具有科技应用与美学、艺术的双重作用，但它们的双重作用表现是不平衡的，在进行规划设计时，首先要体现科学原理，艺术处理处于从属地位。因此在进行园区规划时，景观设计应在体现科技原理指导的前提下，与艺术表达有机结合。例如，在建造一座高科技农业示范区内的智能温室时，我们首先应在遵循科技原理的规划思路下，才能考虑它的造型、色彩、质材的艺术特色。

2. 主观造景服从功能实用

在对观光农业园进行规划时，首先必须考虑到园内景观要素的功能实用性，其次才是它的造景效果。

3. 布局有序调控时空变化

基于旅游农业产业的本质，农业园的景观排列和空间组合应首先讲求具有序列性和科学性。如观光农业园内可以随着地势的高低以及地貌特征安排不同种类、不同色彩的农作物，形成空间上布局优美、错落有序的景观风貌；园从入口到园内，可以安排成熟期由早到晚的农作物，以及一些茬口合理安排，形成时间上变化有序的景观特色。

4. 动态参与强化视觉愉悦

观光农业园的规划既要达到视觉愉悦的效果，又具有动态参与的可能性。除了考虑景观的静态效果外，还要强调它的动态景象，即机械化劳作或游人在采摘、收获果实等活动过程中所形成的动态景观。

5. 心灵满足融进增知益智

心灵满足与增知益智相结合，也就是游人在参与劳作的过程中，心得到满足的同时，又学到了知识。如游客在参与采茶、制茶的过程中，了解到不同地区、不同民族的茶叶生产、加工，以及泡茶、饮茶的习俗。

6. 结合自然营造人景亲和

规划时要充分考虑人造景观构成素材要与周围的自然环境景观相融合，也就是结构相融的寓意。如在一片茶园内，竹制的凉亭，就比钢筋混凝土的亭子自然得多，游客置身于其中，看到这样和谐的景观，也充分体会到"天人合一"的深远意境。

7. 人工美与自然美的和谐

在进行观光农业园（区）的规划时，要充分考虑园区内人造景观与自然景观相和谐一致。如在观光果园门区营造了一个状似苹果的瓜果造型大门。

8. 主体色彩突出农林氛围

在进行观光农业园（区）规划时，景致是以绿色为主色调，因为绿色是与整个农林产业氛围最协调一致的色彩。

9. 人文特征反映乡土特色

指运用乡土植被、人文历史、民俗风情、农业文化等以展现地方景观特色的景观要素，使设计切合这种手法，这种手法在农业庄园景观模式的规划中采取较多。使当地的自然条件反映当地的景观特色，通俗来说，就是要体现农业、农村、农民、农家的氛围和特色人文性的景观创新特点。

12.2.9 农业观光园的规划设计步骤

农业观光园的规划设计步骤如图 12-17 所示。

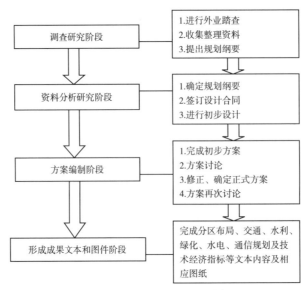

图 12-17 农业观光园的规划设计步骤

1. 调查研究阶段

（1）进行外业踏查，了解农业园的用地情况、区位特点、规划范围等。

（2）收集整理资料，进行综合分析。收集与基地有关的自然、历史和农业背景资料，对整个基地与环境状况进行综合分析。

（3）提出规划纲要，充分与甲方交换意见，在了解业主的具体要求、愿望的基础上，提出规划纲要，特别是主题定位、功能表达、项目类型、时间期限及经济匡算等。

2.资料分析研究阶段

（1）确定规划纲要，通过与甲方深入的交换意见，确定规划的框架，最终确定规划纲要。

（2）签订设计合同，在规划纲要确定以后，业主和规划（设计）方签订正式的合同或协议，明确规划内容、工作程序、完成时间、成果内容。

（3）进行初步设计，规划（设计）方再次考察所要规划的项目区，并初步勾画出整个园区的用地规划布置，保证功能合理。

3.方案编制阶段

（1）完成初步方案，规划（设计）方完成方案图件初稿和方案文字稿，形成初步方案。

（2）方案论证，请业主和规划（设计）方及受邀的其他专家进行讨论、论证。

（3）修改、确定正式方案，规划（设计）方根据论证意见修改完善初稿后形成正稿。

（4）方案再次论证，再次讨论、论证，主要以业主和规划（设计）两方为主，并邀请行政主管部门或专家。

4.形成成果文本和图件阶段

完成包括规划框架、规划风格、分区布局、交通规划、水利规划、绿化规划、水电规划、通信规划及技术经济指标等文本内容及相应图纸。

12.3 项目设计实训

某农业观光园规划设计。

12.3.1 实训目的

通过实战演练，使学习者对农业观光园规划设计的技能得到充分练习，在练习中理论和实践相结合，达到对知识内容的掌握目的。

12.3.2 设计条件

选择参与者所在地的农业观光园做设计，或者选择一处已建好的农业观光园，进行测绘、分析，提出相应改建方案。

（1）图纸：现状图、规划设计范围及外围保护地带图、总体布局图总体规划图或绿地设计图。

（2）设计说明书。

12.3.3 设计步骤

（1）现场勘测，了解情况。到设计现场实地踏查，熟悉设计环境，并对农业观光园的性质、功能、规模及其对规划设计的要求等情况，作为规划设计的指导和依据。

（2）搜集基础图纸资料。注重搜集建设单位提供的各种图纸。若无现状图，可进行实地测绘。

（3）整理、绘制设计原状图。

（4）进行规划设计，绘制设计图，书写设计说明，征求意见，修改定稿。

（5）按制图规范，完成墨线图，做预算方案，作为设计成果，评定成绩。

12.3.4　设计实训评价

（1）农业观光园的规划设计要符合当地实际，能突出主要功能，体现多种功能，在实际应用中有一定的实效性。

（2）图纸表现应清晰明了，图纸种类齐全，图面构图合理，清洁美观，线条流畅，墨色均匀，绘图符合制图规范。

课题 13　旅游风景区规划设计

> **知识点、能力（技能）点**
>
> **知识点**
>
> （1）了解旅游风景区的概念。
>
> （2）掌握旅游风景区的类型、规划设计的原则方法和步骤。
>
> （3）学会掌握旅游风景区功能分区的规划设计。
>
> **能力（技能）点**
>
> （1）掌握旅游风景区的类型、规划设计的原则方法和步骤。
>
> （2）学会掌握旅游风景区功能分区的规划设计。

13.1　项目案例与分析

广东丹霞山风景名胜区规划。

13.1.1　项目概况

广东丹霞山风景名胜区坐落在韶关市内，辖属仁化、曲江两县，是全国丹霞地貌发育最典型的地区，作为专业术语的"丹霞地貌"也源于此，其地貌起伏多变，沟壑纵横，由红色砂岩、粗砂岩形成了独特的丹霞地貌，山体的垂直和水平节理均很明显，山体岩石经水流侵蚀、崩塌风化等作用，形成众多的洞穴，这些洞穴常作为山寨、岩寺、悬馆隐栖之处，给丹霞山平添了几分神秘色彩。景区面积约 350km²，有三个核心景区：

丹霞四绝，即丹霞中的丹霞山、韶石山和大石山、金鸡岭。适于开发观光旅游。

南宗祖庭，由曲江县的南华寺和乳源县云门寺组成，适合进行宗教游活动。

惊险漂流，为乐昌县武江九泷十八滩，这里水流湍急，跌水众多，现已开发为漂流娱乐旅游。

13.1.2　景观资源分析

1. 自然景观

（1）气候，丹霞山风景区属亚热带大陆性季风气候，夏季雨量充沛，冬季温度较低，年平均气温为 20℃，月平均最高温度在 7 月为 28℃，月平均最低温度在 1 月为 10℃。据统计极端最高与最低温度为 40℃和 −5℃；年降雨量 1640mm，集中在每年的 3 ~ 7 月，冬季偶有降雪。

（2）土壤、植被，地带性土壤为砖红壤，地带性植被为中亚热带宽叶林，海拔 300m 以下则分布着向南亚热带季雨林过渡的植被类型，附近有一些古树名木，具有很高的观赏和科研价值。

（3）地形，由于处在高温多雨的条件下，受河流切割，流水侵蚀、重力崩塌等作用，丹霞红层的陡壁上形成各种凹凸地貌和扁平状洞穴，如双烛峰、韭菜寨、观音石、金龟岩、僧帽蜂等，形成了极为动人的景观效果。

整个丹霞风景区的自然景观体现了"奇"、"险"、"美"，丹霞群山的险峻，造型的丰富变幻，苍翠欲滴的茂密森林，曲折蜿蜒的锦江构成了一幅幽深、秀丽的画卷。极富色彩和动感美的自然景观还体现在变化多端以红色为主体的山峰石岩体，以及常出现的绚烂云霞，构成了有名的"山丹碧水、霞蔚云蒸"美景，受地形和气候的影响，春夏之交是多雾时节，雨后出现的临崖飞瀑，又形成了"流烟飞瀑"的动态之美。

2. 人文景观

在浈江右岸的"鲶鱼转"文化遗址表明在新石器时代这里就有了人类活动，相传舜帝南巡至此，登奇石奏韶乐，使韶石山名声大振，唐宋时期就已是颇负盛名的游览胜地，并建有寺庙、亭阁、碑刻等建筑物，历史上的文人骚客依据丹霞山山水园林意境，题咏了丹霞 12 景，集中反映出此地的山林野趣和浓厚的宗教气氛。

丹霞山还有保存完好的众多山寨、寺庙和悬棺葬俗遗址，这里的山村居民点仍保持古朴自然的风貌，与当地自然山水交相辉映，展现出一幅优美的岭南田园风光画卷。

13.1.3 旅游资源分析

1. 景观评述

丹霞风景区是丹霞地貌发育得最完整、类型全、规模大、分布集中之地，是丹霞地貌研究与命名最早的地区，有较独特的景观价值和科学价值。此地位于中原和岭南文化交汇处，兼得两地文化之长，现保存的"鲶鱼转"新石器文化遗址、众多寺庙和民俗等，均具有很高的历史文化价值。该地区的生态系统保持良好，动植物资源丰富。

2. 现状与开发利用

自 1980 年后，先后共投资 1000 万元，开发景点共 81 个，沿江游览线路长 4km。中高档宾馆别墅总计约 400 个床位，餐厅 3 处 8 厅，可同时容纳 700 多人进餐，停车场、商场等一应俱全，年接待总人数在 30 万人左右，其中境外游客占 1/6。

3. 游客行为特点

游客以节假日"一日游"为主，留宿游客多为早起观日出，以观光旅游为主，缺乏其他娱乐或者专项旅游活动。境外游客所占比重较大，也多以港澳工薪阶层短期休假游客为主，国内游客则以本地城市、工矿企业居民及广州市等地短期休假游客为主，加以少量湘赣等地及国内南下出差人员。

4. 开发的可行性分析

丹霞风景区有较好的交通条件，外地游客可通过京广铁路干线前往，韶关市作为集散地，乘火车到广州为 210km，有空中航运。丹霞山可为本市游客集散地，风景区有专线公路与韶赣公路相连，离韶关市仅 56km。风景区有 180km^2 的范围可供游赏，还有 20km 长的锦江蜿蜒其中，丰富的自然、人文景观可以满足游客不同的要求。

13.1.4 风景区总体规划

1. 规划原则

（1）以保护为前提，合理开发利用风景区资源。

（2）遵循旅游活动行为规律和游人的心理特点，划分景观游览空间，合理组织各种游览活动。

（3）按照体现乡土特色、经济条件、使用方便的原则，合理布局和规划旅游服务设施。

（4）从旅游业发展的需要出发，经多方考虑论证，制定各个时期的实现规划。

2. 保护措施规划

（1）丹霞山风景名胜保护特区，保护对象是约 2km^2 的丹霞山山体部分，特别是锦石岩尼姑庵、别传寺、舍利塔、摩崖题刻等珍贵文物古迹及名木古树等应予以保护和修复。保护措施除规划所建风景建筑外，不应再扩建任何旅游服务设施。现有的有损观瞻的设施应搬迁至山外。

（2）一级景观保护区，保护对象为约 40km^2 的典型丹霞地貌方山，石峰、石柱等。规划中在此新建一观景台和登山道，除此以外不应增设其他的人工设施，禁止开展有破坏风景区整体效果的生产建设项目（如开采山石）。

（3）二级景观保护区，保护对象为丹霞地貌的谷地、丘陵和分布于海拔 300m 以下的森林植被，面积约 190km^2。此处以保护和恢复自然植被为主。

（4）三级景观保护区，是盆地外围及山间冲积平原上的自然村落，面积为 120km^2，本区应对居民建筑加以规划，协调好风景区建设、发展与当地工农业生产的关系。

（5）水源保护区，包括锦江、丹霞山人工湖、东坑水库等水域。保护的措施是加强监督管理、防止水质污染。

3.游览系统规划

游览系统的"点"是由一定的景点构成的相对封闭的空间组成，也形成了游览区里的基本元素；游览道路连接各景点则构成了游览"线"；通过交通线和游客视线将"点"、"线"结合起来形成景区的"面"，拟定出本风景区的游览系统。

在各景区和游览线建立上，游览道路和观景点宜设在山谷底与山腰，观赏以仰视和平视为主，达到步移景异的效果。各景区的中心景点均设观景台，使各景观单元在视线上得以沟通，以俯视为主兼有平视，创造出"一览众山小"的效果。

4.服务系统规划

从保护景观资源、方便游客和旅游业经济效益三方面出发，规划出丹霞山旅游地三级服务系统。一级服务地，位于新马屋附近，韶仁公路东侧。服务范围为整个风景名胜区。二级服务地是各景区内提供统一服务（包括专项服务）的次级中心地。应充分发挥当地居民的积极性，为游客提供必要的购物、休憩、餐饮以及野营、民俗风情体验等服务。三级服务地服务范围有限，只提供必要的休憩、饮料、摄影等服务即可，不必营建专门设施。否则不仅破坏资源，而且经济效益也不会很好（见表13-1）。

表13-1 丹霞风景名胜区游览规划系统

景　区	游　览　线	景观单元	主　要　景　点
锦江	锦江	1	玉女拦江、群象过江、宝珠峰、仙人插掌
		2	鲤鱼跳龙门、丹霞巨轮、金龟朝圣
		3	姐妹峰、车头烟树、沙背画竹
		4	夏富烟雨、拇指峰、上天龙、童子拜观音
丹霞山	夏富—棺材寨—望郎归	5	丹霞悬棺、黄沙坑诸景
		6	望郎归、扬州、韭菜寨、长老峰
	丹霞山体	7	丹霞山（三峰）、锦石岩、别传寺
	外围游览线	12	僧帽峰、韭菜寨
		13	扬州寨、韭菜寨
大石山	大石山	8	燕岩、西竺岩、巴寨、茶壶峰、东坑水库
		9	平头寨、川岩、石锣寨、西竺岩
		10	茶壶峰、姐妹峰、巴寨、观音山、上天龙
		14	平头寨、扁寨、燕岩西侧
韶石山	内部游览线	11	金龟岩、白寨顶、牛栏寨
	外围游览线	15	五马归槽诸峰、田园风光
		16	朝石顶、马鞍山、旗杆寨、滇江风光
		17	双烛山、簸箕寨、金寨、田园风光
待开发区			待进一步调查、评价

注　景观单元是按先内部后外围游览线的顺序排列。

5.旅游活动组织规划

前述该区游客旅游活动行为特征在一定时期内仍将保持下去，即游客一日游分几次游完，或多日游一次游完，但每个景区仍属一日游性质。基于这种认识，风景区内各景区旅游活动组织应以一日游为出发点，做到各具特色，以取得良好的社会经济效益。

（1）丹霞山景区，本景区具有丰富的自然与人文景观，其旅游活动主要以观光、考察、宗教朝拜等为主。

（2）韶石山景区，本景区具有舜帝遗迹及36奇石及"鲶鱼转"文化遗址、金龟岩寺庙等风景资源，旅游活动也以观赏为主。

（3）大石山景区，本景区丹霞地貌发育典型，类型多样，加上东坑水库及部分森林植被，极富山林野趣，可开展登山、野营等旅游活动，对青少年有特别的吸引力。

（4）锦江景区，位于上述景区结合部，可开展橡皮艇沿江漂流观光活动，兼备各景区间内部通道作用。夏富村还是开展民俗旅游活动的好去处。

6. 分期实施方案规划

根据丹霞风景名胜区旅游业发展要求和实际投资能力，拟定出规则的分期实施方案（见表13-2）。

7. 建议

（1）成立统一管理机构，以利规则的具体实施。

丹霞风景名胜区分属仁化、曲江二县，不利于规划管理，根据国家有关条例规定，应成立县级机构，负责统一规划与实施，同时指导旅游业经营，协调各部门间和关系，为丹霞风景名胜区的建设与发展提供有力保证。

（2）应充分开发风景旅游活动范围小，游程短，内容单一，大量风景旅游资源得不到充分利用，需进一步完善景区内部道路系统。

表 13-2　　　　　　　　　　　　　规划分期实施方案表

规 划 方 案	仁 化 县	曲 江 县
近期	1. 保护景观资源，加强绿化工作； 2. 着手进行丹霞旅游镇的建设； 3. 开辟丹霞至郎归和旅游线； 4. 开辟新马屋至夏富和橡皮艇漂流线路	开放五马槽
中期	1. 发大石山景区； 2. 发观音山和棺材寨； 3. 完善丹霞山、大石山内部道路系统	1. 开辟双峰—金龟岩游览线； 2. 开发朝石顶； 3. 着手待开发区规划
远期	1. 打通丹霞山—大石山景区通道（夏富—白泥垄）； 2. 完成各景区间道路系统，实现规划	着手待开发区的建设

13.2　相关知识

13.2.1　旅游风景区性质与种类

旅游风景区也称为风景名胜区，指的是自然景物、人文景物比较集中，环境优美，具有一定规模和游览条件的可供人们游赏休憩或进行科学文化活动的地域。我国风景名胜区的审定和命名需经县以上人民政府批准公布。

旅游风景区其特征体现在"景"与"名"两字上，有景可赏，有名可慕，方能让人欣然前往。一般而言，旅游风景区的面积都很大。游览的时间相对也比较长，至少要一天以上的时间，所以解决游客的交通、食宿等设施，进行各种工作、生活、生产活动的场所都要求进行全面的、科学地规划。

按景物的观赏、文化、科学价值和环境质量、规模大小、游览条件，旅游风景区划分为三级：市（县）级风景名胜区、省级风景名胜区、国家重点风景名胜区。按规定国家风景名胜区的主要入口处要设置"中国国家风景名胜区"的青铜徽志。按用地规模又可以分为：小型风景区（20km² 以下）、中型风景区（21～100km²）、大型风景区（101～500km²）、特大型风景区（500km² 以上）。

从我国现有的旅游风景区来看可分为。

1. 自然景源型

（1）以山岳、峡谷、冰川、岩溶、火山等特殊地貌或典型的地质现象闻名。如耸立在齐鲁丘陵之上的泰山，以其山体厚重、山势峭拔、雄伟著称；以裸露的花岗岩形成峡谷等景观的福建太姥山风景名胜区等。

（2）以江河、湖海、瀑布等水景为主的。如以高原湖泊为主的青海湖风景名胜区；河北秦皇岛北戴河风景名胜区等。

（3）以野生动植物、名木古树、观赏花木等出名。如以动植物资源繁多著称的云南西双版纳；湖北神农架等。

（4）以日出、云海、佛光等天文现象著称。被徐霞客誉为"登黄山天下无山"的黄山以其变幻莫测的"云海"、"佛光"闻名于世，它不靠人工之手、不借佛道之名，仅以天然风姿独居群山之冠。

2. 人文景源型

（1）以古建筑、古园林、石窟、古战场等历史遗迹和遗址为主。如八达岭—十三陵风景名胜区；洛阳龙门风景名胜区等。

（2）以近代革命活动遗址、战争遗址以及有纪念意义的近现代工程、造型艺术作品等为主。如江西井冈山；北京密云水库等。

（3）有地方和民族特色的村镇、古代民居、集市和节目活动的风土民情等。如广东韶庆市丹霞山风景名胜区的民俗、民居景区。

3. 自然—人文复合型

我国不少著名的风景名胜区是兼有自然、人为景物之胜，很难把它们截然分开，如泰山就是因其雄伟的山势、壮观的景色和古老、博大的中华神韵而著称。

13.2.2　旅游风景区规划设计原则

旅游风景区的总规划应在人民政府领导下，由主管部门会同有关部门组织编制，广泛征求有关部门、专家和人民群众的意见，进行多方面的比较和论证，经主管部门审查后，经审定该旅游风景区的人民政府审批，并报上级主管部门备案。旅游风景区规划应从本地区实际情况出发，突出本风景区的特点，其规划工作要求做到。

（1）保护景观本体及其环境，保持典型景观的永续利用，充分挖掘与合理利用景观的特征及价值，突出特点，组织适宜的游赏活动，妥善处理典型景观与其他景观的关系。

（2）典型景观规划的原则是保护典型景观本体及其环境，也是挖掘和利用其景观特征与价值，以发挥其应用与作用。

（3）游览设施配置的原则要与需求相对应，既要满足游客的多层次需求，也要适应设施自身管理的要求，合理配备相应类型、相应级别、相应规模的游览设施。

（4）规划项目要符合风景区的实际需要，各项规划的内容和深度及技术标准应与风景区规划的阶段要求相适应，要与风景区的具体环境和条件相协调。

（5）在对景区居民社会因素调控规划中，需要适合风景区的特殊需求与要求，贯彻控制人口的原则，建立适合风景区特点的居民点系统，在居民点用地布局中，需要为创建具有风景区特点的风土村、民俗村等，在产业和劳动力发展规划中，需要引导和有效控制淘汰型产业的合理转向。

（6）风景区经济结构要以景源保护为前提，合理利用经济资源，确立主导产业与其他产业组合，追求规模与效益的统一，充分发挥旅游经济的催化作用，确保经济的持续、稳步发展。

（7）各个时期的发展规划应同国民经济发展计划的深度一致，应明确主要内容和具体建设项目。

13.2.3　旅游风景区划设计内容与要点

1. 旅游风景区规划的内容

（1）保护保育规划，无论是总体规划还是专项规划，这都是一项特别重要的一项，在专项规划中就更加具体化了。其中包括三个内容。

1）明确风景区的保护对象和因素，根据保育资源的调查得出，各类景源和相关的环境因素也应列入。

2）根据保育对象的特点和级别，划定保护范围、确定保护的原则。如对水体就应保护其汇水处和流域因素。

3）制定保护措施及建立保护体系，要因地制宜，有针对性、有效性和可操作性。

（2）风景游赏规划，包括景观特征分析与景象展示，游览项目组织、风景单元组织、游线组织与游程安排，游人容量调控，风景游赏系统结构分析等内容。

（3）典型景观规划，每一个风景名胜区，都有其代表性景观，这是吸引游人的一个原因，充分利用其独特的景观效果及价值，突出特点。它包括典型景观的特征与作用分析，规划原则与目标，规划内容、项目、设施与组织，典型景观与风景区整体的关系等内容。

（4）游览设施规划，应包括游客与游览设施现状分析，客源分析预测与游人发展规模的选择、游览设施配备与直接服务人口估算，旅游基地组织与相关基础工程，游览设施系统及环境分析等内容。

（5）景区基础工程规划，应包括交通道路、邮电通讯、给排水、供电等，如有实际需要，还可进行防洪、放火、抗灾、环保、环卫的工程规划。

（6）居民社会调控规划，包括现状、特征与趋势分析，人口发展规模与布局，经营管理与社会组织，居民点性质、职能、动因特征和分布，用地方向与规划布局，产业和劳动力发展规划等内容。

（7）经济发展引导规划，包括经济现状调查与分析，经济发展的引导方向，经济结构及其调整，空间布局以及控制，促进经济合理发展的措施内容。

（8）土地利用协调规划，应包括土地资源分析评估，做出土地利用现状及其平衡表，土地利用规划极其平衡表等内容。

（9）风景区各阶段发展规划，为了使风景区得到科学合理的经营并能持续发展，需要进行分阶段的规划，以使这些自然目标能逐步实际和有序过渡，在每一期安排好发展目标与重点项目。

1）短期发展规划是指5年以内的发展目标、内容及重点项目，具体包括建设项目、规模、布局、投资概数及实施措施等。

2）中期发展规划指5～20年的发展规划，要使原规划的内容初具规模，应提出这个时期的发展重点、主要内容、发展内容、发展水平、投资概算、完善发展的步骤与措施。

3）远期发展规划指20年后的发展规划，要提出到此时风景区规划应该达到的最佳状态和目标。

2. 旅游风景区规划的要点

（1）把需要保护和保育的对象、因素实施于系统控制和具体安排之中，根据保护对象的种类及其属性特征，按土地利用方式划分出相应类别的保护区，因地制宜的合理调整土地利用。

（2）通过审美能力对景观实施具体的鉴赏和分析，制定与之适应的措施和具体处理手法。

（3）提高植被覆盖率，发挥森林的多种功能和效益，改善风景区的生态环境，保护名木古树和现存的大树，培育地带性树种和特有植物群落。

（4）在风景区基础工程规划中要符合保护、利用、管理的要求，不得损坏景源、景观和风景环境。

（5）严格控制景区人口规模，建立适合风景区特点的社会运转机制，建立合理的居民点和居民点系统，有效利用当地人力资源。

13.2.4　旅游风景区规划设计方法与要求

1. 旅游风景区的规划设计方法

（1）收集资料，包括气象、土壤、地质、水文、动植物资料、各种地形图、文史材料、交通和行政区划等。

（2）风景区功能分区，风景区一般可由以下几个部分组成。

1）入口区，旅游风景区的范围大，不便设置固定的界址，其入口处多设置在风景区的主要交通枢纽处，结合自然环境，设立景区入口标志、售票处、小卖部、管理处、停车场等旅游建筑和服务设施。

入口区是游客对该风景区的第一印象，应以其特有的形象体现该景点的性质、内容与特征，同时应结合自然环境创造一个可供观景和休憩的空间，使其成为整个风景区的主要表征。例：襄樊隆中风景名胜区入口区的规划意图是要强化入口空间，吸引国道上的人流的注意，使之成为古隆中的第一景（见图 13-1）。

2）游览区，为风景区和主要组成部分，是风景区内具有较高观赏价值的地段，也是游人活动的主要场所，为了便于游客游赏和休憩，可设置一些小型的休息和服务性的设施，如亭、台、榭、廊、小卖部等，注意与周围景观相协调，切忌喧宾夺主。游览区的设置应依据自身的特点体现地方特色，可以以山景为主，如黄山、庐山；可以水景为主，如西湖、洞庭湖、太湖等；以古建筑为主，如峨眉山报国寺；以地质地貌为主，如天坑；以植物资源为主，如西双版纳。

3）文体活动区，可结合游览，在有条件的地段开展各种有益身心健康的文体活动，如有大水面，可进行泛舟、游泳、垂钓等活动，高山可开展登山、攀岩等活动，也可因地制宜设立各项小项体育活动内容，但不能破坏自然景观。

4）野营、露营区，开展野营、野宿、野餐等活动，多选择在较平坦之地，坡度一般在 1° 以下，在风景区内开设一些林中空地、草坪等，供家庭或住宿设施，野营活动不可污染风景区内的水体，同时要作好防火工作。

5）旅游村，应严格控制旅游村建筑的高度和风格，旅游村是集中住宿场地所，应放在风景区外，它的排污应放在水源的下游，以避免造成水质污染。

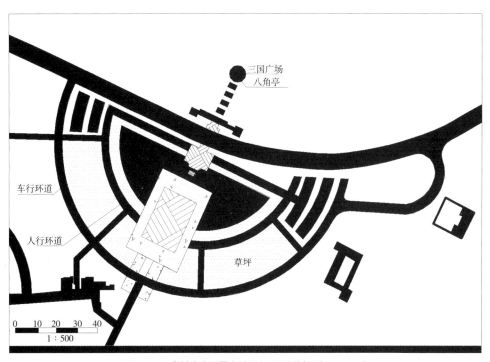

图 13-1　襄樊隆中风景名胜区入口区规划图（1∶500）
（图片来源:《园林规划设计》宁妍妍，白山出版社，2003）

6）风景区的分级与保护区的划分，风景的总体规划中对保护区的划定，游览线的组织、建筑设施和旅游村的选择，均要以风景资源的分级作为前提。一般风景区景点分为三级（见表 13-3）。

2. 旅游风景区的规划设计要求

旅游风景区规划应从本地区实际情况出发，突出本风景区的特点，其规划工作要求做到：

（1）依据本地资源特征、环境条件、历史情况、现状特点和国民经济以及社会发展情况，统筹兼顾，周密安排。

（2）严格保护自然和文化遗产，保护原有景观特征和地方特色，维护生物多样性和生态的良性循环，防止污染环境和其他公害，加强地被和植物景观培育以及科教的审美特征。

（3）充分发挥景源的综合潜力，展现风景游览欣赏主体，配备必要的服务设施与措施，改善风景区运营管理机能，避免出现人工化、城市化、商业化的倾向，使风景区在有度、有序、有节律地持续发展。

表 13-3　　　　　　　　　　　　　　　风景区各级景点特征表

分　级	特　征
一	（1）景点有鲜明的艺术个性特征，如造型奇特、优美，具有逼真的动态或变化景观； （2）空间环境的组合巧妙，能有力地渲染和突出整体环境气氛，使环境空间的变化节奏丰富，给出人以奇特的空间变换效果； （3）大水体气势磅礴，半岛、岛屿嵯峨，流量大、落差大的有动态水景； （4）国家重点保护植物和千年以上古树； （5）国家级文物保护单位
二	（1）景点较单一，环境空间的感染力不强； （2）虽有较明显的特点，但是体量较小，或者远离中心地带； （3）景点受到一定程度的人为破坏，并且难以恢复； （4）风景资源评分值的丰度，应占其评分值的 50% 左右
三	（1）具有一定的风景价值，对周围的生态环境有一定的影响； （2）风景资源评分值的丰度，应占其评分价值的 30% 左右

（4）应合理权衡风景环境、社会、经济三方面的综合效益，合理处理好风景区自身健全发展与社会之间关系，创造风景优美、社会文明、生态环境良好、设施方便，景观形象和游赏魅力独特，人与自然协调发展的风景游憩境域。

另外，风景区规划还要与国土规划、区域规划、城市总体规划、土地利用总体规划等协调，应符合国家有关强制性标准与规范的规定。

13.3　项目设计实训

旅游风景区入口区设计。

13.3.1　实训目的

通过旅游风景区规划设计的基本技能训练，培养规划设计、艺术创新和理论知识的综合运用能力，掌握旅游风景区规划设计的基本程序、方法和要求，为从事专业技术工作奠定坚实的基础。

13.3.2　实训条件与要求

拟在某城市一旅游风景区进行入口区的设计，风景区的性质、面积及地形自定。具体功能要求如下。

（1）入口标志，入口区的前区设立入口标志，入口标志应有助于吸引游客，造型要富有个性。

（2）售票房，是入口区的管理场所，应依据具体的环境和条件来决定其位置和数量，应突出个性，避免雷同。

（3）小型展览馆，展出该旅游风景区的历史、发展历程、经典景点等美术、摄影作品或图文资料，从而加大对该风景区的宣传力度。建筑结构形式不限。

（4）停车场，结合具体的地形地貌设置。

13.3.3　图纸要求

（1）总平面图。1：500。

（2）平面图。1：100。

（3）入口立面。1：100。

（4）透视效果图。表现形式不限。

（5）图幅要求。1号绘图纸。

13.3.4　实训方法

（1）现场踏查，了解情况。到设计场地实地踏查，熟悉设计环境，并座谈了解该旅游风景区的性质、功能、规模及对规划设计的要求等情况，作为规划设计的指导和依据。

（2）搜集基础图纸资料。在座谈了解过程中，注意搜集与该旅游风景区规划设计有关的地形图、设计任务书等图纸资料。

（3）对本次设计任务作详细的设计。重点在于对旅游风景区入口区做出合理的、有创意的功能布局，难点是入口标志设计，要求结合风景区的特点，追求独特的艺术风格，让人耳目一新。

（4）详细了解景区景点的构成，结合自然环境，构成性格鲜明的景点入口区，从整体考虑其空间组织及建筑形象，立意要符合景区的性质与内容。

（5）可根据自然环境的地形地貌特点，构设牌坊、山亭、碎石，也可沿用寺庙、山门或借助名家古木，使其成为整个旅游风景区的主要表征。

13.3.5　实训评价

（1）根据该旅游风景区的性质、功能、场地形状和大小，符合规划设计的原则，能够因地制宜地确定旅游风景区构图形式、内容和设施。

（2）对旅游风景区入口区做出合理的、有创意的功能布局，对入口标志设计结合了风景区的特点，具有艺术风格。

（3）图面构图合理，清洁美观；线条流畅，墨色均匀；图例、比例、指北针、图标栏、图幅等要素齐全，且符合制图规范。

13.4　知识拓展

森林公园规划设计。

随着现代社会经济和工业的发展，城市与人口高度密集化，使人们赖以生存的生活环境受到了严重影响。因而越来越多的人开始关心和注意人类自身的生存环境和生活空间，仅仅有城市各类绿地景观和活动内容远远不能满足人们的需要，所以森林公园受到了人们的普遍喜爱。森林公园有其自身的特点和发展优势，它是人们崇尚自然的一种强烈追求；同时，森林公园在国民经济、旅游和林业综合利用中的地位日益突出。

13.4.1　森林公园的产生

森林作为一种自然资源，它不仅能为社会提供木材和林副产品，而且还具有多种功能，尤其在防止污染，保护和美化环境方面更具突出作用。但是，目前世界各地的森林资源正日趋减少，人类的生存环境正在受到威胁。面对这种情况，各国的林业工作者正在做出积极努力，一方面采取各种措施大力保护森林；另一方面寻求合理利用森林资源的途径，使森林发挥尽可能多的效益。

近年来，人们逐渐认识到森林环境对身心健康的影响，努力提倡回归大自然。在森林的环境中，不仅山清水秀、风景秀丽、气候宜人，尤其在一些针叶林中，空气中含有丰富的负氧离子，游于其间，可以享受到森林浴的保健功能，它能消除人们的精神疲劳，促进新陈代谢，提高人体的免疫功能；一些植物的芳香物质可以杀菌和治疗某些疾病。森林中的幽静环境，可以给人以美的精神享受，陶冶性格；森林中千姿百态的大自然生物景态，可以激发人的想象力和创造力。森林不仅有益于人们的身心健康，丰富人们的精神生活；而且能使开展森林旅游业，成为一项发展生产、繁荣林区经济的有效措施。

随着历史的演移，人们越来越认识到保护森林的重要性。美国建立了世界上第一个森林公园，即黄石国家公园。之后又相继建立了 337 个国家森林公园，从而形成了占国土面积 3% 的森林公园体系。瑞典是欧洲建立森林公园最早的国家，建立森林公园的目的在于保护自然，公园内的木材采伐已不损害自然状态为准。

1982 年，我国第一个森林公园——张家界国家森林公园建成，它标志着我国森林公园建设作为一项事业已经形成。我国森林公园的建立是在原国营林场的基础上调整林业产业结构，各级林业主管部门坚持边建设、边开放、边经营、边受益的方针。

13.4.2　森林公园的概念

森林公园是以森林及其组成要素所构成的各类景观、各种环境、气候为主的，可供人们进行旅游观赏、避暑疗养、科学考察和研究、文化娱乐、美育、军事体育等活动，对改善人类环境、促进生产、科研、文化、教育、卫生等项事业的发展起着重要作用的大型旅游区和室外空间。是一种以森林景观为主体、融自然景观和人文景观的生态型郊野公园。从本质上说，森林公园与旅游风景区的性质、任务并无原则上的区别。但由于我国森林公园前身皆有国营林场或苗圃等改建，从属关系不同，也有必要在名称上有所不同。国外在开展森林旅游及森林游乐业的同时，各林业生产部门所属的森林公园，还承担着森林抚育及森林采伐的任务。而只不过生产项目有所侧重而已。

《森林公园管理办法》所称森林公园，是指森林景观优美，自然景观和人文景物集中，具有一定规模，可供人们游览、休息或进行科学、文化、教育活动的场所。

13.4.3　森林公园的类型及特点

1. 森林公园的类型

（1）美国森林公园分为三类。

1）自然景观游览型公园，这类森林公园主要是自然景观，如森林、山脉、湖泊、冰川等。在森林公园中对自然景观尽量作到保持原始的自然面貌，甚至可以暂不修道路或小径，满足游客按照自己的意愿和兴趣使用未开发的自然环境。在这类森林公园中，如果有人文景观，也为游客提供参观的机会。

2）历史遗迹、建筑名胜游览型公园，这类森林公园对园内的历史遗物建筑名胜要求尽量保持原貌及原来的特点风格，不能凭空发展，同时也为游客提供参观历史奇观的再现机会，满足游客参观历史遗物、建筑名胜的愿望，公园还发展一些野餐、露营、骑马等场所，给游客提供更多的旅游服务。

3）游憩类型的森林公园，主要是满足游客的游憩活动：如野营、滑雪、游泳、野餐等活动，并要求为游客提供更多的游憩项目。这类森林公园大多建在已经开发的旅游区内。

（2）前苏联森林公园为三类。

1）大规模游览型森林公园：在这类森林公园中可以设置的设施有：群众浴场、休养基地、垂钓处、森林防护所等。规划时要求森林公园出入口同浴场之间距离最短，运输道路和游览小径必经过风景最优美的地区等。

2）一日休养的森林公园：在这类森林公园中可以建设一日休养所、一日休养基地、休养野营、运动场及旅游饭店等供游客享用的建筑物。规划要求所有建筑物必须同自然环境相协调，使游客感到身处于美好的自然环境中。完善设备只限于给水、清洁和照明方面。

3）长期休养森林公园；在这类森林公园中设置疗养院、休养所、夏令营、避暑别墅等。

（3）我国对森林公园的分类有两种类。

1）根据景观的组成分成三类。

a. 自然景观类型区森林公园，如湖南的张家界森林公园、陕西太白森林公园、四川九寨沟森林公园等。

b. 历史名胜类型的森林公园，公园以森林景观为衬托，以历史遗迹、名胜建筑、革命遗址等人文景观为主，如陕西省楼观台森林公园，浙江天童山森林公园以天童古刹的古秀、奇闻名中外。

c. 综合性的森林公园，这类森林公园集自然景观、人文景观和游乐场于一园，如吉林延吉市帽尔山森林公园，除保持森林公园自然景观、人文景观特色外、还设计了高尔夫球场等娱乐场所，四川乐山市森林公园建在集体林林场内。园内水库用作划船，山区农户还经营各具特色的小茶馆、餐馆等。上海共青森林公园内还建设有跑马场、烧烤野味等活动内容。这些公园多位于大中城市的近郊，森林公园内除自然景观和人文景观外，还有一定数量的人工景观和人工游乐场所，所以规划设计应因地制宜，宜自然景观的则保留自然景观，宜人工景观的进行人工造景。

2）根据景观资源数量、质量、知名程度和批准权限把森林公园分为国家级、省级、和地县三级。

a. 国家级森林公园：要具有独特的景观特征或较高的观赏、游憩和科学价值、能代表我国瑰丽的风景面貌、规模较大的著名森林风景区，具有一定的区域代表性，人文景物比较集中，观赏、科学、文化价值高，地理位置特殊，旅游服务设施齐全，有较高的知名度，国家级森林公园由林业部批准。

b. 省级森林公园：森林景观优美，人文景物相对集中，观赏、科学、文化价值较高，在本行政区域内具有代表性，具备必要的旅游服务设施，有一定的知名度，能代表全省性的森林风景旅游区，由省、直辖市、自治区人民政府确定。

c. 市、县级森林公园：地县的森林公园，是指风景优美、规模较小的森林公园风景游览区，景点景物有一定的观赏、科学、文化价值，在当地知名度较高，由地县人民政府确定。

2. 森林公园的特点

森林公园其特殊的地理位置和气候特点，形成了丰富的自然生态系统和景观类型，主要特点：

（1）森林景观独具特色。森林公园把地球上数千公里范围水平的气候带、植物带有序的依次排布，形成了独具特色的森林景观垂直分布带谱，界限清晰，色调分明，各林带原始纯林、人工林保存完好，具有常绿、多层混交、异龄等特点。有着原始、神秘、清幽、秀丽、静美、纯朴等特点，以林茂、树奇、境幽、壑险、水秀为特色，绝尘土之埃，无车马之喧，是现代都市居民远离尘嚣亲近自然的佳境。

（2）生物种类丰富珍奇。森林公园内有野生植物、乔灌木、陆生药用植物、经济木材、纤维植物，此外还有花卉与绿化树种等多种植物，森林公园的生物种类繁多，资源丰富，区系复杂，起源古老，是天然的物种基因库。

（3）山地地貌奇特险峻。低山区谷狭深幽，山色云影开合得体；中山区山势陡峭，梁脊齿状，奇峰对峙，重峦叠嶂；高山区地貌形态千姿百态，妙趣横生。

（4）矿泉水资源得天独厚。森林公园矿泉水不但资源丰富，而且含有多种微量元素，含有对人体有益的矿物质和微量元素，可以开发利用，是优良的医疗矿泉水。

（5）人文景观历史悠久。历史留下大量的文物古迹、诗词歌赋及民间传说，为森林公园增添了迷人的色彩。除此之外，还有许多美丽的传说，使公园更具神秘和引人入胜的特点。

13.4.4 森林公园的规划设计

1. 森林公园的设计原则

森林公园是大自然的一个凝缩，它能为人们提供一个良好的生态环境，为此在规划设计时应遵循森林生态原则。

（1）森林公园以森林为依托，森林又是以乔木为主体的生态系统，把森林规划为森林公园以后，其经营方向从以取得木材为主转变为以获得景观资源招揽游客为主。同时林场也转变为对旅游者提供服务的"企业"。这样森林公园的生态特点除保持了原来森林生态特点外，又增加了新的内容。

（2）规划设计的生态原则。为了使森林公园景观永存，在森林公园规划设计时必须遵循生态原则。

1）森林公园，特别是自然类型的森林公园，必须以森林生态景观为主体，不建或尽量少建人工景观。

2）森林公园中的建筑和基础设施应在最低限度，同时要和公园中自然景观相协调，充分体现森林公园生态系统的整体性。

3）正确确定森林公园的容量。也就是说在不过度损害或削弱森林公园生态系统的前提下，确定公园容纳最多的游客人数。因为游客容量超过森林公园最大容量，会影响生态系统的持久稳定。

2. 森林公园的功能分区

森林公园总体规划中，有与其他类型的野外郊游地类同处，如风景名胜区、自然保护区以及其他郊野公园类同的规划原则、工程技术、指标等，都应遵照国家有关规范、法规执行。还应遵循森林公园规划中的特殊性进行分析及要求。

（1）管理区的布置。主要为旅游者提供各项服务，保护资源，进行物质生产等。管理区的位置选择应从管理的范围和内容考虑。管理区都有一定的服务半径，从而形成中心管理与分区管理。中心管理布置在公园入口比较合理。当公园面积较大而地形又复杂时，应根据人流量的多少，并与旅游接待相结合。管理部分的位置选择需不对公园生态环境及自然景观造成影响。

（2）娱乐区的布置。娱乐区可分为两类：人工设置的娱乐内容；以自然资源为对象的娱乐内容。

1）人工设置的娱乐内容，规划中应是在不破坏自然景观和环境基础上进行的。在内容选择上要利用自然界提供的场地和资源。如开展以民俗风情为内容的文化活动、水上活动、马术、高尔夫球、模拟野战军事演习、射击场等游乐设施。但这些设施的体量、色彩及影响环境噪声方面都要慎重而细致地安排，要有一定间隔距离。在国外，射击场和狩猎场都单独开辟。这样的娱乐区不会对其他活动内容造成影响，而又便于管理。

2）以自然资源及自然景观为娱乐对象的内容，由于与自然景观相结合，不必强调集中布置，如高山攀岩、漂流、探险、爬山、滑雪、钓鱼、游泳、划艇等独特的娱乐项目形成森林旅游的特色。

（3）宿营区的布置。人们在大自然中旅游除了欣赏自然风光外，还需要享受野外环境所提供的原野情趣。近年来野营已成为森林公园中主要的森林旅游内容之一。宿营区是指具有森林环境特征的野营地、野餐区、森林浴场。宿营区是经过建设，向游人提供娱乐场所、卫生设施，经过妥善管理，并具有一般安全措施的地区。

1）宿营地的选择主要考虑具有良好的环境和景观的场所。如背风向阳的地形、有开阔的视野、或有良好的森林植被的环境，流水、瀑布等。位置布置宜靠近管理区，以方便交通及上、下水等卫生设施的供应。地形坡度宜在 10% 以下，超过此坡度人们活动就会感到困难。从森林生态学角度考虑，向阳坡植被较少，且一般土壤条件较差；北坡植被及土壤条件均好，但光照强度小，空气湿度较大，不适合人们宿营。比较之下，南、东、西坡比较适合营地设置。林地郁闭度在 0.6 ~ 0.8 为佳，其林型特征是疏密相间，既便于宿营，又适合开展各类活动。

2）营地的组成包括营盘（地段）、公路、小径、停车场、卫生设备和供水系统。营地内尽可能减少车行道，以免破坏植被及景观。卫生设施要尽可能妥善处理下水、垃圾，以免污染森林环境。营地内还设有方便的上水系统及烧烤、野餐区需要的能源。因此，营地靠近管理区是十分必要的。

3）营地的道路系统。营地的道路可分为进入的道路和内部小径。进入道路是从主干公路到营地必经之路，是营地的重要组成部分，进入道路主要达到快速通行的目的。内部道路规划原则是单元之间不能互相影响。在可能情况下，营区内部道路应形成单向环路，在环路上设小路通向各营区，环路直径至少在 60m 以上，要有足够的间隔为好。如考虑汽车进入营地，则可以规划几个单元共用的集中式停车场。

4）营地的布置。营地的布置要考虑方便及私密性。营地内卫生设施是必须首要考虑的。如排水的良好，厕所的数量等。既要考虑游人使用方便，又要从景观及环境两方面考虑。从国外的资料及经验，即在营地设计中每个盘在 100m 半径内有 1 厕所，1 个厕所可供 10 个营盘中的男女性使用，营盘和厕所距离不能小于 15m。营地的污水应采取统一排放，同时每一个单元设一垃圾箱，以保证营区的良好卫生条件。

在进行营区布置时，应充分考虑人们的行为心理，即私密性与公共交往的要求。因此，设计营地时，既要有宿营之间的间隔，创造一种无外界影响或外界影响较小的空间，同时又要有为旅游团体、度假人们提供彼此交往的机会。

（4）自然景观区。自然景观区是指以自然风光为对象的观赏和娱乐场所。因此，从广泛的意义上说，整个森林公园均为自然观景区。但从旅游活动的角度，则除了森林公园内的保护区及管理区外，均可开展自然观景活动。自然观景区，包括森林景观、动物景观、地形地貌、天象等内容。由于环境容量超负荷情况下，自然景观会受到严重破坏。因此，组织完善的游览路线，计算合理的游人容量，是自然景观区规划的关键。在规划游览路线时，尽可能减少游人进入非游览区，对自然景物起到一定的保护作用。在自然景观区中，尽可能少建体量大的建筑物，因此，根据具体情况来确定休息设施。一般宜选在山坡凹处或山麓，而不能采用城市公园中，以建筑点景的设计手法。

（5）保护区的规划。设置保护区的目的是为了保护那些濒危的物种、自然的和人文的历史遗迹。在制定保护规划时，分为人文景观的保护和自然景观的保护。保护人文景观是使人们了解当地的历史和文化，并且形成森林公园的特色之一。如辽宁省抚顺市郊的元帅林国家森林公园内的张作霖大元帅的墓园。因此，在规划时应尽可能保持其原貌，与有关部门共同设置专门管理区，并在必要时，采取限制游人量或预约游览的方式。

森林公园规划中，应考虑科普考查区与保护区相结合，以保证其科学价值的永久性。自然景观的保护应尽可能地扩大其保护范围，将边际破坏效应考虑在内。

制定保护规划应按环境容量来确定，环境容量的计算方法与风景名胜区规划类同，可参考执行。

（6）旅游服务区。旅游服务区是为游人提供服务的，包括食宿、交通、通讯、医疗、娱乐、购物等。目前，森林公园旅游服务设施建设和区域规划时，主要借鉴风景名胜区规划管理办法，两者在为旅游服务方面是相似的。总的原则是随着保护自然的呼声越来越高，在公园内尽量避免过分集中及大型的服务设施的出现，避免造成对自然环境的破坏，只在宿营区、娱乐区、管理区等地提供必要的服务。在进行森林公园总体规划时，应尽量与附近城市总体规划相协调，在园外利用集镇或城市服务设施，为游人提供旅游服务区，这样既方便游人又便于集中管理，而且又不会对自然环境产生不利的影响。

以上是森林公园总体规划中，从管理方便的角度而划分的。而实际上，各功能分区是互相交叉的，特别在大型森林公园面积较大，地形变化较多，景区景点分散。一般以管理工作实际出发，有一定的服务半径。因此，在大型森林公园中，除有中心管理区外，还应结合园林场经营管理基础，增加旅游服务内容。

3. 森林公园的规划设计要求

森林公园的类型不同，规划设计各有侧重。但从整体上讲，规划时都要处理好森林公园的自然性和设计的人为性之间的关系，所以要求如下。

（1）森林公园规划设计必须遵守森林法、文物法、环境保护法等有关国家的法规政策。

（2）规划设计必须保护好原来自然景观和人文景观特点。保护和发展园内动植物景观资源，保持地形地貌的完整性，维持森林生态平衡，在保护的基础上适度开发。

（3）在确保自然景观资源特点的基础上进行适度的开发。开发时要保护公园的环境质量，在景点和主要景面上不能安排有损于景观的项目：如有碍景观的构筑物，污染空气和水质的工业项目及有传染病的疗养单位等。

（4）公园内的建筑物要有一定的格调，并与公园相协调。旅游服务系统不能建在主要风景区，最好依托于附近城市。

（5）森林公园要有特色。如湖南张家界森林公园、四川九寨沟森林公园和陕西太白森林公园，虽同属于自然景观类型的森林公园，但张家界森林公园突出了地貌景观，集中了两千多座奇峰异石，吸引着游客。九寨沟森林公园是众多的高山湖泊、瀑布和五彩缤纷的植物景观为主，而陕西太白山森林公园以72℃温水泉和秦岭主峰太白山的植物垂直分布带谱而闻名，各有特色。

（6）对于纯自然景观的森林公园和自然保护区，除修筑必需的道路外，不宜建人工景观，尽可能维持其原始的自然景象，使游人体会到原始的缩影，别有情趣。

（7）森林公园规划设计应做到全面规划，保证重点。这样，一方面能保证合理地使用资金，另一方面能较多的保持森林公园的自然风貌。如美国黄石公园，重点突出了天然喷泉。对其他如森林、草地、峡谷、瀑布等，均在原来面貌上稍加整理，即供游览，保持了原来自然风貌，再加上科学说明，游人在观赏之余地，还能学到很多自然科学知识。

（8）不能用园林艺术的艺术美的观点去规划设计森林公园。因为森林公园是以自然美为主，自然美只是能靠自然形成，不能有人工去创造和建设。

（9）森林公园规划设计时要处理好国家、集体及文物部门、宗教部门之间的关系，有问题通过协商解决。

总之，森林公园是一种天然公园。从美学观点看，它是供人们享受自然美的。所以对森林公园的规划设计，着重于保护、开发、利用。保护自然景观资源工作不在于风景的创造问题。如果把森林公园当作人工建造的园林进行规划设计，这是一种原则上的误解。

4. 森林公园的可行性研究文件的组成

（1）可行性研究报告。可行性研究报告又叫可行性分析，它的基本任务是对提出投资建议和试验研究建议的所有方面进行尽可能的调查研究，并对下一阶段是否终止或继续进行提出必要的准备，或者说是对新建项目或改建项目的主要方面从技术、经济方面进行全面、系统的分析研究，并对实施后的经济效益进行预测。森林公园建设是一项投资很大的工程，投资前对森林公园的性质、环境容量、游人规模、开发范围及条件、效益估计等方面进行详细研究谁，做出预测和提出安排，对合理开发森林景观资源，减少浪费，减少风险有着重大的作用。

（2）可行性研究类型。分初步可行性研究和可行性研究两类。

1）初步可行性研究是在森林公园立项建议书的基础上进行的。主要是弄清楚拟建公园是否有立项建议书所提出的前途。由于详细做出可行性研究是一项很费钱和费时间的工作，因此，在投资前只进行初步可行性研究。

2）详细可行性研究，是在初步可行性研究的基础上进行详细可行性研究的。这段研究工作的内容和范围与初步可行性研究相同，只是其详细和深入程度比初步可行性研究深入了一步，数据和计算结果的精确性也较前提高，所以工作量很大。

在条件许可的情况下，或森林公园的面积较小，初步可行性研究和详细可行性研究也可以合在一起，即只作一次可行性研究。

（3）可行性报告内容。可行性研究报告是森林公园总体规划设计的依据，它的内容有。

1）公园的性质、特点、构成、范围的论证。如级别、服务对象、主要功能、基本特征、景区构成、管辖范围、风景保护区、建设控制区、外围保护地带等。

2）规划建设的指导思想，如主要问题、基本对策、发展方向、开发利用原则、不同发展阶段及三大效益关系等。

3）环境容量分布的预测，包含游人容量和游时容量。

4）旅游发展规模的确定，包括社会需求、条件分析、旅游规模选定和分期发展设想。

5）总体布局与基本结构设想、游览吸引力规划要点、接待游客条件规划要点、技术基础设施规划要点。

6）生态环境动态平衡设想。

7）各项事业综合发展设想。

8）投资匡算、投资方式、经济效益设想。

9）组织管理、机构体制设想。

10）近期建设步骤与措施设想、有关图纸。

附录

中华人民共和国行业标准公园设计规范

CJJ 48—92

主编单位：北京市园林局

批准部门：中华人民共和国建设部

施行日期：1993 年 1 月 1 日

关于发布行业标准《公园设计规范》的通知

建标〔1992〕384 号

各省、自治区、直辖市建委（建设厅），计划单列市建委，国务院有关部门：

根据建设部建标〔1991〕413 号文的要求，由北京市园林局主编的《公园设计规范》，业经审查，现批准为行业标准，编号 CJJ 48—92，自一九九三年一月一日起施行。

本标准由建设部城镇建设标准技术归口单位建设部城市建设研究院归口管理，由北京市园林局负责解释，由建设部标准定额研究所组织出版。

中华人民共和国建设部

1992 年 6 月 18 日

第一章　总　　则

第 1.0.1 条　为全面地发挥公园的游憩功能和改善环境的作用，确保设计质量，制定本规范。

第 1.0.2 条　本规范适用于全国新建、扩建、改建和修复的各类公园设计。居住用地、公共设施用地和特殊用地中的附属绿地设计可参照执行。

第 1.0.3 条　公园设计应在批准的城市总体规划和绿地系统规划的基础上进行。应正确处理公园与城市建设之间，公园的社会效益、环境效益与经济效益之间以及近期建设与远期建设之间的关系。

第 1.0.4 条　公园内各种建筑物、构筑物和市政设施等设计除执行本规范外，尚应符合现行有关标准的规定。

第二章　一　般　规　定

第一节　与城市规划的关系

第 2.1.1 条　公园的用地范围和性质，应以批准的城市总体规划和绿地系统规划为依据。

第 2.1.2 条　市、区级公园的范围线应与城市道路红线重合，条件不允许时，必须设通道使主要出入口与城市道路衔接。

第 2.1.3 条　公园沿城市道路部分的地面标高应与该道路路面标高相适应，并采取措施，避免地面径流冲刷、污染城市道路和公园绿地。

第 2.1.4 条　沿城市主、次干道的市、区级公园主要出入口的位置，必须与城市交通和游人走向、流量相适应，根据规划和交通的需要设置游人集散广场。

第2.1.5条　公园沿城市道路、水系部分的景观，应与该地段城市风貌相协调。

第2.1.6条　城市高压输配电架空线通道内的用地不应按公园设计。公园用地与高压输配电架空线通道相邻处，应有明显界限。

第2.1.7条　城市高压输配电架空线以外的其他架空线和市政管线不宜通过公园，特殊情况时过境应符合下列规定：

一、选线符合公园总体设计要求；

二、通过乔、灌木种植区的地下管线与树木的水平距离符合附录二的规定；

三、管线从乔、灌木设计位置下部通过，其埋深大于1.5m，从现状大树下部通过，地面不得开槽且埋深大于3m。根据上部荷载，对管线采取必要的保护措施；

四、通过乔木林的架空线，提出保证树木正常生长的措施。

第二节　内 容 和 规 模

第2.2.1条　公园设计必须以创造优美的绿色自然环境为基本任务，并根据公园类型确定其特有的内容。

第2.2.2条　综合性公园的内容应包括多种文化娱乐设施、儿童游戏场和安静休憩区，也可设游戏型体育设施。在已有动物园的城市，其综合性公园内不宜设大型或猛兽类动物展区。全园面积不宜小于10hm^2。

第2.2.3条　儿童公园应有儿童科普教育内容和游戏设施，全园面积宜大于2hm^2。

第2.2.4条　动物园应有适合动物生活的环境；游人参观、休息、科普的设施；安全、卫生隔离的设施和绿带；饲料加工厂以及兽医院。检疫站、隔离场和饲料基地不宜设在园内。全园面积宜大于20hm^2。

专类动物园应以展出具有地区或类型特点的动物为主要内容。全园面积宜在5～20hm^{2}之间。

第2.2.5条　植物园应创造适于多种植物生长的立地环境，应有体现本园特点的科普展览区和相应的科研实验区。全园面积宜大于40hm^2。

专类植物园应以展出具有明显特征或重要意义的植物为主要内容，全园面积宜大于20hm^2。盆景园应以展出各种盆景为主要内容。独立的盆景园面积宜大于2hm^2。

第2.2.6条　风景名胜公园应在保护好自然和人文景观的基础上，设置适量游览路、休憩、服务和公用等设施。

第2.2.7条　历史名园修复设计必须符合《中华人民共和国文物保护法》的规定。为保护或参观使用而设置防火设施、值班室、厕所及水电等工程管线，也不得改变文物原状。

第2.2.8条　其他专类公园，应有名副其实的主题内容。全园面积宜大于2hm^2。

第2.2.9条　居住区公园和居住小区游园，必须设置儿童游戏设施，同时应照顾老人的游憩需要。居住区公园陆地面积随居住区人口数量而定，宜在5～10hm^{2}之间。居住小区游园面积宜大于0.5hm^2。

第2.2.10条　带状公园，应具有隔离、装饰街道和供短暂休憩的作用。园内应设置简单的休憩设施，植物配置应考虑与城市环境的关系及园外行人、乘车人对公园外貌的观赏效果。

第2.2.11条　街旁游园，应以配置精美的园林植物为主，讲究街景的艺术效果并应设有供短暂休憩的设施。

第三节　园 内 主 要 用 地 比 例

第2.3.1条　公园内部用地比例应根据公园类型和陆地面积确定。其绿化、建筑、园路及铺装场地等用地的比例应符合表2.3.1的规定。

第2.3.2条　表2.3.1中Ⅰ、Ⅱ、Ⅲ三项上限与Ⅳ下限之和不足100%，剩余用地应供以下情况使用：

一、一般情况增加绿化用地的面积或设置各种活动用的铺装场地、院落、棚架、花架、假山等构筑物；

二、公园陆地形状或地貌出现特殊情况时园路及铺装场地的增值。

第2.3.3条　公园内园路及铺装场地用地，可在符合下列条件之一时按表2.3.1规定值适当增大，但增值不得超过公园总面积的5%。

一、公园平面长宽比值大于 3；

二、公园面积一半以上的地形坡度超过 50%；

三、水体岸线总长度大于公园周边长度。

表 2.3.1

陆地面积（hm²）	用地类型	综合性公园	儿童公园	动物园	专类动物园	植物园	专类植物园	盆景园	风景名胜公园	其他专类公园	居住区公园	居住小区游园	带状公园	街旁游园
< 2	I	—	15~25	—	—	—	15~25	15~25	—	—	—	10~20	15~30	15~30
	II	—	< 1.0	—	—	—	< 1.0	< 1.0	—	—	—	< 0.5	< 0.5	—
	III	—	< 4.0	—	—	—	< 7.0	< 8.0	—	—	—	< 2.5	< 2.5	< 1.0
	IV	—	> 65	—	—	—	> 65	> 65	—	—	—	> 75	> 65	> 65
2 ~ < 5	I	—	10~20	—	10~20	—	10~20	10~20	—	10~20	10~20	—	15~30	15~30
	II	—	< 1.0	—	< 2.0	—	< 1.0	< 1.0	—	< 1.0	< 0.5	—	< 0.5	—
	III	—	< 4.0	—	< 12	—	< 7.0	< 8.0	—	< 5.0	< 2.5	—	< 2.0	< 1.0
	IV	—	> 65	—	> 65	—	> 70	> 65	—	> 70	> 75	—	> 65	> 65
5 ~ < 10	I	8~18	8~18	8~18	—	8~18	8~18	8~18	—	8~18	8~18	—	10~25	10~25
	II	< 1.5	< 2.0	< 1.0	—	< 1.0	< 1.0	< 2.0	—	< 1.0	< 0.5	—	< 0.5	< 0.2
	III	< 5.5	< 4.5	< 14	—	< 7.0	< 5.0	< 8.0	—	< 4.0	< 2.0	—	< 1.5	< 1.3
	IV	> 70	> 65	> 65	—	> 70	> 70	> 70	—	> 75	> 75	—	> 70	> 70
10 ~ 20 < 20	I	5~15	5~15	5~15	—	5~15	—	—	—	5~15	—	—	10~25	—
	II	< 1.5	< 2.0	< 1.0	—	< 1.0	—	—	—	< 0.5	—	—	< 0.5	—
	III	< 4.5	< 4.5	< 14	—	< 4.0	—	—	—	< 3.5	—	—	< 1.5	—
	IV	> 75	> 70	> 65	—	> 75	—	—	—	> 80	—	—	> 70	—
20 ~ < 50	I	5~15	—	5~15	—	5~10	—	—	—	5~15	—	—	10~25	—
	II	< 1.0	—	< 1.5	—	< 0.5	—	—	—	< 0.5	—	—	< 0.5	—
	III	< 4.0	—	< 12.5	—	< 3.5	—	—	—	< 2.5	—	—	< 1.5	—
	IV	> 75	—	> 70	—	> 85	—	—	—	> 80	—	—	> 70	—
≥ 50	I	5~10	—	5~10	—	3~8	—	—	3~8	5~10	—	—	—	—
	II	< 1.0	—	< 1.5	—	< 0.5	—	—	< 0.5	< 0.5	—	—	—	—
	III	< 3.0	—	< 11.5	—	< 2.5	—	—	< 2.5	< 1.5	—	—	—	—
	IV	> 80	—	> 75	—	> 85	—	—	> 85	> 85	—	—	—	—

注　Ⅰ—园路及铺装场地；Ⅱ—管理建筑；Ⅲ—浏览、休憩、服务、公用建筑；Ⅳ—绿化园地。

第四节　常规设施

第 2.4.1 条　常规设施项目的设置，应符合表 2.4.1 的规定。

第 2.4.2 条　公园内不得修建与其性质无关的、单纯以营利为目的的餐厅、旅馆和舞厅等建筑。公园中方便游人使用的餐厅、小卖店等服务设施的规模应与游人容量相适应。

第 2.4.3 条　游人使用的厕所面积大于 10hm² 的公园，应按游人容量的 2% 设置厕所蹲位（包括小便斗位数），小于 10hm² 者按游人容量的 1.5% 设置；男女蹲位比例为 1：1 ~ 1.5：1；厕所的服务半径不宜超过 250m；各厕所内的蹲位数应与公园内的游人分布密度相适应；在儿童游戏场附近，应设置方便儿童使用的厕所；公园宜设方便残疾人使用的厕所。

第 2.4.4 条　公用的条凳、坐椅、美人靠（包括一切游览建筑和构筑物中的在内）等，其数量应按游人容量的 20% ~ 30% 设置，但平均每 1hm² 陆地面积上的座位数最低不得少于 20，最高不得超过 150，分布应合理。

第 2.4.5 条　停车场和自行车存车处的位置应设于各游人出入口附近，不得占用出入口内外广场，其用地面积应根据公园性质和游人使用的交通工具确定。

第 2.4.6 条　园路、园桥、铺装场地、出入口及游览服务建筑周围的照明标准，可参照有关标准执行。

表 2.4.1

设施类型	设施项目	陆 地 规 模 （hm²）					
		< 2	2 ~ < 5	5 ~ < 10	10 ~ < 20	20 ~ < 50	≥ 50
游憩设施	亭或廊	○	○	●	●	●	●
	厅、榭、码头	—	○	○	○	○	○
	棚架	○	○	○	○	○	○
	园椅、园凳	●	●	●	●	●	●
	成人活动场	○	●	●	●	●	●
服务设施	小卖店	○	○	●	●	●	●
	茶座、咖啡厅	—	○	○	○	●	●
	餐厅	—	—	○	○	●	●
	摄影部	—	—	○	○	○	○
	售票房	○	○	○	○	●	●
公用设施	厕所	○	●	●	●	●	●
	园灯	○	●	●	●	●	●
	公用电话	—	○	○	●	●	●
	果皮箱	●	●	●	●	●	●
	饮水站	○	○	○	○	○	○
	路标、导游牌	○	●	●	●	●	●
	停车场	—	○	○	○	○	●
	自行车存处	○	○	●	●	●	●
管理设施	管理办公室	○	●	●	●	●	●
	治安机构	—	—	○	●	●	●
	垃圾站	—	—	○	●	●	●
	变电室、泵房	—	—	○	○	●	●
	生产温室荫棚	—	—	○	○	●	●
	电话交换站	—	—	—	○	○	●
	广播室	—	—	○	●	●	●
	仓库	—	○	●	●	●	●
	修理车间	—	—	○	○	●	●
	管理班（组）	—	○	○	○	○	●
	职工食堂	—	—	○	○	○	●
	淋浴室	—	—	—	○	○	●
	车库	—	—	—	○	○	●

注 "●"表示应设；"○"表示可设。

第三章 总 体 设 计

第一节 容 量 计 算

第 3.1.1 条 公园设计必须确定公园的游人容量，作为计算各种设施的容量、个数、用地面积以及进行公园管理的依据。

第 3.1.2 条 公园游人容量应按下式计算：

$$C = \frac{A}{A_m} \qquad\qquad (3.1.2)$$

式中 C——公园游人容量，人；

A——公园总面积，m²；

A_m——公园游人人均占有面积，m²/人。

第 3.1.3 条 市、区级公园游人人均占有公园面积以 60m² 为宜，居住区公园、带状公园和居住小区游园以 30m² 为宜；近期公共绿地人均指标低的城市，游人人均占有公园面积可酌情降低，但最低游人人均占有公园的陆地面积不得低于 15m²。风景名胜公园游人人均占有公园面积宜大于 100m²。

第 3.1.4 条　水面和坡度大于 50% 的陡坡山地面积之和超过总面积的 50% 的公园，游人人均占有公园面积应适当增加，其指标应符合表 3.1.4 的规定。

表 3.1.4

水面和陡坡面积占总面积比例（％）	0～50	60	70	80
近期游人占有公园面积（m^2/人）	≥ 30	≥ 40	≥ 50	≥ 75
无期游人占有公园面积（m^2/人）	≥ 60	≥ 75	≥ 100	≥ 150

第二节　布　　局

第 3.2.1 条　公园的总体设计应根据批准的设计任务书，结合现状条件对功能或景区划分、景观构想、景点设置、出入口位置、竖向及地貌、园路系统、河湖水系、植物布局以及建筑物和构筑物的位置、规模、造型及各专业工程管线系统等作出综合设计。

第 3.2.2 条　功能或景区划分，应根据公园性质和现状条件，确定各分区的规模及特色。

第 3.2.3 条　出入口设计，应根据城市规划和公园内部布局要求，确定游人主、次和专用出入口的位置；需要设置出入口内外集散广场、停车场、自行车存车处者，应确定其规模要求。

第 3.2.4 条　园路系统设计，应根据公园的规模、各分区的活动内容、游人容量和管理需要，确定园路的路线、分类分级和园桥、铺装场地的位置和特色要求。

第 3.2.5 条　园路的路网密度，宜在 200～380m/hm^2 之间；动物园的路网密度宜在 160～300m/hm^2 之间。

第 3.2.6 条　主要园路应具有引导游览的作用，易于识别方向。游人大量集中地区的园路要做到明显、通畅、便于集散。通行养护管理机械的园路宽度应与机具、车辆相适应。通向建筑集中地区的园路应有环行路或回车场地。生产管理专用路不宜与主要游览路交叉。

第 3.2.7 条　河湖水系设计，应根据水源和现状地形等条件，确定园中河湖水系的水量、水位、流向；水闸或水井、泵房的位置；各类水体的形状和使用要求。游船水面应按船的类型提出水深要求和码头位置；游泳水面应划定不同水深的范围；观赏水面应确定各种水生植物的种植范围和不同的水深要求。

第 3.2.8 条　全园的植物组群类型及分布，应根据当地的气候状况、园外的环境特征、园内的立地条件，结合景观构想、防护功能要求和当地居民游赏习惯确定，应做到充分绿化和满足多种游憩及审美的要求。

第 3.2.9 条　建筑布局，应根据功能和景观要求及市政设施条件等，确定各类建筑物的位置、高度和空间关系，并提出平面形式和出入口位置。

第 3.2.10 条　公园管理设施及厕所等建筑物的位置，应隐蔽又方便使用。

第 3.2.11 条　需要采暖的各种建筑物或动物馆舍，宜采用集中供热。

第 3.2.12 条　公园内水、电、燃气等线路布置，不得破坏景观，同时应符合安全、卫生、节约和便于维修的要求。电气、上下水工程的配套设施、垃圾存放场及处理设施应设在隐蔽地带。

第 3.2.13 条　公园内不宜设置架空线路，必须设置时，应符合下列规定：

一、避开主要景点和游人密集活动区；

二、不得影响原有树木的生长，对计划新栽的树木，应提出解决树木和架空线路矛盾的措施。

第 3.2.14 条　公园内景观最佳地段，不得设置餐厅及集中的服务设施。

第三节　竖　向　控　制

第 3.3.1 条　竖向控制应根据公园四周城市道路规划标高和园内主要内容，充分利用原有地形地貌，提出主要景物的高程及对其周围地形的要求，地形标高还必须适应拟保留的现状物和地表水的排放。

第 3.3.2 条　竖向控制应包括下列内容：山顶，最高水位、常水位、最低水位；水底，驳岸顶部；园路主要转折点、交叉点和变坡点；主要建筑的底层和室外地坪；各出入口内、外地面；地下工程管线及地下构筑物的埋深；园内外佳景的相互因借观赏点的地面高程。

第四节 现 状 处 理

第 3.4.1 条　公园范围内的现状地形、水体、建筑物、构筑物、植物、地上或地下管线和工程设施，必须进行调查，作出评价，提出处理意见。

第 3.4.2 条　在保留的地下管线和工程设施附近进行各种工程或种植设计时，应提出对原有物的保护措施和施工要求。

第 3.4.3 条　园内古树名木严禁砍伐或移植，并应采取保护措施。

第 3.4.4 条　古树名木的保护必须符合下列规定：

一、古树名木保护范围的划定必须符合下列要求：

1. 成林地带外缘树树冠垂直投影以外 5.0m 所围合的范围；

2. 单株树同时满足树冠垂直投影及其外侧 5.0m 宽和距树干基部外缘水平距离为胸径 20 倍以内。

二、保护范围内，不得损坏表土层和改变地表高程，除保护及加固设施外，不得设置建筑物、构筑物及架（埋）设各种过境管线，不得栽植缠绕古树名木的藤本植物；

三、保护范围附近，不得设置造成古树名木处于阴影下的高大物体和排泄危及古树名木的有害水、气的设施；

四、采取有效的工程技术措施和创造良好的生态环境，维护其正常生长。

第 3.4.5 条　原有健壮的乔木、灌木、藤本和多年生草本植物应保留利用。在乔木附近设置建筑物、构筑物和工程管线，必须符合下列规定：

一、水平距离符合附录二、附录三的规定；

二、在上款规定的距离内不得改变地表高程；

三、不得造成积水。

第 3.4.6 条　有文物价值和纪念意义的建筑物、构筑物，应保留并结合到园内景观之中。

第四章 地 形 设 计

第一节 一 般 规 定

第 4.1.1 条　地形设计应以总体设计所确定的各控制点的高程为依据。

第 4.1.2 条　土方调配设计应提出利用原表层栽植土的措施。

第 4.1.3 条　栽植地段的栽植土层厚度应符合附录四的规定。

第 4.1.4 条　人力剪草机修剪的草坪坡度不应大于 25%。

第 4.1.5 条　大高差或大面积填方地段的设计标高，应计入当地土壤的自然沉降系数。

第 4.1.6 条　改造的地形坡度超过土壤的自然安息角时，应采取护坡、固土或防冲刷的工程措施。

第 4.1.7 条　在无法利用自然排水的低洼地段，应设计地下排水管沟。

第 4.1.8 条　地形改造后的原有各种管线的覆土深度，应符合有关标准的规定。

第二节 地 表 排 水

第 4.2.1 条　创造地形应同时考虑园林景观和地表水的排放，各类地表的排水坡度宜符合表 4.2.1 的规定。

表 4.2.1

地表类型		最大坡度	最小坡度	最适坡度
草　地		33	10	1.5 ~ 10
运动草地		2	0.5	1
栽植地表		视地质而定	0.5	3 ~ 5
铺装场地	平原地区	1	0.3	—
	丘陵地区	3	0.3	—

第4.2.2条 公园内的河、湖最高水位，必须保证重要的建筑物、构筑物和动物笼舍不被水淹。

第三节　水　体　外　缘

第4.3.1条 水工建筑物、构筑物应符合下列规定：

一、水体的进水口、排水口和溢水口及闸门的标高，应保证适宜的水位和泄洪、清淤的需要；

二、下游标高较高至使排水不畅时，应提出解决的措施；

三、非观赏型水工设施应结合造景采取隐蔽措施。

第4.3.2条 硬底人工水体的近岸2.0m范围内的水深，不得大于0.7m，达不到此要求的应设护栏。无护栏的园桥、汀步附近2.0m范围以内的水深不得大于0.5m。

第4.3.3条 溢水口的口径应考虑常年降水资料中的一次性最高降水量。

第4.3.4条 护岸顶与常水位的高差，应兼顾景观、安全、游人近水心理和防止岸体冲刷。

第五章　园路及铺装场地设计

第一节　园　　路

第5.1.1条 各级园路应以总体设计为依据，确定路宽、平曲线和竖曲线的线形以及路面结构。

第5.1.2条 园路宽度宜符合表5.1.2的规定。

表5.1.2

园　路 级　别	陆　地　面　积（hm^2）			
	< 2	2 ~ < 10	10 ~ < 50	> 50
主　路	2.0 ~ 3.5	2.5 ~ 4.5	3.5 ~ 5.0	5.0 ~ 7.0
支　路	1.2 ~ 2.0	2.0 ~ 3.5	2.0 ~ 3.5	3.5 ~ 5.0
小　路	0.9 ~ 1.2	0.9 ~ 2.0	1.2 ~ 2.0	1.2 ~ 3.0

第5.1.3条 园路线形设计应符合下列规定：

一、与地形、水体、植物、建筑物、铺装场地及其他设施结合，形成完整的风景构图；

二、创造连续展示园林景观的空间或欣赏前方景物的透视线；

三、路的转折、衔接通顺，符合游人的行为规律。

第5.1.4条 主路纵坡宜小于8%，横坡宜小于3%，粒料路面横坡宜小于4%，纵、横坡不得同时无坡度。山地公园的园路纵坡应小于12%，超过12%应作防滑处理。主园路不宜设梯道，必须设梯道时，纵坡宜小于36%。

第5.1.5条 支路和小路，纵坡宜小于18%。纵坡超过15%路段，路面应作防滑处理；纵坡超过18%，宜按台阶、梯道设计，台阶踏步数不得少于2级，坡度大于58%的梯道应作防滑处理，宜设置护栏设施。

第5.1.6条 经常通行机动车的园路宽度应大于4m，转弯半径不得小于12m。

第5.1.7条 园路在地形险要的地段应设置安全防护设施。

第5.1.8条 通往孤岛、山顶等卡口的路段，宜设通行复线；必须沿原路返回的，宜适当放宽路面。应根据路段行程及通行难易程度，适当设置供游人短暂休憩的场所及护栏设施。

第5.1.9条 园路及铺装场地应根据不同功能要求确定其结构和饰面。面层材料应与公园风格相协调，并宜与城市车行路有所区别。

第5.1.10条 公园出入口及主要园路宜便于通过残疾人使用的轮椅，其宽度及坡度的设计应符合《方便残疾人使用的城市道路和建筑物设计规范》（JGJ 50）中的有关规定。

第5.1.11条 公园游人出入口宽度应符合下列规定：

一、总宽度符合表5.1.11的规定；

表 5.1.11

游人人均在园停留时间	售票公园（万人）	不售票公园（万人）
＞4h	8.3	5.0
1～4h	17.0	10.2
＜1h	25.0	15.0

注 单位"万人"指公园游人容量。

二、单个出入口最小宽度 1.5m；

三、举行大规模活动的公园，应另设安全门。

第二节 铺 装 场 地

第 5.2.1 条 根据公园总体设计的布局要求，确定各种铺装场地的面积。铺装场地应根据集散、活动、演出、赏景、休憩等使用功能要求做出不同设计。

第 5.2.2 条 内容丰富的售票公园游人出入口外集散场地的面积下限指标以公园游人容量为依据，宜按 500m²/万人计算。

第 5.2.3 条 安静休憩场地应利用地形或植物与喧闹区隔离。

第 5.2.4 条 演出场地应有方便观赏的适宜坡度和观众席位。

第三节 园 桥

第 5.3.1 条 园桥应根据公园总体设计确定通行、通航所需尺度并提出造景、观景等项具体要求。

第 5.3.2 条 通过管线的园桥，应同时考虑管道的隐蔽、安全、维修等问题。

第 5.3.3 条 通行车辆的园桥在正常情况下，汽车荷载等级可按汽车—10 级计算。

第 5.3.4 条 非通行车辆的园桥应有阻止车辆通过的措施，桥面人群荷载按 3.5kN/m² 计算。

第 5.3.5 条 作用在园桥栏杆扶手上的竖向力和栏杆顶部水平荷载均按 1.0kN/m 计算。

第六章 种 植 设 计

第一节 一 般 规 定

第 6.1.1 条 公园的绿化用地应全部用绿色植物覆盖。建筑物的墙体、构筑物可布置垂直绿化。

第 6.1.2 条 种植设计应以公园总体设计对植物组群类型及分布的要求为根据。

第 6.1.3 条 植物种类的选择，应符合下列规定：

一、适应栽植地段立地条件的当地适生种类；

二、林下植物应具有耐阴性，其根系发展不得影响乔木根系的生长；

三、垂直绿化的攀缘植物依照墙体附着情况确定；

四、具有相应抗性的种类；

五、适应栽植地养护管理条件；

六、改善栽植地条件后可以正常生长的、具有特殊意义的种类。

第 6.1.4 条 绿化用地的栽植土壤应符合下列规定：

一、栽植土层厚度符合附录四的数值，且无大面积不透水层；

二、废弃物污染程度不致影响植物的正常生长；

三、酸碱度适宜；

四、物理性质符合表 6.1.4 的规定；

表 6.1.4

指 标	土层深度范围（cm）	
	0 ~ 30	30 ~ 110
质量密度（g/cm³）	1.17 ~ 1.45	1.17 ~ 1.45
总孔隙度（%）	> 45	45 ~ 52
非毛管孔隙度（%）	> 10	10 ~ 20

五、凡栽植土壤不符合以上各款规定者必须进行土壤改良。

第 6.1.5 条 铺装场地内的树木其成年期的根系伸展范围，应采用透气性铺装。

第 6.1.6 条 公园的灌溉设施应根据气候特点、地形、土质、植物配置和管理条件设置。

第 6.1.7 条 乔木、灌木与各种建筑物、构筑物及各种地下管线的距离，应符合附录二、附录三的规定。

第 6.1.8 条 苗木控制应符合下列规定：

一、规定苗木的种名、规格和质量；

二、根据苗木生长速度提出近、远期不同的景观要求，重要地段应兼顾近、远期景观，并提出过渡的措施；

三、预测疏伐或间移的时期。

第 6.1.9 条 树木的景观控制应符合下列规定：

一、郁闭度

1. 景林地应符合表 6.1.9 的规定。

表 6.1.9

类 型	开放当年标准	成年期标准
密 林	0.3 ~ 0.7	0.7 ~ 1.0
疏 林	0.1 ~ 0.4	0.4 ~ 0.6
疏林草地	0.07 ~ 0.20	0.1 ~ 0.3

2. 风景林中各观赏单元应另行计算，丛植、群植近期郁闭度应大于 0.5；带植近期郁闭度宜大于 0.6。

二、观赏特征

1. 孤植树、树丛：选择观赏特征突出的树种，并确定其规格、分枝点高度、姿态等要求；与周围环境或树木之间应留有明显的空间；提出有特殊要求的养护管理方法。

2. 树群：群内各层应能显露出其特征部分。

三、视距

1. 孤立树、树丛和树群至少有一处欣赏点，视距为观赏面宽度的 1.5 倍和高度的 2 倍；

2. 片树林的观赏林缘线视距为林高的 2 倍以上。

第 6.1.10 条 单行整形绿篱的地上生长空间尺度应符合表 6.1.10 的规定。双行种植时，其宽度按表 6.1.10 规定的值增加 0.3 ~ 0.5m。

表 6.1.10

类 型	地上空间高度（m）	地上空间宽度（m）
树墙	> 1.60	> 1.50
高绿篱	1.20 ~ 1.60	1.20 ~ 2.00
中绿篱	0.50 ~ 1.20	0.80 ~ 1.50
矮绿篱	0.50	0.30 ~ 0.50

第二节 游 人 集 中 场 所

第 6.2.1 条 游人集中场所的植物选用应符合下列规定：

一、在游人活动范围内宜选用大规格苗木；

二、严禁选用危及游人生命安全的有毒植物；

三、不应选用在游人正常活动范围内枝叶有硬刺或枝叶形状呈尖硬剑、刺状以及有浆果或分泌物坠地的种类；

四、不宜选用挥发物或花粉能引起明显过敏反应的种类。

第6.2.2条 集散场地种植设计的布置方式，应考虑交通安全视距和人流通行，场地内的树木枝下净空应大于2.2m。

第6.2.3条 儿童游戏场的植物选用应符合下列规定：

一、乔木宜选用高大荫浓的种类，夏季庇荫面积应大于游戏活动范围的50%；

二、活动范围内灌木宜选用萌发力强、直立生长的中高型种类，树木枝下净空应大于1.8m。

第6.2.4条 露天演出场观众席范围内不应布置阻碍视线的植物，观众席铺栽草坪应选用耐践踏的种类。

第6.2.5条 停车场的种植应符合下列规定：

一、树木间距应满足车位、通道、转弯、回车半径的要求；

二、庇荫乔木枝下净空的标准：

1.大、中型汽车停车场：大于4.0m；

2.小汽车停车场：大于2.5m；

3.自行车停车场：大于2.2m。

三、场内种植池宽度应大于1.5m，并应设置保护设施。

第6.2.6条 成人活动场的种植应符合下列规定：

一、宜选用高大乔木，枝下净空不低于2.2m；

二、夏季乔木庇荫面积宜大于活动范围的50%。

第6.2.7条 园路两侧的植物种植：

一、通行机动车辆的园路，车辆通行范围内不得有低于4.0m高度的枝条；

二、方便残疾人使用的园路边缘种植应符合下列规定：

1.不宜选用硬质叶片的丛生型植物；

2.路面范围内，乔、灌木枝下净空不得低于2.2m；

3.乔木种植点距路绿应大于0.5m。

第三节 动 物 展 览 区

第6.3.1条 动物展览区的种植设计，应符合下列规定：

一、有利于创造动物的良好生活环境；

二、不致造成动物逃逸；

三、创造有特色植物景观和游人参观休憩的良好环境；

四、有利于卫生防护隔离。

第6.3.2条 动物展览区的植物种类选择应符合下列规定：

一、有利于模拟动物原产区的自然景观；

二、动物运动范围内应种植对动物无毒、无刺、萌发力强、病虫害少的中慢长种类。

第6.3.3条 在笼舍、动物运动场内种植植物，应同时提出保护植物的措施。

第四节 植 物 园 展 览 区

第6.4.1条 植物园展览区的种植设计应将各类植物展览区的主题内容和植物引种驯化成果、科普教育、园林艺术相结合。

第6.4.2条 展览区展示植物的种类选择应符合下列规定：

一、对科普、科研具有重要价值；

二、在城市绿化、美化功能等方面有特殊意义。

第6.4.3条 展览区配合植物的种类选择应符合下列规定：

一、能为展示种类提供局部良好生态环境；

二、能衬托展示种类的观赏特征或弥补其不足；

三、具有满足游览需要的其他功能。

第6.4.4条 展览区引入植物的种类，应是本园繁育成功或在原始材料圃内生长时间较长、基本适应本地区环境条件者。

第七章　建筑物及其他设施设计

第一节　建　筑　物

第7.1.1条 建筑物的位置、朝向、高度、体量、空间组合、造型、材料、色彩及其使用功能，应符合公园总体设计的要求。

第7.1.2条 游览、休憩、服务性建筑物设计应符合下列规定：

一、与地形、地貌、山石、水体、植物等其他造园要素统一协调；

二、层数以一层为宜，起主题和点景作用的建筑高度和层数服从景观需要；

三、游人通行量较多的建筑室外台阶宽度不宜小于1.5m；踏步宽度不宜小于30cm，踏步高度不宜大于16cm；台阶踏步数不少于2级；侧方高差大于1.0m的台阶，设护栏设施；

四、建筑内部和外缘，凡游人正常活动范围边缘临空高差大于1.0m处，均设护栏设施，其高度应大于1.05m；高差较大处可适当提高，但不宜大于1.2m；护栏设施必须坚固耐久且采用不易攀登的构造，其竖向力和水平荷载应符合本规范第5.3.5条的规定；

五、有吊顶的亭、廊、敞厅，吊顶采用防潮材料；

六、亭、廊、花架、敞厅等供游人坐憩之处，不采用粗糙饰面材料，也不采用易刮伤肌肤和衣物的构造。

第7.1.3条 游览、休憩建筑的室内净高不应小于2.0m；亭、廊、花架、敞厅等的楣子高度应考虑游人通过或赏景的要求。

第7.1.4条 管理设施和服务建筑的附属设施，其体量和烟囱高度应按不破坏景观和环境的原则严格控制；管理建筑不宜超过2层。

第7.1.5条 "三废"处理必须与建筑同时设计，不得影响环境卫生和景观。

第7.1.6条 残疾人使用的建筑设施，应符合《方便残疾人使用的城市道路和建筑物设计规范》（JGJ 50）的规定。

第二节　驳　岸　与　山　石

第7.2.1条 河湖水池必须建造驳岸并根据公园总体设计中规定的平面线形、竖向控制点、水位和流速进行设计。岸边的安全防护应符合本规范第7.1.2条第三款、第四款的规定。

第7.2.2条 素土驳岸

一、岸顶至水底坡度小于100%者应采用植被覆盖；坡度大于100%者应有固土和防冲刷的技术措施；

二、地表径流的排放及驳岸水下部分处理应符合有关标准的规定。

第7.2.3条 人工砌筑或混凝土筑注的驳岸应符合下列规定：

一、寒冷地区的驳岸基础应设置在冰冻线以下，并考虑水体及驳岸外侧土体结冻后产生的冻胀对驳岸的影响，需要采取的管理措施在设计文件中注明；

二、驳岸地基基础设计应符合《建筑地基基础设计规范》（GBJ 7）的规定。

第7.2.4条 采取工程措施加固驳岸，其外形和所用材料的质地、色彩均应与环境协调。

第7.2.5条 堆叠假山和置石，体量、形式和高度必须与周围环境协调，假山的石料应提出色彩、质地、纹理等要求，置石的石料还应提出大小和形状。

第7.2.6条 叠山、置石和利用山石的各种造景，必须统一考虑安全、护坡、登高、隔离等各种功能要求。

第7.2.7条 叠山、置石以及山石梯道的基础设计应符合《建筑地基基础设计规定》（GBJ 7）的规定。

第7.2.8条 游人进出的山洞，其结构必须稳固，应有采光、通风、排水的措施，并应保证通行安全。

第7.2.9条 叠石必须保持本身的整体性和稳定性。山石衔接以及悬挑、山洞部分的山石之间、叠石与其他建筑设施相接部分的结构必须牢固，确保安全。山石勾缝作法可在设计文件中注明。

第三节 电 气 与 防 雷

第7.3.1条 园内照明宜采用分线路、分区域控制。

第7.3.2条 电力线路及主园路的照明线路宜埋地敷设，架空线必须采用绝缘线，线路敷设应符合本规范第3.2.13条的规定。

第7.3.3条 动物园和晚间开展大型游园活动、装置电动游乐设施、有开放性地下岩洞或架空索道的公园，应按两路电源供电设计，并应设自投装置；有特殊需要的应设自备发电装置。

第7.3.4条 公共场所的配电箱应加锁，并宜设在非游览地段。园灯接线盒外罩应考虑防护措施。

第7.3.5条 园林建筑、配电设施的防雷装置应按有关标准执行。园内游乐设备、制高点的护栏等应装置防雷设备或提出相应的管理措施。

第四节 给 水 排 水

第7.4.1条 根据植物灌溉、喷泉水景、人畜饮用、卫生和消防等需要进行供水管网布置和配套工程设计。

第7.4.2条 使用城市供水系统以外的水源作为人畜饮用水和天然游泳场用水，水质应符合国家相应的卫生标准。

第7.4.3条 人工水体应防止渗漏，瀑布、喷泉的水应重复利用；喷泉设计可参照《建筑给水排水设计规范》（GBJ 15）的规定。

第7.4.4条 养护园林植物用的灌溉系统应与种植设计配合，喷灌或滴灌设施应分段控制。喷灌设计应符合《喷灌工程技术规范》（GBJ 85）的规定。

第7.4.5条 公园排放的污水应接入城市污水系统，不得在地表排放，不得直接排入河湖水体或渗入地下。

第五节 护 栏

第7.5.1条 公园内的示意性护栏高度不宜超过0.4m。

第7.5.2条 各种游人集中场所容易发生跌落、淹溺等人身事故的地段，应设置安全防护性护栏；设计要求可参照本规范第7.1.2条的规定。

第7.5.3条 各种装饰性、示意性和安全防护性护栏的构造作法，严禁采用锐角、利刺等形式。

第7.5.4条 电力设施、猛兽类动物展区以及其他专用防范性护栏，应根据实际需要另行设计和制作。

第六节 儿 童 游 戏 场

第7.6.1条 公园内的儿童游戏场与安静休憩区、游人密集区及城市干道之间，应用园林植物或自然地形等构成隔离地带。

第7.6.2条 幼儿和学龄儿童使用的器械，应分别设置。

第7.6.3条 游戏内容应保证安全、卫生和适合儿童特点，有利于开发智力，增强体质。不宜选用强刺激性、高能耗的器械。

第7.6.4条 游戏设施的设计应符合下列规定：

一、儿童游戏场内的建筑物、构筑物及设施的要求：

1. 室内外的各种使用设施、游戏器械和设备应结构坚固、耐用，并避免构造上的硬棱角；

2. 尺度应与儿童的人体尺度相适应；

3. 造型、色彩应符合儿童的心理特点；

4. 根据条件和需要设置游戏的管理监护设施。

二、机动游乐设施及游艺机，应符合《游艺机和游乐设施安全标准》（GB 8408）的规定；

三、戏水池最深处的水深不得超过 0.35m，池壁装饰材料应平整、光滑且不易脱落，池底应有防滑措施；

四、儿童游戏场内应设置坐凳及避雨、庇荫等休憩设施；

五、宜设置饮水器、洗手池。

第 7.6.5 条　游戏场地面

一、场内园路应平整，路缘不得采用锐利的边石；

二、地表高差应采用缓坡过渡，不宜采用山石和挡土墙；

三、游戏器械下的场地地面宜采用耐磨、有柔性、不扬尘的材料铺装。

参 考 文 献

［1］ 胡先祥，肖创伟．园林规划设计［M］．北京：机械工业出版社，2008.

［2］ 黄东兵．园林规划设计［M］．北京：中国科学技术出版社，2005.

［3］ 江芳，郑燕宁．园林景观规划设计［M］．北京：北京理工大学出版社，2009.

［4］ 余守明．园林景观规划与设计［M］．北京：中国建筑工业出版社，2008.

［5］ 唐廷强，等．景观规划设计与实训［M］．上海：东方出版中心，2008.

［6］ 邱巧玲，等．城市道路绿化规划与设计［M］．北京：化学工业出版社，2011.

［7］ 毛子强，等．道路绿化景观设计［M］．北京：中国建筑工业出版社，2011.

［8］ 赵宇．城市广场与街道景观设计［M］．重庆：西南师范大学出版社，2011.

［9］ 俞孔坚，等．人民广场——都江堰广场案例［M］．北京：中国建筑工业出版社，2004.

［10］ 刘滨谊．现代景观规划设计［M］．南京：东南大学出版社，2001.

［11］ 朴景子，吴辉泳．韩国现代城市景观设计［M］．北京：中国建筑工业出版社，2002.

［12］ 赵肖丹，陈冠宏．景观规划设计［M］．北京：中国水利水电出版社，2012.

［13］ 徐峰．城市园林绿地设计与施工［M］．北京：化学工业出版社，2002.

［14］ 刘新燕．园林规划设计［M］．北京：中国社会劳动保障出版社，2009.

［15］ 赵建民．园林规划设计［M］．北京：中国农业出版社，2001.

［16］ 赵彦杰．园林规划设计［M］．北京：中国农业大学出版社，2007.

［17］ 胡长龙．园林规划设计［M］．北京：中国农业出版社，2002.

［18］ 张刚，杨睿，等．明安绿苑翠庭屋顶花园设计［J］．陕西林业科技，2005.3.

［19］ 徐峰，等．屋顶花园设计与施工［M］．北京：化学工业出版社，2006.

［20］ 王浩，等．观光农业园规划与经营［M］．北京：中国林业出版社，2003.

［21］ 赵肖丹．生态居住区绿地景观规划设计的探讨［J］．价值工程，2010（4）（中旬刊）.

［22］ 宁妍妍．园林规划设计［M］．郑州：黄河水利出版社，2010.

［23］ 宁妍妍．园林规划设计［M］．沈阳：白山出版社,2003.

［24］ 尚磊，杨珺．景观规划设计方法与程序［M］．北京：中国水利水电出版社，2007.

［25］ 董晓华．园林规划设计［M］．北京：高等教育出版社，2005.

［26］ 张德炎．园林规划设计［M］．北京：化学工业出版社，2007.

［27］ 王汝诚．园林规划设计［M］．北京：中国建筑工业出版社，1999.

［28］ 黄东兵．园林规划设计［M］．北京：高等教育出版社，2004.

［29］ 肖创伟．园林规划设计［M］．北京：中国农业出版社，2001.

［30］ 现代景观设计教程．http://shop.zhubajie.com/

［31］ 同济大学建筑系园林教研组．公园规划与建筑图集［M］．北京：中国建筑工业出版社，1988.

［32］ 李敏．中国现代公园［M］．北京：北京科学技术出版社，1987.

［33］ 陈圣泓．工业遗址公园［J］．中国园林，2008，11（2）:1-8.

［34］ 苏雪痕．植物造景［M］．北京：中国林业出版社，1998.

［35］ 徐化成．景观生态学［M］．北京：中国林业出版社，1996.

［36］ 王晓俊．风景园林规划设计［M］．南京：江苏科学技术出版社，1994.

［37］ 上海市绿化管理局．上海园林绿地佳作［M］．北京：中国林业出版社，2004：10-105.

［38］ 李浩年.风景园林规划设计［M］.南京：东南大学出版社，2005：10-38.

［39］ 孟刚，李岚，李瑞东，魏枢.城市公园设计［M］，2005：1-15.

［40］ John Ormsbe Simonds. Landscape Architecture. Mcgraw-Hill Book Company，1983.

［41］ Vivian Constantinopoulos. 10×10. Phaidon Press，2000.

［42］ Francisco Asensio Cerver. Theme and Amusement Parks，Hearst Books International，1997.

［43］ Francisco Asensio Cerver. Environmental Restoration，Aroc Editorial S.A.

［44］ 姚亦锋.现代中国城市公园的问题以及景观规划［J］.首都师范大学学报，2004，25（1）：61-64.

［45］ 赵鹏，李永红.归位城市进入生活—城市公园"开放性"的达成［J］.中国园林，2005，（6）：41-43.

［46］ 曲娟，张剑，付晓云.城市公园规划设计与公众参与［J］.科技情报开发与经济，2005，15（4）：147-148.

［47］ （美）克莱尔·库柏·马库斯，卡罗琳·弗朗西斯.人性场所——城市开放空间设计导则［M］.俞孔坚，译.北京：中国建筑工业出版社，2001：81-85.

［48］ （美）阿尔伯特·J·拉特利奇.大众行为与公园设计［M］.王求是，高峰，译.北京：中国建筑工业出版社，1990：45-50.

［49］ 刘剑锋，欧阳晓钰.现代城市公园景观规划初探［J］.山西建筑，2007，30（10）：72-74.

［50］ 李丽萍，吴祥.关于开放式公园规划［J］.建设与理论的思考.理论界.2005（7）：240-242.

［51］ 王宁梅.南京石头城公园规划设计［J］.江苏林业科技.2009（4）：25-28.

［52］ 韩学贵.城市公园规划设计初探［J］.中华建设.2008（2）：48-49.

［53］ 陈明松，王磐岩，李金路，谢小振.大同市新平旺公园规划设计［J］.中国园林.1990（6）25-30.

［54］ 刘忠林.山巅公园规划设计［J］.中国林副特产.2009（10）103-105.

［55］ 孟瑾.城市公园植物景观设计［D］.中国优秀博硕士全文数据库（硕士），2006.3：45-56.

［56］ 吴汝新，王燕，周志华，贾飞.廊坊市人民公园规划设计［J］.中国园林.1997（13）：52-55.

［57］ 孙英，高红云，陈强.长春市长春公园规划设计浅析［J］.中国园林.2002（2）：23-27.

［58］ 王金照.朱雀森林公园美学价值的评价［J］.中国林业企业.2005（7）：35-27.

［59］ 骆林川，董国政.南京秦淮河湿地公园潜在生态经济效益分析［J］.南京林业大学学报（自然科学版）.2006（30）1：84-88.

［60］ 张素娟，李春友.汤河公园植物景观多样性评价及生态效益分析［J］.安徽农业科学.2008（36）13.5436-5443.

［61］ 杨鹏，薛立，陈红.森林景观评价方法［J］.广东园林，2003（1）：24-26.

［62］ 章俊华.规划设计学中的调查分析法.中国园林，1998（1），（2），（3）.

［63］ 唐学山，李雄，曹礼昆.园林设计［M］.北京：中国林业出版社，1997.

［64］ 程绪珂，等.生态园林论文集［C］.上海：园林杂志社，1990.

［65］ 定鼎园林网.http://www.ddyuan/in.com/